女子美髮乙級技能檢定學術科教本

黃思恒、李品軒、黃美慧
王財仁、孫中平、吳碧瓊　編著

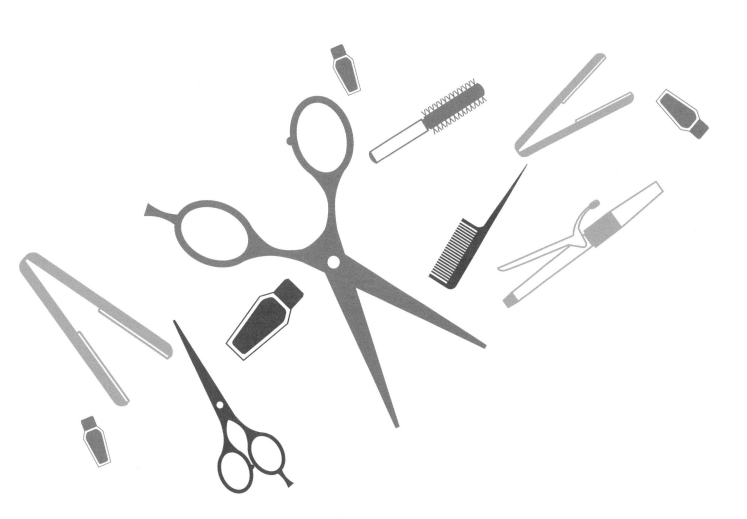

全華圖書股份有限公司

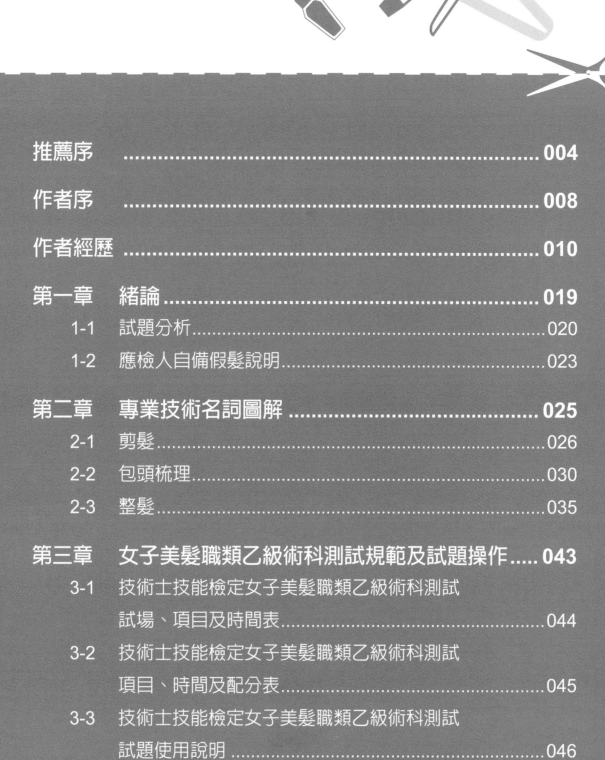

目 錄

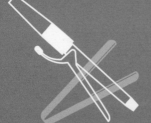

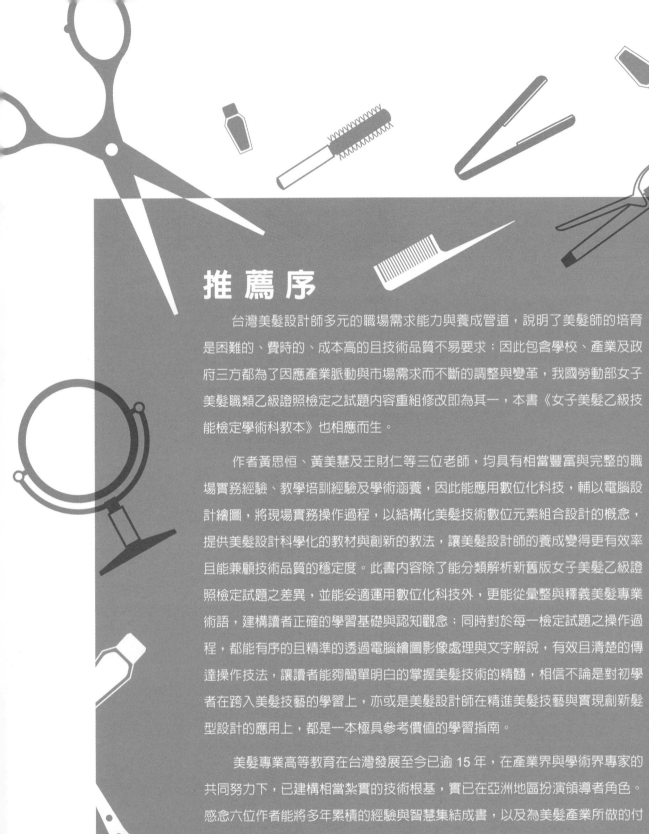

推薦序

　　台灣美髮設計師多元的職場需求能力與養成管道，說明了美髮師的培育是困難的、費時的、成本高的且技術品質不易要求；因此包含學校、產業及政府三方都為了因應產業脈動與市場需求而不斷的調整與變革，我國勞動部女子美髮職類乙級證照檢定之試題內容重組修改即為其一，本書《女子美髮乙級技能檢定學術科教本》也相應而生。

　　作者黃思恒、黃美慧及王財仁等三位老師，均具有相當豐富與完整的職場實務經驗、教學培訓經驗及學術涵養，因此能應用數位化科技，輔以電腦設計繪圖，將現場實務操作過程，以結構化美髮技術數位元素組合設計的概念，提供美髮設計科學化的教材與創新的教法，讓美髮設計師的養成變得更有效率且能兼顧技術品質的穩定度。此書內容除了能分類解析新舊版女子美髮乙級證照檢定試題之差異，並能妥適運用數位化科技外，更能從彙整與釋義美髮專業術語，建構讀者正確的學習基礎與認知觀念；同時對於每一檢定試題之操作過程，都能有序的且精準的透過電腦繪圖影像處理與文字解說，有效且清楚的傳達操作技法，讓讀者能夠簡單明白的掌握美髮技術的精髓，相信不論是對初學者在跨入美髮技藝的學習上，亦或是美髮設計師在精進美髮技藝與實現創新髮型設計的應用上，都是一本極具參考價值的學習指南。

　　美髮專業高等教育在台灣發展至今已逾 15 年，在產業界與學術界專家的共同努力下，已建構相當紮實的技術根基，實已在亞洲地區扮演領導者角色。感念六位作者能將多年累積的經驗與智慧集結成書，以及為美髮產業所做的付出，更希望能藉此拋磚引玉，讓更多的專家一起貢獻所長；在面臨全球化競爭與區域經濟整合的趨勢下，讓我國美髮產業在質與量上均能持續精進與成長。

朱維政

推薦人　　　　　　　博士

樹德科技大學流行設計系

謹序于

中華民國一○三年七月十日

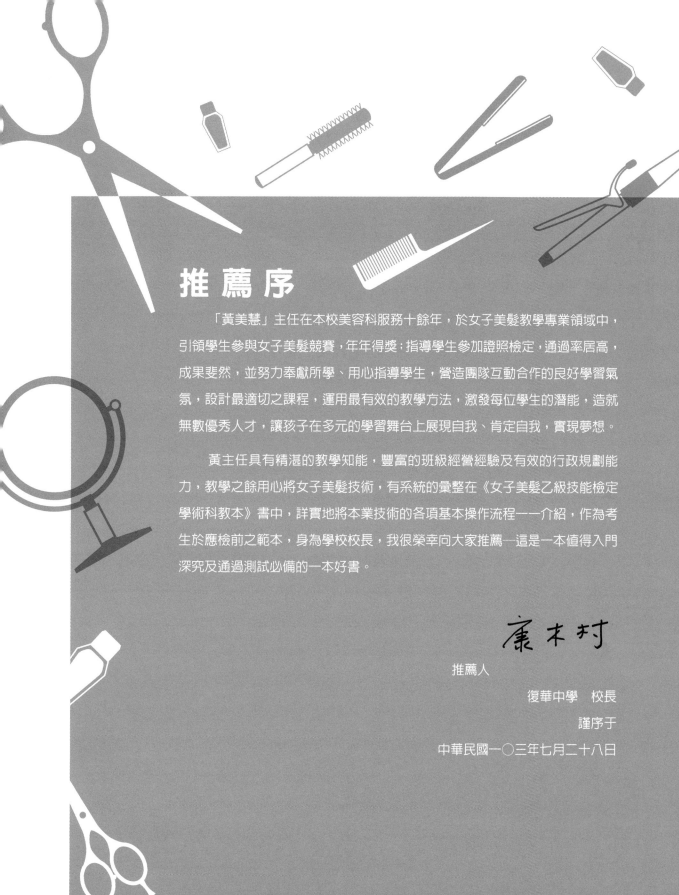

推薦序

　　「黃美慧」主任在本校美容科服務十餘年，於女子美髮教學專業領域中，引領學生參與女子美髮競賽，年年得獎；指導學生參加證照檢定，通過率居高，成果斐然，並努力奉獻所學、用心指導學生，營造團隊互動合作的良好學習氣氛，設計最適切之課程，運用最有效的教學方法，激發每位學生的潛能，造就無數優秀人才，讓孩子在多元的學習舞台上展現自我、肯定自我，實現夢想。

　　黃主任具有精湛的教學知能，豐富的班級經營經驗及有效的行政規劃能力，教學之餘用心將女子美髮技術，有系統的彙整在《女子美髮乙級技能檢定學術科教本》書中，詳實地將本業技術的各項基本操作流程一一介紹，作為考生於應檢前之範本，身為學校校長，我很榮幸向大家推薦─這是一本值得入門深究及通過測試必備的一本好書。

康木村

推薦人

復華中學　校長

謹序于

中華民國一○三年七月二十八日

5

推薦序

　　黃思恒老師的團隊著作《女子美髮乙級技能檢定學術科教本》，為想考取乙級的技術者，提供完整的檢定試題操作步驟的技巧，增加更多的技術照片，對於乙級的試題，讓大家可以更了解及掌握方向。

　　黃思恒老師的團隊們更整合了檢定試題的技術內容及設計美學，編輯成可以把技術內容轉化為美髮造型的實務應用。不然以往的乙級考試試題都跟現場的技術應用脫節，或是考試項目完全跟美髮實際應用無關。形成為考試而練習的項目，花了好幾個月以上的時間和金錢，考完以後，卻完全沒有用處。

　　認真學習和認真教學是黃老師給人的深刻印象，不但用科學的電腦繪圖技巧呈現「區塊」組合的設計概念，並將剪髮造型融入幾何圖學概念，讓學習剪髮更有概念，而不是瞎子摸象。在網路上，更常見到黃老師發表的作品，無私的分享，幫助很多設計師增進剪髮技術和概念。

　　黃老師不只認真負責，對於美髮 學更是熱愛，而且非常專業。除了美髮的各項技術外，攝影、電腦、電腦繪圖、影片剪接等，真的是十八般武藝都會。而且全世的流行髮型和趨勢都掌握快速，圖片和資料的收集更是齊全，活像一座超大的資料庫，更像是美髮界的百科全書。

　　感謝黃思恒老師團隊的厚愛，讓我有機會為這一本書籍寫序，倍感榮幸，希望這本書能幫大家在乙級考試及美髮技術實務操作上有很大的幫助。

推 薦 人　戴明勳

明佳麗國際股份有限公司　戴明勳 總經理

謹序于

中華民國一○三年七月二十日

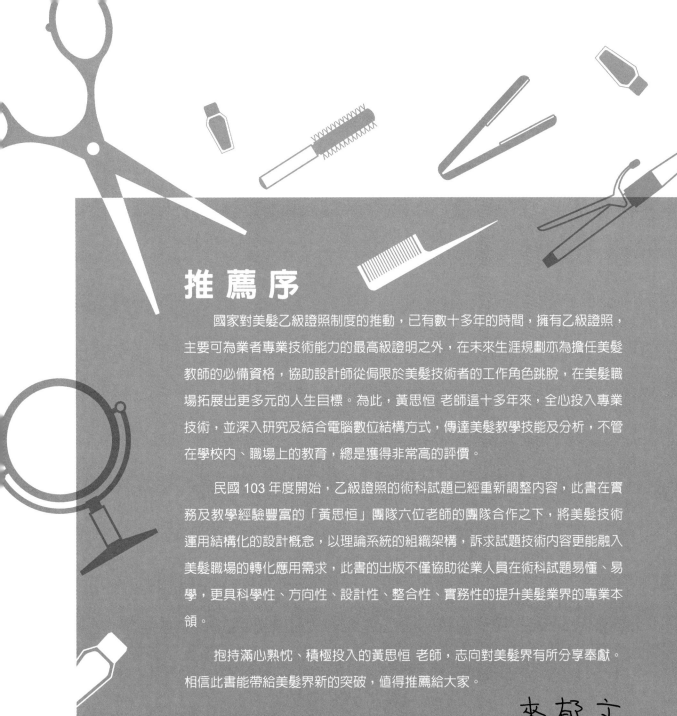

推薦序

　　國家對美髮乙級證照制度的推動，已有數十多年的時間，擁有乙級證照，主要可為業者專業技術能力的最高級證明之外，在未來生涯規劃亦為擔任美髮教師的必備資格，協助設計師從侷限於美髮技術者的工作角色跳脫，在美髮職場拓展出更多元的人生目標。為此，黃思恒 老師這十多年來，全心投入專業技術，並深入研究及結合電腦數位結構方式，傳達美髮教學技能及分析，不管在學校內、職場上的教育，總是獲得非常高的評價。

　　民國 103 年度開始，乙級證照的術科試題已經重新調整內容，此書在實務及教學經驗豐富的「黃思恒」團隊六位老師的團隊合作之下，將美髮技術運用結構化的設計概念，以理論系統的組織架構，訴求試題技術內容更能融入美髮職場的轉化應用需求，此書的出版不僅協助從業人員在術科試題易懂、易學，更具科學性、方向性、設計性、整合性、實務性的提升美髮業界的專業本領。

　　抱持滿心熱忱、積極投入的黃思恒 老師，志向對美髮界有所分享奉獻。相信此書能帶給美髮界新的突破，值得推薦給大家。

麥郁文

推薦人

英國 trevor sorbie 髮品獨家代理

麗緯國際有限公司　總經理

謹序于

中華民國一○三年八月四日

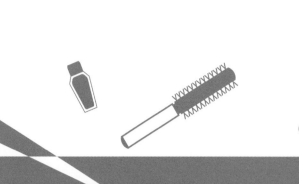

作者序

在本書內容編輯過程中，非常感謝全華圖書出版社的全力信賴及支持，讓我們的團隊老師得以將多年來在美髮業界、大學、高職輔導學員考取女子美髮乙級證照的教學經驗，以圖文並茂擴增更多技術照片及操作過程數位化影片，除了分享檢定試題操作步驟的技巧，其中更整合檢定試題所蘊含的專業技術內容及設計美學，本書內容從理論性、數位性、科學性、技術性、美學性多元角度解析檢定試題的模式，強化這些技術邏輯是可以轉化於美髮造型實務應用。

本書編輯內容呈現以下四項特色：：

特色之一：應用電腦輔助設計繪製的數位化結構圖，即是呈現髮型造型是經由不同『區塊』組合的設計概念，尤其將剪髮造型過程融入立體幾何圖學之概念，再將剪髮區塊結構圖應用解構的分析模式，剪髮過程即可經由幾何圖型，更細微分解成各類型最基礎的技術元素 (例如：髮片劃分、髮片引導、髮片型態、提拉角度、切口角度、髮長)，這些技術元素透過轉化、更替再重新組合應用，即是剪髮實務造型設計最科學化的創意技法。

特色之二：匯整『專業技術名詞圖解』專章於檢定試題操作過程之前，以圖文並茂及 QR-code 影片說明檢定試題所蘊含的專業技術內容及設計美學，讓操作之前具有紮實的理論概念，也能讓技術練習中領悟並超越檢定技能實作試題規則的文字形式，常言道：『要將試題當〝技術〞練習，勿將技術當〝試題〞練習』，否則徒具形式的練習，再棒的試題也無助於技術之提升。

特色之三：設計美學是設計過程中視覺的形態現象和美感法則的呈現，因此設計不僅是感性的思考，更是一種融合素材與技術的操作成果，本書內容在包頭梳理、吹風成型檢定試題，除了呈現豐富的技術實作圖文，更透過結構圖深入淺出的呈現『型、紋理、曲線、弧度、方向、位置、高低、比例、量感、大小、數量』美感元素的應用法則。讓髮型的操作技術和美感設計互為相輔不

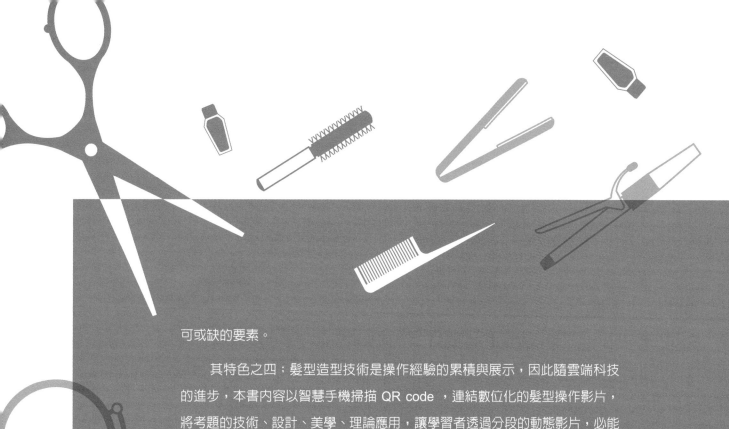

可或缺的要素。

其特色之四：髮型造型技術是操作經驗的累積與展示，因此隨雲端科技的進步，本書內容以智慧手機掃描 QR code ，連結數位化的髮型操作影片，將考題的技術、設計、美學、理論應用，讓學習者透過分段的動態影片，必能掌握鉅細靡遺的精湛技術與經驗。

此次檢定試題的大改版將是一項試題量減質升的新契機，以編輯者而言可詮釋於更深入的技術內容及應用設計，以應檢者而言則可撥出更多的時間，精湛純熟於檢定試題的技術內涵及應用設計。和大家共同一起期勉及努力，讓女子美髮乙級技能檢定的參與成為美髮業進步提升的力量。

黃思恒、李品軒、黃美慧、王財仁、孫中平、吳碧瓊

再版合著於 2018/06/01

作者經歷

黃思恒

已發表之研究：

1. 2009，《電熱性紡織產品應用於溫熱燙髮之可行性研究》，第 25 屆纖維紡織科技研討會論文集，PA-22

2. 2011，《剪髮結構圖數位化建構之研究 - 以髮型均等層次剪法為例》，2011 造形與文創設計國際學術研討會論文暨作品集，頁 492 ～ 508，6 月

3. 2011，《剪髮數位結構圖與實體髮型創意概念關聯性之研究》，樹德科技大學應用設計研究所，碩士論文

4. 2013，"剪髮教學數位化建構之研究 - 以女子美髮乙級技能檢定檢髮術科考題中層次髮型為例"，提升教師教學研究全國學術研討會，8 月

5. 2014，"女子美髮乙級技能檢定學術科教本 2015"，全華圖書，臺北市，ISBN978-957-21-9664-9

6. 2015，"女子美髮乙級技能檢定學術科教本 2016"，全華圖書，臺北市，ISBN978-986-463-095-0

7. 2016，"剪髮數位化教材應用之研究 - 以不對稱 Bob 髮型為例"，2016 全國資訊科技應用研討會暨專題競賽，頁 64 ～ 78，5 月

8. 2016，"髮型設計：實用剪髮數位教學"，全華圖書，臺北市，ISBN 978-986-463-325-8

9. 2016，"剪髮教材 位化製作與應用之研究 -- 以刺蝟剪髮為例"，2016 時尚美妝設計暨化妝品科技研討會，頁 85 ～ 92，12 月

10. 2017，"女子美髮乙級技能檢定學術科教本 2018"，全華圖書，臺北市，ISBN 978-986-463-646-4

11. 2018，"髮型設計：實用剪髮數位教學 (第二版)"，全華圖書，臺北市，ISBN 978- 986-463-749-2

技術證書：

1. 教育部審定大學合格講師（講字第 111008 號）

2. 行政院勞委會女子美髮技術士技能檢定監評人員

3. 女子美髮乙、丙級技術士技能檢定合格

4. 雙軌訓練旗艦計畫專業職能認證試務中心術科監評人員

學經歷：

1. 卡登美髮屋─美髮造型技術總監　(1983.05 ～至今)

2. 樹德科技大學─應用設計研究所　(100) 畢業

3. 東方設計大學時尚美妝設計系所 - 美髮兼任專技助理教授 (2016.02 ～至今)

4. 中國文化大學高雄推教中心 - 快速剪髮初階及進階課程 - 講師 (2015.03 ～
至今)

5. 中華醫事科技大學化妝品應用與管理系─美髮兼任講師　(2009.09 ～
2016.01)

6. 樹德科技大學流行設計系─美髮兼任講師　(2002.02 ～ 2013.07)

7. 嶺東科技大學流行設計系─美髮兼任講師　(2007.08 ～ 2011.07)

8. 高雄市勞工局訓練就業中心─美髮兼任講師　(1994.10 ～ 2012.08)

9. 嘉南藥理科技大學化妝品應用與管理系─兼任講師

10. 大仁科技大學時尚美容應用系─兼任講師

11. 慈惠護理專科學校─職訓兼任講師

12. 遠東科技大學─職訓兼任講師

13. 高雄市女子美容商業同業公會─女子美髮數位教材製作研習講師　(2013)

14. JIT 快速剪髮─技術顧問及設計師培訓班 講師　(2010 ～至今)

15. 34 屆全國技能競賽南區初賽─美髮類裁判　(2004)

16. 麥偉髮藝教育學苑─經典剪髮及進階剪髮技術培訓 講師　(1998.05 ～至今)

17. 麥偉髮藝教育學苑─編梳造型設計研習 講師　(2014.01 ～至今)

18. OMC 中華台北國際美髮競賽─裁判　(2004、2006)

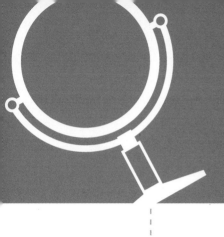

作者經歷

黃美慧

已發表之研究：

1. 2011，《美髮業者對高職四技美容科系學生專業能力評估》台南應用科技大學生活應用科學所，碩士論文

2. 2014，"女子美髮乙級技能檢定學術科教本 2015 "，全華圖書，臺北市，ISBN978-957-21-9664-9

3. 2015，"女子美髮乙級技能檢定學術科教本 2016 "，全華圖書，臺北市，ISBN978-986-463-095-0

4. 2017，"女子美髮乙級技能檢定學術科教本 2018 "，全華圖書，臺北市，ISBN 978-986-463-646-4

技術證書：

1. 行政院勞委會技術士技能檢定美髮監評人員

2. 女子美髮乙、丙級技術士技能檢定合格

3. 男士理髮乙、丙級技術士技能檢定合格

學經歷：

1. 復華中學美容科科主任　(2003.08 ～至今)

2. 擔任高雄市高級中等學校輪調式建教合作事業單位評估作業委員 (2009.02 至今)

3. 擔任第 33 屆全國技能競賽〈美髮職類〉裁判

4. 擔任第 39 屆全國技能競賽〈男女美髮職類〉裁判

5. 擔任曼都髮型公司台灣總管理處資訊研究教育訓練執行主任　〈1994〉

6. 擔任馥髮髮型公司教育　管理執行主任　〈2006 ～至今〉

7. 台南應用科技大學生活應用科學所　(100) 畢業

8. 91 學年度指導學生參加全國高級中等學校家事技藝競賽榮獲〈美髮組第二名〉

9. 102 學年度指導學生參加全國高級中等學校家事技藝競賽榮獲〈美髮組學術科第三名，術科第一名〉

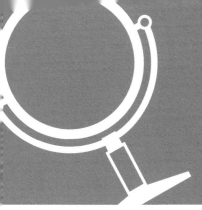

作者經歷

王財仁

已發表之研究：

1. 2014，"女子美髮乙級技能檢定學術科教本 2015 "，全華圖書，臺北市，ISBN 978-957-21-9664-9

2. 2015，"女子美髮乙級技能檢定學術科教本 2016 "，全華圖書，臺北市，ISBN 978-986-463-095-0

3. 2016，"種子盆栽文創商品創作暨經營模式之建構 "，國立高雄應用科技大學，文化創意產業系，碩士論文。

4. 2016，"髮型設計：實用剪髮數位教學 2018 "，全華圖書，臺北市，ISBN 978-986-463-325-8

5. 2016，"美學數位教材之人力建構"，2016 時尚美妝設計暨化妝品科技研討會，頁 76 ～ 79，12 月

6. 2017，"宅森林種子盆栽：東港美展師生作品集。二十九屆，ISBN 9789869282543

7. 2017，"女子美髮乙級技能檢定學術科教本 2018 "，全華圖書，臺北市，ISBN 978-986-463-646-4

8. 2018，"髮型設計：實用剪髮數位教學 (第二版) "，全華圖書，臺北市，ISBN 978- 986-463-749-2

技術證書：

1. 雙軌訓練旗艦計畫專業職能認證試務中心術科監評人員

2. 女子美髮丙級技術士技能檢定合格

學經歷：

1. 彩色鹿文創設計工作坊—美髮部執行長 (1993.05 ～迄今)

2. 宅森林文創設計學園—負責人　(2010.07 ～迄今)

3. 美養莊園國際股份有限公司—南區執行長　(2009.06 ～迄今)

4. 慈惠醫護管理專科學校—美設科業界講師　(2010.02 ～迄今)

5. 國立高雄應用科技大學—文化創意產業碩士班 (103)

6. 高雄醫學大學推廣教育中心講師

7. 慈濟大學推廣教育中心講師

8. 亞洲大學三品書院講師

9. 屏南社區大學 / 東港 / 新園分班講師

10. 102 年慈惠醫護管理專科學校—強健專科學校教學品質計畫「圖書資源融滲教師教學」－研習會主講人

11. 102 年高雄市女子美容商業同業公會 / 雙軌訓練旗艦計畫「數位教材製作」講師

12. 101 年教育部技職院校南區區域教學資源中心學生就業力培育計畫－專案講師

13. 101 年高雄市女子美容商業同業公會「雙軌職能訓練講師評核活動」評審委員

14. 101 年南方文人書法聯展　策展人

15. 101 年南區技專院校校際整合聯盟「提昇圖書館服務海報競賽及展覽活動計畫海報競賽」活動評審委員

16. 100 年中華民國圖書館學會—社區心靈陪伴計劃閱讀暨文化重建網絡讀書會工作坊　講師

17. 第一屆台北國際美容藝術暨校際盃技能競賽大會　美髮評審

18. 中華民國第一屆市長杯美容美髮技術競賽大會　美髮評審

19. 飛躍杯美髮競技大賽　美髮評審

20. 社團法人中華民國樹德科技大學流行設計系系友會第一屆秘書長

李品軒

已發表之研究：

1. 2014，"串飾藝術運用於造型壁飾設計之研究─以中國傳統壁飾為例" 樹德科技大學應用設計研究所，碩士論文

2. 2016，"髮型設計：實用剪髮數位教學 "，全華圖書，臺北市，ISBN 978-986-463-325-8

3. 2016，"剪髮教材 位化製作與應用之研究 -- 以刺蝟剪髮為例"，2016 時尚美妝設計暨化妝品科技研討會，頁 85 ～ 92，12 月

4. 2018，"髮型設計：實用剪髮數位教學 (第二版) "，全華圖書，臺北市，ISBN 978- 986-463-749-2

技術證書：

1. 行政院勞委會美容技術士技能檢定監評人員

2. 美容乙、丙級技術士技能檢定合格

3. 女子美髮乙、丙級技術士技能檢定合格

4. 雙軌訓練旗艦計畫專業職能認證試務中心術科監評人員

學經歷：

1. 輔英科技大學 / 健康美容系 / 系主任 (2018.01 ～至今)

2. 輔英科技大學 / 健康美容系 / 專技助理教授 (2016.08 ～ 2017.12)

3. 和春技術學院 / 流行時尚造型系 / 專技助理教授兼系主任（2015.08 ～ 2016.07）

4. 高苑科技大學 / 香妝與養生保健系 / 講師（兼任）

5. 樹德科技大學應用設計研究所畢業

6. 2018 馬來西亞 IBE 國際美容美髮美甲競賽 (IBE International Beauty Expo) 彩妝評審一職

7. 2018 馬來西亞 IBE 國際美容美髮美甲競賽 (IBE International Beauty Expo)

晚宴髮型評審一職

8. 2018 馬尼拉美髮奧林匹克 PHCA 國際美容美髮競賽創意髮型評審一職

9. 2017 馬來西亞 IBE 國際美容美髮美甲競賽 (IBE International Beauty Expo) 國際美容美髮競賽特殊化妝榮獲亞軍

10. 2017 馬來西亞 IBE 國際美容美髮美甲競賽 (IBE International Beauty Expo) 美髮評審一職

11. 2017 馬尼拉美髮奧林匹克 PHCA 國際美容美髮競賽國際造型交流擔任主講人

12. 2017 馬尼拉美髮奧林匹克 PHCA 國際美容美髮競賽評審一職

13. 2016 馬尼拉美髮奧林匹克 PHCA 國際美容美髮競賽夢幻新娘評審一職

14. 2014 OMC 世界美容美髮組織 / 世界盃法蘭克福 / 藝術類男子剪吹 / 裁判

15. 品軒整體造型美學－負責人（1988.05～至今）

16. 2013 THE 7th K-BEAUTY DESLGN WORLD CONTEST 首爾美容設計競技大會榮獲女士時尚剪吹組金牌

17. 2013 THE 7th K-BEAUTY DESLGN WORLD CONTEST 首爾美容設計競技大會榮獲晚宴梳髮組金牌

18. 2011 台灣區精英盃美容美髮技藝競賽榮獲創意包頭設計組冠軍

19. 2011 第六屆新世紀全國盃美容美髮競技大會榮獲 K 創意邊梳髮組冠軍

20. 2008 OMC 世界美容美髮組織 / 亞洲盃 / 女子美髮裁判長

21. 2008 OMC 世界美容美髮組織 / 亞洲盃 / 美容裁判

孫中平

已發表之研究：

1. 2013，"時尚整體設計 - 以施華洛世奇水晶之之研究"，南台灣健康照護暨健康產業學術研討會

2. 2014，"律動形成創意髮型之研究"，南台灣健康照護暨健康產業學術研討會

3. 2015，"高職學生美髮消費行為現況與影響因素之研究" 國立屏東科技大學技術及職業教育研究所，碩士論文

4. 2016，"髮型設計 - 實用剪髮數位教學"，全華圖書，台北市，ISBN987-986-463-325-8

5. 2016，"美學數位教材之人力建構"，2016 時尚美妝設計暨化妝品科技研討會，頁 76 ～ 79，12 月

6. 2018，"髮型設計：實用剪髮數位教學 (第二版)"，全華圖書，臺北市，ISBN 978- 986-463-749-2

技術證書：

1. 中華民國教育部審定大學合格講師 (講字第 143479 號)

2. 行政院勞動部女子美髮乙、丙級技能檢定監評委員

3. 女子美髮乙、丙級技術士技能檢定合格

4. 男子理髮乙、丙級技術士技能檢定合格

5. 雙軌訓練旗艦計畫專業職能認證試務中心術科監評人員

學經歷：

1. 行政院勞動部職訓局美髮乙、丙級監評委員

2. 中華民國教育部審定合格講師

3. 美和科技大學美髮專業技術講師

4. 國立台南護理專科學校專業技術講師

5. 三信家商進修學校美髮講師

吳碧瓊

已發表之研究：

1. 2012，"美髮沙龍經營文化核心 - 以設計師能力課程之研究"，「東方時尚文創產業」推廣與實務研討會論文集，P270

2. 2013，"宋江陣民俗風貌 - 創意臉譜研究"，2013「名揚視海•東風再現」華文國際研討會論文集暨研習營，P95

3. 2013，"畫蛇添福．蛇來運轉"二零壹三話蛇添福．迎春藝術創作暨國際海報展作品專輯，P36

4. 2015，"美髮沙龍設計師核心競爭力之研究 - 以經營者與髮型設計師之觀點"，東方設計學院文化創意設計研究所，碩士學位論文

5. 2016，"髮型設計：實用剪髮數位教學"，全華圖書，臺北市，ISBN 978-986-463-325-8

6. 2016，"剪髮教材 位化製作與應用之研究 -- 以刺蝟剪髮為例"，2016 時尚美妝設計暨化妝品科技研討會，頁 85 ～ 92，12 月

7. 2018，"髮型設計：實用剪髮數位教學 (第二版)"，全華圖書，臺北市，ISBN 978- 986-463-749-2

技術證書：

1. 女子美髮乙、丙級技術士技能檢定合格
2. VIDAL SASSOON 全球沙宣美髮學院 ABC 剪髮課程
3. VIDAL SASSOON 全球沙宣美髮學院當代剪髮課程
4. VIDAL SASSOON 全球沙宣美髮學院 ABC 染髮課程

學經歷：

1. 伊姿造型沙龍技術總監 / 負責人 (1992.07 ～至今)
2. 東方設計學院文化創意設計研究所 (104) 畢業
3. 日本東京山野美容藝術短期大學「美容特別講座」結業
4. 和春技術學院時尚流行設計系 -- 業師 (2015.10-2016.1)
5. 高雄市女子美容商業同業公會第 12 屆 -- 理事
6. 高雄市女子美容商業同業公會 - 女子美髮數位教材製作研習 -- 講師 (2013)

第一章

緒論

　　本書旨在提供「女子美髮職類乙級術科測試規範及解析試題操作過程」，並從中分析試題內涵之基礎技術理論，讓試題操作成為技術應用的實踐過程，最後將完成造型作品，以多元視覺角度拍攝之圖片讓應檢設計師觀察，並說明作品之美感設計，作為應檢之前練習的參考。

1-1　試題分析

　　技術士技能檢定女子美髮職類乙級術科測試應檢參考資料，於 103 年起有大幅改變應檢內容，請參閱「勞動部勞動力發展署技能檢定中心全球資訊網」https://techbank.wdasec.gov.tw/examweb/owInform/DLowFile/201608301341530.pdf，女子美髮職類編號為「06700」－試題編號：06700 － 1020201，修訂日期：105 年 08 月 18 日，本書即依據其資料內容，統整為以下項目及分析表格。

🎁 乙級術科測試應檢參考資料內容統整表格

項目	分析
1. 試題項目	不變的內容 (1) 美髮技能實作：仍維持剪髮、燙髮、染髮、成型、包頭梳理、整髮六項實作技能 (2) 衛生技能實作：仍維持化粧品安全衛生之辨識、消毒液和消毒方法之辨識及操作、洗手與手部消毒操作三項實作技能
2. 試題數量	改變的內容 (1) 美髮技能實作－剪髮、燙髮、染髮、成型、包頭梳理、整髮，全部都改為三題。 （未改之前剪髮、燙髮、成型為六題，染髮一題）。 （未改之前包頭梳理為四題）。 （未改之前整髮為六題）。
3. 檢定順序	改變的內容 　A、B 組兩組（1～40 號）檢定順序為剪、燙、染髮設計、成型。 　C 組（41～60 號）檢定順序為包頭梳理、整髮。 　D 組（61～80 號）檢定衛生技能實作。 （未改之前）如下 　A、B 組兩組檢定剪、燙、成型、包頭梳理。 　C 組檢定整髮、染髮設計。 　所以染髮設計項目調整於 A、B 組成型吹風之前，包頭梳理項目調整於 C 組整髮之前。

改變爲套題模式

抽題方式由簽筒抽題改爲由考生電腦抽題（由網路連線到勞動部）

(1) 美髮技能實作：

套題一內容－剪、燙、染、成型（一），包頭梳理（一），整髮（一）。

套題二內容－剪、燙、染、成型（二），包頭梳理（二），整髮（二）。

套題三內容－剪、燙、染、成型（三），包頭梳理（三），整髮（三）。

先由第一及第二試場代表抽套題，次由第三試場代表抽套題，最後由第四試場代表抽套題，三套試題必須全部使用，不得重複。

4. 抽題規定

舉例說明，假如第一及第二試場代表抽出第一套題，就僅剩下第二、三套題，再由第三試場抽題，假設第三試場代表抽到第三套題，則剩下最後第二套即屬於第四試場，如此第一、二試場（A、B 組兩組 1 ～ 40 號）的應檢人員則全天都考第一套題－剪、燙、染、成型（一），包頭梳理（一），整髮（一）。第三試場（C 組 41 ～ 60 號）的應檢人員則全天都考第三套題－剪、燙、染、成型（三），包頭梳理（三），整髮（三）。第四試場（D 組 61 ～ 80 號）的應檢人員則全天都考第二套題－剪、燙、染、成型（二），包頭梳理（二），整髮（二）。

(2) 衛生技能實作：

化學消毒器材（10 種）與物理消毒方法（3 種），組成 30 套題。

化粧品安全衛生之辨識：測試 1 題（由各組術科測試編號最小之應檢人代表抽第一崗位測試之題卡的號碼順序（1 ～ 22 張），第二崗位則依題卡順序測試，以此類推）。

消毒液和消毒方法之辨識及操作：化學消毒器材（10 種）與物理消毒方法（3 種），共組成 30 套題，由各組術科測試編號最小之應檢人代表抽 1 套題應試，其餘應檢人依套題號碼順序測試（書面作答及實際操作）。

改變的內容

(1) 不得事先漂色也不得使用漂粉（請看應檢參考資料「應檢人自備美髮技能實作器材表」限用黑色假髮規定）

(2) 應檢人在指定之側中線前面區域內，可自由設計三個髮片（黑色除外）、形狀及位置共三色，且須從髮根染至髮尾。

5. 染髮規範

(3) 操作前，應先填妥「染髮設計表」（含填寫測試日期、術科測試編號及畫三個設計髮片的位置與形狀，並填寫雙氧水濃度 (%) 及三個髮片染後的顏色），以供評審作爲評分依據。

(4) 染髮後，假髮須沖洗乾淨但不須吹乾。

6. 剪髮規範	不變的內容 　　剪髮考題由未改之前的六題數量，刪減爲三題數量，而且保留下來三題的技術規範不變（請參考剪髮長度規範圖）。 改變的內容 　　未改之前剪髮編號（二）、（四）、（六）已刪除 　　未改之前剪髮編號（一）改爲剪髮編號（三） 　　未改之前剪髮編號（三）改爲剪髮編號（一） 　　未改之前剪髮編號（五）改爲剪髮編號（二）
7. 整髮規範	不變的內容 　　整髮考題由未改之前的六題數量，刪減爲三題數量，而且保留下來三題的技術規範不變（請參考整髮規範說明）。 改變的內容 　　未改之前整髮編號（一）、（二）、（四）已刪除。 　　未改之前整髮編號（三）改爲整髮編號（二）。 　　未改之前整髮編號（五）改爲整髮編號（一）。 　　未改之前整髮編號（六）改爲整髮編號（三）。
8. 包頭梳理規範	不變的內容 　　包頭梳理考題由未改之前的四題數量刪減爲三題數量，而且保留下來三題的技術規範不變（請參考包頭梳理規範說明）。雖然包頭梳理編號（二）技術規範的文字有比以前做更細部的說明，但其造型仍不變。 改變的內容 　　未改之前包頭梳理編號（二）已刪除。 　　未改之前包頭梳理編號（一）改爲包頭梳理編號（二）。 　　未改之前包頭梳理編號（三）改爲包頭梳理編號（一）。 　　未改之前包頭梳理編號（四）改爲包頭梳理編號（三）。
9. 燙髮規範	改變的內容 　　燙髮實作時間由 80 分鐘，改變爲 70 分鐘。

1-2 應檢人自備假髮說明

　　依據應檢參考資料「應檢人自備美髮技能實作器材表」，剪、燙、染、成型、包頭梳理、整髮，有限用黑色假髮之規定，因此應檢人須遵守規定。但本編輯為清晰呈現操作過程及完成作品之紋理、曲線、角度、弧度，因此在包頭梳理及整髮之技能實作，皆改採金色髮質之假髮，而剪髮之技能實作則考量後續需進行染髮之技能實作，仍採黑色假髮之規定。

　　應檢人在技能實作過程中亦有規定，除了染髮設計實作過程中必須身穿黑色圍巾，其餘項目實作過程則一律身穿白色圍巾，本編輯為拍攝畫面之美觀，一律身穿素色便服，因此在此特予說明。

> 本書收錄內容係依據勞動部公告之測試參考資料（查詢日期：106 年 8 月 8 日）編寫而成，應考時請以勞動部公告最新版本之測試參考資料，與考場現場公告為主。

(一) 女子美髮乙級剪髮剪吹

　　1. 乙級應檢人自備材料之剪、燙、染髮設計、成型所用之假髮不得修剪，其長度從頸背算起至少 25 公分以上。

　　2. 女子美髮技能檢定，假髮顏色限用黑色。

　　3. 女子美髮技能檢定，剪髮測試過程中，被發現假髮頭皮有做記號或修剪頭髮者，則扣考不得繼續應檢，其已檢定之術科成績以不及格論。

　　4. 乙級長髮高層次髮型，剪髮完成後之頭髮長度依中心點、頂點、黃金點、後部點及頸部點之順序，分別為約 13、15、18、21、21 公分。

(二) 女子美髮乙級　燙髮

　　1. 美髮乙級燙髮捲度與燙髮設計表不符合時，則單項扣分。

　　2. 美髮乙級燙髮操作過程中，如使用吹風機，則不符合試題說明。

　　3. 燙髮設計表如有修改，則不符合試題說明。

(三) 女子美髮乙級　染髮

　　1. 美髮乙級，填寫染髮設計表，填寫後不得修改，若有修改則不予計分。

　　2. 染髮使用之染劑，如使用黑色或暫時性染劑，則不符合試題說明。

　　3. 染髮之自由設計區域，只可以在側中線前面區域內。

　　4. 染髮設計表必須填寫三種不同顏色及位置及形狀。

5. 染髮設計只要能辨識三種鮮明顏色即可（高、低明度都可以，不一定要鮮豔）。

6. 染髮作品不符合染髮設計表或全臉覆蓋任何東西，則不予計分。

7. 染髮完成後之評分，會等吹風造型完成後才給予評分。

(四) 女子美髮乙級　包頭梳理

1. 包頭梳理第一題右頸側為逆向螺捲，左頸側為順向螺捲，如做錯，則不符合測試項目。

2. 包頭梳理第二題總共四個螺捲，僅右側後頭部為順向螺捲，另三個為逆向螺捲，如其中一個做錯，則不符合測試項目。

3. 未上青捲則 0 分計算 (不符合試題說明)。

(五) 女子美髮乙級　指推波紋與夾捲

1. 限用傳統式髮夾，不得使用鋼夾

2. 不得在測試前噴濕頭髮或抹膠

3. 整髮平捲不得只挑表面或一半的髮片

(六) 女子美髮乙級　應檢須知

1. 應檢人自備美髮技能實作器材應依「技術士技能檢定女子美髮職類乙級術科測試應檢人自備美髮技能實作器材表」規定攜帶，規定以外之其他用具（包含計時器）不得進入試場。違規者予以扣考，不得繼續應檢，其已檢定之術科成績以不及格論。

2. 應檢人未依服裝儀容規定者，不得進場應試，其術科總成績以不及格論。

3. 應檢人均應參加美髮技能和衛生技能共九項實作測試，若缺考一項（含）以上則不計總評審。

4. 測試時間開始後 15 分鐘尚未進場應檢人，即不准進場。

5. 各單項成績若有二位（含）以上監評人員給分 50 分（含）以下，該單項總分登記為 0 分。

第二章

專業技術名詞圖解

2-1 剪髮

幾何剪法 Geometric haircut 	「幾何剪法」一詞，就是將幾何學的理論概念轉化，然後應用於剪髮的方法和過程，亦稱為「幾何剪髮」，前者是表徵剪髮的方法，後者是表徵剪髮的過程（黃思恒、朱維政，2011，p29）。所以剪髮常見的理論基礎和技法是轉化於「幾何」概念（例如：點、線、面、髮片三角立體型態、提拉角度、切口角度……）。
剪髮結構設計圖 	剪髮過程大都劃分為數個設計區塊來完成，每個設計區塊則透過剪髮基本元素（髮片劃分、髮片引導、髮片型態、髮長、提拉角度、切口角度）之間的相互作用所形成，這種相互作用就是「剪髮結構」，結構不但可以呈現剪髮的技法，更可以應用圖型化的外在形式呈現剪髮的設計概念，因為結構圖型可以表達剪髮基本元素之間（上下、左右、前後）如何的相互作用。
15 個基準點 Basis point 	是頭部 15 個剪髮設計基準點的簡稱，基準點對剪髮的方法和過程具有定位、定向、劃定剪髮設計區的功能，更是建構幾何剪法結構很重要的量測點（黃思恒、朱維政，2011，p66 ～ p72）。
輪廓 Outline 	當頭髮從頭部直接夾住拉緊裁剪，裁剪線 Cutting lines 或周圍邊緣線 perimeter lines 會產生輪廓的形狀，因此頭部的曲線、提拉角度、切口角度將影響剪髮設計的形狀。因此一個剪髮整體的輪廓，會呈現剪髮技術的構成要素。
十字交叉檢查 Cross-check 	依據剪髮設計區髮片的提拉角度，以縱髮片裁剪少許範圍之後進行橫髮片檢查（簡稱縱剪橫查），或以橫髮片裁剪少許範圍之後進行縱髮片檢查（簡稱橫剪縱查）的方法，其目的在查驗或修飾設計區髮片外輪廓連接的精密度。 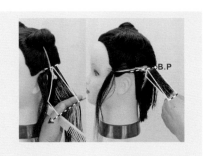
層次 	層次是髮片裁剪後，髮量在上下之間的堆疊關係在表面形成立體感及動感，而且層次的大小可以控制重量線落點的位置，如圖 A 點、B 點之間的距離即為層次的大小。 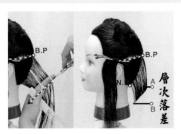

等腰三角型髮片 Isosceles triangle 	在髮片厚度的中間點位置提拉 90° 裁剪，髮片的兩側等長，向中間微微變短，常應用於設計髮片兩側相同長度的裁剪模式。（黃思恒、朱維政，2011，p505）。 
直角三角型髮片 Right-angled triangle 	在髮片的劃分線位置提拉 90° 裁剪，因此垂直面的頭髮最短，斜面的頭髮最長，頭髮由垂直面往斜面逐漸變長。常應用於設計髮片兩側不同長度的裁剪模式。（黃思恒、朱維政，2011，p505）。 
提拉角度 Elevation angle 	說明髮片提拉方向的高低，在剪髮時通常以「提拉角度」稱之，當通過頭型圓弧某一點的垂直線在幾何學上稱爲「法線 Normal Line」，若此點爲「A」如圖，則稱此線在 A 點提拉 90 度。（黃思恒、朱維政，2011，p504）簡言之「提拉角度」是頭髮從頭部「A」點被拉出和切線之間的夾角，也就是從髮根觀測頭髮與頭形所形成的角度，因此提拉角度是一項設計變數，可因此而改變剪髮造型之結果。 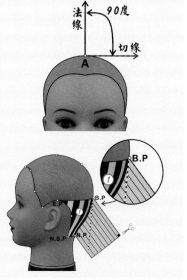
切口角度 Cutting Angle 	髮片提拉方向和裁剪線所形成的夾角稱爲「切口角度」（黃思恒，2011，P57），在劃分縱髮片模式之下，切口角度的大小會影響上下（縱向）層次高低，在劃分橫髮片模式之下，切口角度的大小會影響前後（橫向）毛流走向。 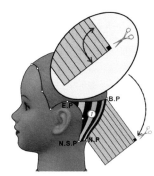

水平線 Horizontal Line 	水平線是爲連接左 E.P → B.P → 右 E.P 的連線，其功能將頭分爲「上頭部」與「下頭部」。（黃思恒、朱維政，2011，P68）	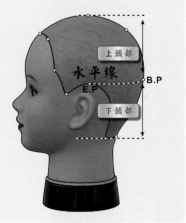
正中線 Central Line 	正中線是爲連接「C.P」→「T.P」→「G.P」→「B.P」→「N.P」的連線，以鼻爲中心，作整個頭部之垂直線，其功能將頭分爲「左頭部」與「右頭部」，以平衡頭部左右兩邊對稱。（黃思恒、朱維政，2011，P68）	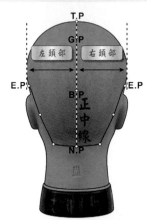
側中線 Side Central Line 	側中線是爲連接左「E.P」→「T.P」→右「E.P」的連線，以耳朵爲中心，作整個頭部之垂直線，其功能將頭分爲「前頭部」與「後頭部」。（黃思恒、朱維政，2011，P68）	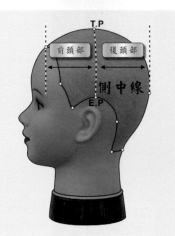
U 型線 Front Side Line 	U 型線亦稱爲「側頭線」，因形狀如英文字母「U」而稱之，是爲連接左「F.S.P」→「G.P」→右「F.S.P」的連線，其功能將「上頭部」區分爲「頭頂部」、「側頭部」、「後頭部」。（黃思恒、朱維政，2011，P68）	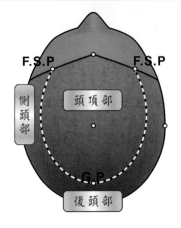

垂直劃分
Vertical parting

垂直劃分操作過程與應用影片（片長：2分54秒）

垂直劃分的髮量稱爲「垂直髮片」或「縱髮片」，其目的在使裁剪後同等寬區域的頭髮產生如下的變化：

1、在「上」～「下」產生長短互動的「層次變化」，其變化大小和「提拉角度」成正比。

2、在「前」～「後」產生前長後短或前短後長或前後等長的「毛流變化」，其變化效果和髮片「形態」有關。

水平劃分
Horizontal parting

水平劃分操作過程與應用影片（片長：2分01秒）

水平劃分的髮量稱爲「水平髮片」或「橫髮片」，其目的在使裁剪後同等高區域的頭髮形成相同髮長，一般常使用於零層次或低層次髮型。設計區塊「縱髮片」裁剪後的髮量，也需要劃分「橫髮片」進行「十字交叉檢查」。

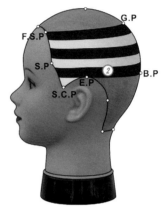

定點放射劃分
Pivotal parting

剪髮設計過程中，在頭部任選一點爲軸心，以輻射狀的形式符合頭部曲線劃分出髮量的模式，使環繞頭部曲線因此產生三角形分區。

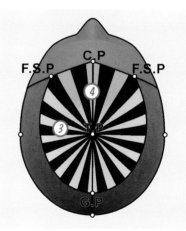

平行裁剪
Parallel cutting

依據平行的幾何原理，兩平行線間的距離是處處相等，因此，轉化幾何原理之概念，平行裁剪就是從任何起點開始裁剪的髮長與結束點的髮長處處都可以相同，如右圖這是髮片裁剪線和髮片劃分線，形成平行的操作技法，因此髮片應用「平行裁剪」技法，可讓操作者掌控剪髮的設計過程和結果。

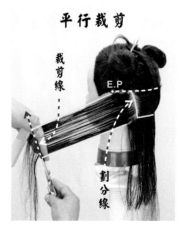

移動式引導 Traveling guide	所謂「移動式引導」，即第一次裁剪完成的髮片以後，就以第一髮片少許髮量的長度，做為第二裁剪髮片的裁剪引導線，在第二裁剪髮片完成以後，再以第二髮片少許髮量的長度，做為第三裁剪髮片的裁剪引導線，依此類推循序裁剪把整個設計區的髮片裁剪完成。	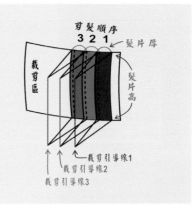
固定式引導 Stationary guide	所謂「固定式引導」，即第一次裁剪完成的髮片長度，然後保持固定不動，當作整個裁剪設計區髮片的裁剪引導線。如圖是固定式引導裁剪後，前短後長及外輪廓的變化。	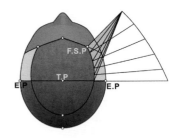

 **2-2** 包頭梳理

對稱 Symmetry 從「弧度」、「紋理」、「外輪廓」看見「對稱平衡」的美感影片（片長：3分05秒）	「對稱」是美的設計形式原理之一，也是在所有的形式原理中最為常見且最為安穩的一種形式，依髮型造型設計元素屬性而言，是指在正中線兩側分別設計完全相同的形狀、紋理、顏色、高低、大小、方向、位置、弧度、數量，即成為對稱的形式。

線條紋理之對稱　　外輪廓弧度之對稱

紋理是造型設計的應用元素，從髮型造型設計而言，「紋理」是髮型表面的線條及質感，不同的材質一定會有不同的紋理，但相同的材質也可以設計成不同的紋理，因此髮型設計表面的光滑、粗糙、細緻、直髮、捲度、層次、顏色等，就是屬於相同材質不同紋理設計的表現。

紋理 Texture

從不同領域「紋理」看見包頭梳理呈現設計的美感影片（片長：3 分 22 秒）

同材質不同紋理設計　　同材質不同紋理設計

8 字形綁法

8 字形綁法操作技法影片（片長：2 分 37 秒）

「8 字形綁法」類似於冷燙橡皮筋的「8 字形套法」，操作時將橡皮筋套在髮夾彎一端，髮夾置於集中的髮束之下，然後拉緊橡皮筋由髮束之上橫跨到髮夾另一端，將橡皮筋從髮夾右進左出，再由髮束之上橫跨繞回到髮夾原點右進左出，因此橡皮筋再髮束之上會形成「8 字形」。如此模式將橡皮筋重複纏繞髮夾兩端到結束，這是梳整中、小髮量時固定於定點最常應用的方式，而且只要將髮夾拔出橡皮筋，即可快速拆卸集中髮量。

環繞式綁法

髮量進行集中梳整以環繞式綁法操作過程影片（片長：3 分 27 秒）

「環繞式綁法」是梳整大髮量固定於定點最常應用的方式，操作前先將橡皮筋連結成線狀套在髮夾彎一端，操作時先將髮束梳順集中於定點用一手握緊，以拇指扣住橡皮筋尾端，另一手再將髮夾拉住橡皮筋以「逆時鐘」方向環繞髮束一圈再拉緊，將髮夾穿過穿過拇指摳住的橡皮筋，因此形成套環將髮束套住，然後再將髮夾拉住橡皮筋反方向以「順時鐘」方向持續環繞髮束到結束，過程中用一手握緊髮量不得鬆動，最後將髮夾插入整把髮束髮根之中即完成。

髮圈
Loop hair

梳髮造型以「髮圈」排列組合堆疊的應用設計影片（片長：3分44秒）

髮圈亦稱為「空心捲」，是一項梳髮造型的基本技術，它可以很簡單的製作並可以創造出獨特風格的髮型，也可以依設計創意想要的內容製作出各種形狀、大小、長短、方向、扁圓。操作時以食指及中指挾住髮片，然後旋轉手指形成一個圓圈形狀，亦可將髮片繞行手指形成一個圓圈形狀，最後以髮夾將髮圈底部固定於髮基。數個髮圈的排列組合、堆疊即稱為「髮髻」。

髮圈之排列組合應用

髮圈之堆疊應用

單包
French Roll

梳髮造型以「單包」技法的操作過程及應用設計影片（片長：2分39秒）

梳髮的單包的髮型亦稱為「法國盤髮」，這是一項多功能又經典的梳髮技法，它可以快速做出髮型，被公認為適合任何臉型。一般（慣用右手者）都是將左側頭部的頭髮梳到後頭部，然後從頸背開始以「縫針式夾法」，一次一次的使用髮夾交疊固定至黃金點，形成一條垂直線以固定左側頭部的頭髮，然後使用右手指或尖尾梳柄，以順時鐘方向在後頭部由下往上盤髮，然後使用更多的設計美感在後頭部進行大小、線條、位置、方向、弧度之調整，最後在髮卷的接合處以髮夾固定。

單包技法之創意應用

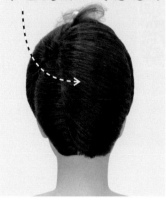

單包技法之創意應用

不論頭髮的長度或捲度的模式，這是一項任何人都可以創作設計的簡單技術。操作時依設計需求分取一束適當髮量，以順時或逆時的方向持續扭、轉讓髮束稍微扭曲縮短，然後又再繼續扭轉直到扭緊為止。

一股扭轉
single strand twist

單股扭轉操作技法應用於編梳造型上的創意設計影片（片長：3分21秒）

「平捲」是梳髮創造律動美感的造型技術之一，操作時將髮片做平面式的呈現，其技法分為兩類：1.「C型」波紋的處理，2.在髮尾做「螺旋型」的處理，如此處理技法可以讓髮片在造型上創造曲線之紋理。在方向的應用又可分為順時鐘及逆時鐘的C型、螺旋型，順時鐘和逆時鐘的「C型」波紋連接即成為「S型」波紋，連續數個「S型」波紋連接即成為「波浪型」波紋。

平捲
Flat curl

「C」型波紋、「S」型波紋、螺旋狀「平捲」操作過程影片（片長：1分32秒）

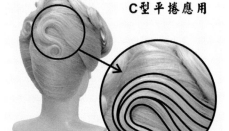

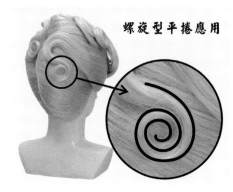

髮基
Hair base

髮量集中固定，作為製作髮髻的髮基影片（片長：1分30秒）

髮基是梳髮固定造型的基座，製作時可依設計需求在頭部適當的位置，分出適當的面積或形狀或髮量，其製作之類型如下：
1 以橡皮筋在髮根處綁髮。
2 以編髮纏繞後再用髮夾固定於髮根。
3 使用髮棉以髮夾固定於髮根。

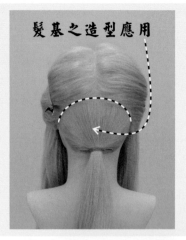

逆梳
Back comb

髮片逆梳操作技法影片（片長：1分57秒）

髮片控制在髮尾，梳子插入頭髮將髮尾向髮根的方向梳髮或刷髮，所以稱之「逆梳」也稱為逆刮，操作過程中局部的毛髮會被向下推，從而導致髮根撐蓬產生量感，其目的在使造型達到蓬鬆、增加量感、產生豐厚弧度，逆梳時髮片角度越高則蓬鬆及量感越大，逆梳時的力量大小、次數多寡也會和蓬鬆效果及量感成正比。

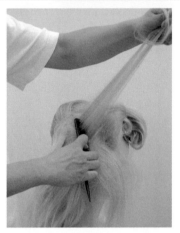

十字式夾法
Criss-cross pins

十字式夾法操作過程影片（片長：1分40秒）

使用髮夾以十字的方向挾住頭髮，這對小區塊的髮量或扭動力強的髮束，可以使用少量的髮夾即可固定之。

反向式夾法
Reverse pins

反向式夾法操作過程影片（片長：2分16秒）

「反向式夾法」先將要固定的髮束梳整完成並暫時固定於造型表面，再從髮束兩側以髮夾從相反的方向夾處住髮量固定於髮根，此法可將髮量固定於反向髮夾之內，常應用於蓬鬆造型時可框住鬆散髮量之設計，此法較適合梳整小髮量固定於定點最常應用的方式。

縫針式夾法

縫針式夾法操作過程影片（片長：2分26秒）

在設計區使用髮夾以同方向持續的夾髮，髮夾和髮夾之間是否要連接視設計需求而定，例如固定大面積髮量時，髮夾和髮夾之間以局部相互重疊連接夾髮為佳，也可增加髮夾數量加強固定，若以編髮為例只需局部固定髮束，則以間斷式夾髮即可。

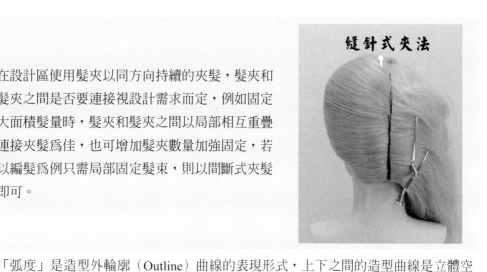

縫針式夾法

弧度
Radian

從不同髮型類別看見縱向、橫向「弧度」的造型設計影片（片長：3分34秒）

「弧度」是造型外輪廓（Outline）曲線的表現形式，上下之間的造型曲線是立體空間的縱向弧度，前後之間的造型曲線是立體空間的橫向弧度，因此造型的縱向弧度及橫向弧度綜合成為立體的造型輪廓。

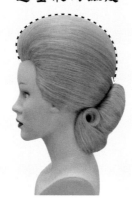
造型縱向弧度

造型橫向弧度

2-3 整髮

指推波紋
Finger wave

指推波紋操作過程影片（片長：1分53秒）

指推波紋首先在 1920 年代開始流行，是製作波紋髮型的一項捲髮方法，它透過兩類技法來完成：一項是「C型曲線」、一項是「波峰」，操作過程使用適量的髮膠幫助它保持其形狀，在濕髮狀態下是由手指及梳子梳理頭髮，以方向輪流交替模式，推出順時方向C型曲線連接逆時方向C型曲線的波紋，這項技法可以在頭上製作水平、垂直、斜向三種類型貼頭皮的波紋形狀。

指推波紋之設計

波峰
Ridge

指推波紋形成「波峰
（Ridge）」操作過
程影片（片長：1 分
53 秒）

當順時方向 C 型曲線連接逆時方向 C 型曲線的
波紋時，會形成突起的頭髮區即稱爲「波峰」，
該過程是由食指及中指之間夾緊髮量，產生「波
峰」的操作技法。（Randy Rick，2007，p176）

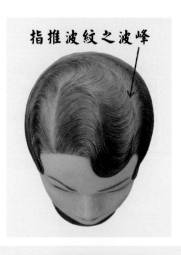

波谷
Hollow

「波谷」是指推波紋凹狀的半橢圓區，就在波峰
之下，它決定了波紋深度的起伏，波谷相對的方
向就有波峰，假如指推波紋的波峰是成爲水平
的形狀，那麼波谷也必定是成爲水平的形狀。
（Randy Rick，2007，p176）

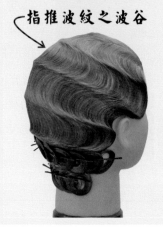

範圍
Scale

指推波紋第 2 層範
圍操作過程影片（片
長：2 分 02 秒）

在夾捲操作之前選擇夾捲底盤的配置，所劃分出預定適當的尺寸和比例稱爲「範
圍」，範圍可以是幾何的、直的、弧形的，並且可以成爲正向、反向、水平、垂直
或斜的面。

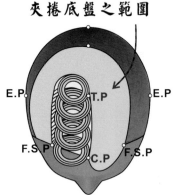

塑型 Shaping 指推波紋塑型操作過程影片（片長：1分34秒）	「塑型」是推梳髮片在形成一個波紋之前的操作技法，讓頭髮梳成圓弧形動向的模式，並且提供頭髮形成波峯的方向（direction）及 C 型曲線的紋理（texture）。（Randy Rick，2007，p176）	
波距 Between the ridges 指推波紋第 3 層波距操作過程影片（片長：1 分 56 秒）	「波距」是波峰和波峰之間的距離，一般約兩個手指寬（約 4～4.5 公分）的距離，這是手指推出 C 型曲線的部位，波距也決定波谷的寬度。	
夾捲 Pin curl	「夾捲」也稱為螺捲，是一項保持捲度傳承很久的操作技法，大約從 1920 年代那時被稱為「spit curls」被使用到現在，操作過程完全不使用髮筒或其它設備，以手而直接做出髮圈（loop）再以髮夾固定在頭部的捲髮。夾捲有三個主要結構：底盤、髮幹、髮圈。	
底盤 Base	開始做夾捲之前，要將頭髮劃分成區塊或髮片，然後再細分每個區塊成為各種捲髮所需的底盤類型。「底盤」是頭髮附著在頭皮上的部分，作為髮圈固定的基座，也是作為指推波紋塑型、波紋、髮圈之髮基，是夾捲三個主要結構（structure）之一。	

髮幹
Stem

指推波紋第 4 層髮幹形成過程影片（片長：1 分 46 秒）

「髮幹」在「髮圈」第一個圓弧和「底盤」之間，帶給髮圈方向和動向，是夾捲三個主要結構（structure）之一。

夾捲之髮幹

髮圈
Circle

指推波紋平捲髮圈操作過程影片（片長：1 分 22 秒）

「髮圈」是將夾捲形成一個完整的圓，圓圈的大小決定了波紋的寬度和強度，是夾捲三個主要結構（structure）之一，髮圈的髮尾有以下兩類處理模式：

1. 髮尾在外（Open Center Curls）會產生光滑又均勻的波紋（Arlene Alpert，2008，p311）。

2. 髮尾在內（Closed Center Curls）會產生捲度較強又蓬鬆的波紋（Arlene Alpert，2008，p311）。

夾捲之髮圈

夾捲之髮圈

平捲
Flat pin curl

指推波紋平捲髮圈操作過程影片（片長：2 分 07 秒）

「平捲」是為了用於捲度緊密的效果，髮幹和髮圈兩個都是平的，頭髮的塑型和捲髮是由裡面的「C」形所產生的，然後以髮夾橫夾在髮圈塑型相同的方向上。

夾捲因固定位置不同可分三個類型：

1. 無髮幹：No-stem curl
2. 半髮幹：Half-stem curl
3. 全髮幹：Full-stem curl

平捲之應用設計

無髮幹 On base No-stem curl	也稱爲「Full base」，是描述一個夾捲的髮量固定頭部位置的術語，操作時直接將夾捲的髮量固定在底盤的內部，此技法可以建立緊密穩固持久的捲度，活動性最低。

半髮幹
Half-stem curl

半髮幹的髮圈固定在底盤的一半，半髮幹的夾捲可產生大量的捲度，還可提供中等的活動（Arlene Alpert，2008，p310）。

抬高捲
Cascade or Stand-up curls

抬高捲髮片操作過程影片（片長：1分59秒）

抬高捲可以用來產生類似髮筒提拉高度的效果，和應用產生量感的設計原理相同。
這種類型的夾捲是在梳髮的髮圈造型也很有幫助（Arlene Alpert，2008，p316）。

矩形底盤
Rectangle base

抬高捲矩形底盤操作過程影片（片長：1分14秒）

是夾捲4個底盤類型之一，矩形底盤夾捲類似髮筒捲髮所形成站立的圓筒，可用於頭部任位置上產生量感的造型，通常建議應用在側前方的髮際線，作爲圓滑向上斜的效果，爲防止梳理的波紋造型裂開，每個夾捲之間必須要互相重疊（Arlene Alpert，2011，p424）。

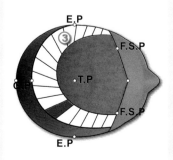

「三角形底盤」是夾捲 4 個底盤類型之一，這項底盤一般常用於抬高捲，可以產生量感的造型設計，通常建議用於前面臉部的髮際線，容許每個捲髮和下一個捲髮可以重疊一部分頭髮，這樣可以梳理成不裂開的波紋（Arlene Alpert，2011，p424）。

三角形底盤
Triangle base

抬高捲三角形底盤操作過程影片（片長：1 分 06 秒）

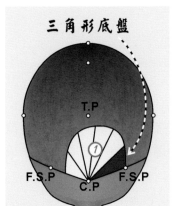

是夾捲 4 個底盤類型之一，「弧形底盤」的夾捲，就像著名半月形（half-moon）或 C 形（C shaped）底盤的捲髮所做出來的型，弧形底盤夾捲方向性好，也可用在側部髮際線或頸背區（Arlene Alpert，2011，p424）。

弧形底盤
Curved base

抬高捲弧形底盤操作過程影片（片長：2 分 07 秒）

順時鐘
Clockwise

順時鐘平捲操作過程
影片（小C）（左側）
（片長：2分0秒）

順時鐘平捲操作過程
（大C）（右側）操
作過程影片（片長：
1分47秒）

逆時鐘
Counter-Clockwise

逆時鐘平捲操作過程
影片（小C）（右側）
（片長：1分57秒）

逆時鐘平捲操作過程
影片（大C）（左側）
（片長：1分46秒

是描述一個夾捲或波紋和時鐘相同向右旋轉的方向。夾捲或波紋在左前側時，若以順時鐘方向操作時則開口（小C）在左前側，左前側即爲操作的起點，右前側則爲閉口（大C）操作的終點。

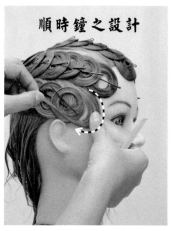

是描述一個夾捲或波紋和時鐘相反向左旋轉的方向。夾捲或波紋在右前側時，若以逆時鐘方向操作時則開口（小C）在右前側，右前側即爲操作的起點，左前側則爲閉口（大C）操作的終點。

第三章

女子美髮職類乙級術科測試
規範及試題操作

3-1　技術士技能檢定女子美髮職類乙級術科測試試場、項目及時間表

一、應檢人：一場次以 80 名為限，分為 A ～ D 四組，每組人數 20 名。

二、測試試場及項目：術科測試試場設三（或四）間，第一、二試場為美髮實作組（剪、燙、染髮設計、成型）、第三試場為美髮實作組（包頭梳理、整髮）、第四試場為衛生實作組。

三、測試時間：第一、二試場為每組 4 小時，第三、四試場為每組 2 小時。

應檢人 項目 試場 編號 時間	美髮實作		美髮實作	衛生實作
	第一、二試場		第三試場	第四試場
	剪、燙、染髮設計、成型		包頭梳理、整髮	
08：00 ｜ 10：10	A 組 (1 ～ 20)	B 組 (21 ～ 40)	C 組 (41 ～ 60)	D 組 (61 ～ 80)
10：10 ｜ 12：10			D 組 (61 ～ 80)	C 組 (41 ～ 60)
13：00 ｜ 15：00	C 組 (41 ～ 60)	D 組 (61 ～ 80)	A 組 (1 ～ 20)	B 組 (21 ～ 40)
15：00 ｜ 17：10			B 組 (21 ～ 40)	A 組 (1 ～ 20)

3-2　技術士技能檢定女子美髮職類乙級術科測試項目、時間及配分表

類目	試場	測試項目		配分	實作時間（分鐘）	測試時間（時）
美髮技能實作	第一、二試場	1	剪	300	30	4
		2	燙	300	70	
		3	染髮設計	300	40	
		4	成型	300	30	
	第三試場	5	包頭梳理	300	30	2
		6	整髮	300	30	
	合　計			1800	230	6
衛生技能實作	第四試場	1	化粧品安全衛生之辨識	40	4	2
		2	消毒液和消毒方法之辨識及操作	45	8	
		3	洗手與手部消毒操作	15	4	
	合　計			100	16	2

3-3 技術士技能檢定女子美髮職類乙級術科測試試題使用說明

一、美髮技能實作測試套題及抽題規定：

(一) 測試項目及試題：

　　剪、燙、染髮設計、成型共 3 題，包頭梳理共 3 題，整髮共 3 題合計六項目 9 題，組成壹、貳、參組套題測試。

(二) 術科測試開始前，由第一及第二試場（推派 1 名）、第三試場（推派 1 名）、第四試場（推派 1 名）代表，計 3 名應檢人集合於第一試場，由美髮監評長主持抽題作業。

(三) 抽題規定：由第一及第二試場代表先抽套題，次由第三試場代表抽套題，最後由第四試場代表抽套題，三套試題必須全部使用，不得重複。

測試項目		剪、燙、染髮設計、成型	包頭梳理	整髮
檢定時間（含評審）		4 小時	1 小時	1 小時
美髮乙級實作套題	套題壹	剪、燙、染、成型 (一)	包頭梳理 (一)	整髮 (一)
	套題貳	剪、燙、染、成型 (二)	包頭梳理 (二)	整髮 (二)
	套題參	剪、燙、染、成型 (三)	包頭梳理 (三)	整髮 (三)

二、衛生技能試題：共三站，每位應檢人每站均須實施測試。

	測試項目	測試題數及抽題規定
一	化粧品安全衛生之辨識	測試 1 題（由各組術科測試編號最小之應檢人代表抽第一崗位測試之題卡的號碼順序（1-22 張），第二崗位則依題卡順序測試，以此類推）。
二	消毒液和消毒方法之辨識及操作	化學消毒器材（10 種）與物理消毒方法（3 種），共組成 30 套題，由各組術科測試編號最小之應檢人代表抽 1 套題應試，其餘應檢人依套題號碼順序測試（書面作答及實際操作）。
三	洗手與手部消毒操作	書面作答及實際操作。

三、消毒液和消毒方法之辨識及操作：

化學消毒器材（10 種）與物理消毒方法（3 種），組成 30 套題如下表：

套題	化學消毒器材	物理消毒法	套題	化學消毒器材	物理消毒法
1	金屬類－剃刀	煮沸消毒法	16	塑膠類－梳子	煮沸消毒法
2	金屬類－剃刀	蒸氣消毒法	17	塑膠類－梳子	蒸氣消毒法
3	金屬類－剃刀	紫外線消毒法	18	塑膠類－梳子	紫外線消毒法
4	金屬類－剪刀	煮沸消毒法	19	塑膠類－髮捲	煮沸消毒法
5	金屬類－剪刀	蒸氣消毒法	20	塑膠類－髮捲	蒸氣消毒法
6	金屬類－剪刀	紫外線消毒法	21	塑膠類－髮捲	紫外線消毒法
7	金屬類－剪髮機	煮沸消毒法	22	塑膠類－洗頭刷	煮沸消毒法
8	金屬類－剪髮機	蒸氣消毒法	23	塑膠類－洗頭刷	蒸氣消毒法
9	金屬類－剪髮機	紫外線消毒法	24	塑膠類－洗頭刷	紫外線消毒法
10	金屬類－梳子	煮沸消毒法	25	含金屬塑膠髮夾	煮沸消毒法
11	金屬類－梳子	蒸氣消毒法	26	含金屬塑膠髮夾	蒸氣消毒法
12	金屬類－梳子	紫外線消毒法	27	含金屬塑膠髮夾	紫外線消毒法
13	金屬類－髮夾	煮沸消毒法	28	毛巾（白色）	煮沸消毒法
14	金屬類－髮夾	蒸氣消毒法	29	毛巾（白色）	蒸氣消毒法
15	金屬類－髮夾	紫外線消毒法	30	毛巾（白色）	紫外線消毒法

3-4 技術士技能檢定女子美髮職類乙級術科測試應檢人須知

一、報到：應檢人應依術科測試辦理單位術科測試通知單之報到時間前，至指定報到處完成報
　　到手續。

(一) 核對應檢人身分證明文件：

　　1. 本國國民：國民身分證。

　　2. 外籍人士、外籍配偶：外僑居留證。

　　3. 大陸地區配偶：依親居留證或長期居留證。

　　4. 應檢人身分證明文件必要時得以健保卡、駕照、護照等含照片之證明文件替代。

(二) 查驗術科測試通知單：測試通知單上需填寫身分證字號。

(三) 領取術科測試號碼牌：號碼牌應於當日測試完畢離開試場時交回。

(四) 應檢人應準時至辦理單位指定報到處辦理報到手續。

二、服裝儀容檢查：

(一) 服裝儀容應整齊：測試美髮技能時，應穿著白色工作服或背心式圍裙；測試染髮 時應穿深色
　　工作服或背心式圍裙；測試衛生技能時，應穿著白色工作服或背心式 圍裙，在工作服或背
　　心式圍裙左上方佩帶術科測試號碼牌。

(二) 報到時，術科辦理單位應協助檢查：應檢人應穿著白色工作服或背心式圍裙，並備妥染髮
　　時應穿著之深色工作服或背心式圍裙供檢查。

(三) 長髮應梳理整潔並紮妥，不得佩帶會干擾實作進行的飾物及戒指。

(四) 應檢人未依服裝儀容規定者，不得進場應試，其術科總成績以不及格論。

三、術科測試類別、分項、時間及配分：

(一) 女子美髮術科測試分美髮技能實作和衛生技能實作。測試項目、實作時間、測試時間及配
　　分，詳見「技術士技能檢定女子美髮職類乙級術科測試項目、時間及配分表」。

(二) 應檢人均應參加美髮技能和衛生技能共九項實作測試，若缺考一項（含）以上則不計總
　　評審。

(三) 應檢人得於測試實施前一日規定時間內前往參觀試場。

四、術科測試試場、項目及時間：

（一）術科測試試場共設三（或四）間進行測試。

第一、二試場	美髮實作	剪、燙、染髮設計、成型	4 小時
第三試場	美髮實作	包頭梳理、整髮	2 小時
第四試場	衛生實作		2 小時

（二）每場應檢人以 80 名，分 A～D 組，每組 20 名為原則。詳見「技術士技能檢定女子美髮職類乙級測試試場、項目、套題及時間表」。

五、自備器材：

（一）應檢人術科測試當天應攜帶美髮測試用自備器材，自備器材所需費用概由應檢人自理，詳見「技術士技能檢定女子美髮職類乙級應檢人自備美髮實作測試器材表」。

（二）自備用具應妥善包妥，以供監評人員檢查。

（三）應檢人自備美髮技能實作器材應依「技術士技能檢定女子美髮職類乙級術科測試應檢人自備美髮技能實作器材表」規定攜帶，規定以外之其他用具（包含計時器）不得進入試場。違規者予以扣考，不得繼續應檢，其已檢定之術科成績以不及格論。

六、測試前的檢查：

（一）應檢人須準時到達術科測試試場。進入試場後應依座位表到達指定位置，妥當放置自備器材，接受下列各項檢查，違規者相關項目的成績予扣分或不予計分。

　　1. 准考證及術科測試號碼牌。
　　2. 自備用具：除自備器材表列用具外，其他用具（包含計時器）均不得攜帶入場。

（二）自備器材的檢查於測試前 2 分鐘完成。

（三）應檢人除攜帶規定的證明文件（置於試場桌面右上方）及自備器材外，不得攜帶其他任何物件及術科測試相關資料進入試場。

七、美髮、衛生技能實作測試試題及抽題規定：

　　術科辦理單位依時間配當表準時辦理抽題，並將電腦設置到抽題操作界面，會同監評人員、應檢人，全程參與抽題，處理電腦操作及列印簽名事項。應檢人依抽題結果進行測試，遲到者或缺席者不得有異議。

(一) 美髮技能試題:

1. 剪、燙、染髮設計、成型共3題,包頭梳理共3題,整髮共3題合計六項目9題,組成壹、貳、參組套題測試(如下表)。

2. 術科測試開始前,由第一及第二試場(推派1名)、第三試場(推派1名)、第四試場(推派1名)代表,計3名應檢人集合於第一試場,由美髮監評長主持抽題作業。

3. 抽題規定:由第一及第二試場代表先抽套題,次由第三試場代表抽套題,最後由第四試場代表抽套題,三套試題必須全部使用,不得重複。

4. 抽取的試題應拍照存證作成記錄再進行測試,並立即在其試場的明顯處(白板、黑板)公布。

5. 抽題結果除代表之3名應檢人簽名外,第一、二、三試場所有監評人員應簽名確認。

6. A、B組於第一、二試場測試同一套試題;C、D組於下午換場測試時,依照原來各組所抽之套題進行測試。

(二) 衛生技能試題:

1. 於衛生試場進行抽題,由衛生監評長主持抽題作業。

2. 化粧品安全衛生之辨識:各組術科測試編號最小之應檢人代表抽第一崗位測試之題卡的號碼順序(1-22張),第二崗位則依題卡順序測試,以此類推。

3. 消毒液和消毒方法之辨識及操作:化學消毒器材(10種)與物理消毒方法(3種),共組成30套題,由各組術科測試編號最小號之應檢人代表抽1套題應試,其餘應檢人依套題號碼順序測試(書面作答及實際操作)。

4. 洗手與部消毒操作:書面作答及實際操作。

八、美髮技能各項實作測試注意事項:

試場		項目	說明
第一、二試場	一	剪髮	剪髮長度應依規定。
	二	燙髮	燙前填寫「燙髮設計表」,填寫後不得修改。
	三	染髮設計	1.染前填寫「染髮設計表」,填寫後不得修改。 2.染劑限用永久性或半永久性染劑,不得使用黑色、暫時性染劑及漂粉。 3.側中線前面區域內,自由設計三個髮片(黑色除外)、形狀及位置共三色,且須從髮根染至髮尾。
	四	成型	成型髮型自由設計
第三試場	五	包頭梳理	髮筒預先捲好吹乾,等監評人員檢查後始能操作
	六	整髮	髮夾限用傳統髮夾,頭髮不得預先噴濕

九、測試中：

（一）測試時間開始後 15 分鐘尚未進場者，即不准進場，除第一站（節）之應檢人於測試時間開始後 15 分鐘內准予進場外，其餘各站（節）均應準時入場應檢。

（二）術科測試開始時應聆聽監評人員解說試題及注意事項，若有疑問，應在 5 分鐘內舉手，待監評人員到達面前始得發問。

（三）測試中不得高聲談論、窺視他人操作，或任意走動。

（四）若因故需離開試場時，須經監評人員同意，並派人陪同始可離開，但時間不得超過 10 分鐘，並不予折計。

（五）操作中應注意安全，如因操作失誤而發生意外，應自負責任。

（六）測試時間開始或結束，悉聽監評人員之指示，不得自行提前或延後。

（七）應檢人如不遵守試場規則、有嚴重違規或危險動作等，經監評人員決議並作成事實紀錄，得取消其術科測試資格。

（八）應檢人對外緊急通信，須填寫術科測試辦理單位製作的通信卡，經控場監評人員核准方可為之。

十、女子美髮職類乙級術科測試成績計算如下：

（一）美髮技能實作成績：

1. 共有六項測試，單項總分為 300 分（每一監評人員以 100 分為滿分）。應檢人各單項測試結果應符合測試項目、試題說明，並於規定時間內完成方得依評審內容予以評審，否則該項總分以 0 分計算。

2. 各單項成績若有二位（含）以上監評人員給分 50 分（含）以下，該單項總分登記為 0 分。

3. 六項測試成績總計達 1080 分（含）以上者，美髮技能實作總評為「及格」；六項測試成績總計未達 1080 分者，則美髮技能實作總評為「不及格」。

（二）衛生技能實作共三站測試，包括化粧品安全衛生之辨識 40 分，消毒液和與消毒方法之辨識及操作 45 分，洗手與手部消毒操作 15 分，總分 100 分為滿分。三站測試總成績達 60 分（含）以上者，則衛生技能測試總評為「及格」。

（三）美髮技能及衛生技能二大項實作測試總評均為及格者，其術科測試總評為「及格」，其中若有任何一大項不及格，即術科測試總評為「不及格」。

十一、應檢人除遵守本須知所訂事項外，應遵守術科測試辦理單位或監評長臨時通知事項。

十二、其他未規定事宜，悉依「技術士技能檢定作業及試場規則」相關規定辦理。

3-5　技術士技能檢定女子美髮職類乙級術科測試應檢人自備美髮技能實作器材表

項次	名稱	規格及尺寸	單位	數量	備註
1	假髮 （限用黑色假髮）	(1) 剪、燙、染髮設計、成型用： 頸背部 25 公分以上，未修剪過	個	1	不得在頭皮上做任何記號或事先修剪。
		(2) 包頭梳理用：將髮筒事先捲好吹乾，不可拆掉。	個	1	
		(3) 整髮用：事先削剪好。	個	1	
2	腳架等附件		套	1	
3	工作服或背心式圍裙	白、深色各乙件	件	2	
4	圍巾	白、深色各乙件	件	2	
5	毛巾		條	10	
6	燙髮用棉條		條	若干	依個人習慣選擇使用
7	吹風機		支	1	手提式
8	剪刀、打薄刀		把	若干	
9	髮刷、髮梳		支	若干	
10	鴨嘴夾、鯊魚夾		支	若干	1. 染髮不得使用金屬製品 2. 依個人習慣選擇使用
11	傳統式髮夾、U 髮夾	黑色	支	若干	
12	噴水壺		個	1	
13	燙髮用工具（捲棒、橡皮圈、冷燙紙）		人份	1	
14	燙髮用電熱帽、塑膠帽、保鮮膜		人份	1	
15	冷燙藥水		人份	1	
16	定型液		瓶	1	
17	整髮用髮膠		罐	1	
18	染髮用工具（染髮用手套、染碗、染刷及鋁鉑紙或塑膠片等）		套	1	
19	染髮劑	永久性或半永久性染劑，不得使用黑色、暫時性染劑及漂粉	條	3	
20	褪色膏		條	若干	依個人習慣選擇使用
21	雙氧水		適量		依個人習慣選擇使用
22	文具用品	原子筆（藍或黑色）	支	1	不得使用可擦拭原子筆
23	頭髮相關保養造型產品			若干	

※ 應檢人自備美髮技能實作器材應依本表規定攜帶，規定以外之其他用具（包含計時器）不得進入試場。違規者予以扣考，不得繼續應檢，其已檢定之術科成績以不及格論。

3-6 技術士技能檢定女子美髮職類乙級術科測試美髮技能實作試題

3-6-1　剪髮試題規則

試題（一）長髮高層次髮型：剪、燙、染髮設計、成型

測試時間：剪髮 30 分鐘，燙髮 70 分鐘，染髮設計 40 分鐘、成型 30 分鐘。

說明：

(一) 剪髮：如圖所示。

　　長髮高層次上短下長髮型，外輪廓成橢圓型，前瀏海可中分或側分，兩側輪廓呈對稱，耳下無缺角。

(二) 燙髮：

　　1. 燙髮實作測試開始前，提交「燙髮設計表」，燙髮捲度須符合「燙髮設計表」自行設計的捲度（燙髮過程中，不得使用吹風機加熱）。

　　2. 捲棒排列、燙髮捲度均可自由設計。

　　3. 燙髮後、成型前，頭髮可適度打薄。

(三) 染髮設計、成型：如另試題說明。

(四) 操作時間到，不得繼續操作，須接受評審，未完成者本項總分以 0 分計。

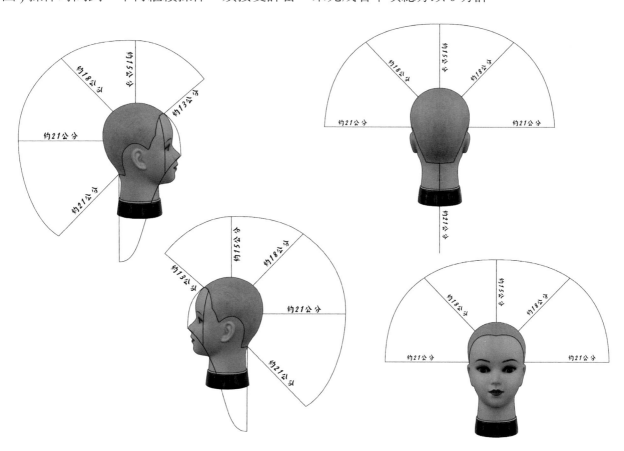

試題（二）中層次髮型：剪、燙、染髮設計、成型

測試時間：剪髮 30 分鐘，燙髮 70 分鐘，染髮設計 40 分鐘、成型 30 分鐘。

說明：

(一) 剪髮：如圖所示。

　　　中層次髮型，外輪廓成橢圓型，層次圓弧無缺角。

(二) 燙髮：

　　　1. 燙髮實作測試開始前，提交「燙髮設計表」，燙髮捲度須符合「燙髮設計表」自行設計的捲度（燙髮過程中，不得使用吹風機加熱）。

　　　2. 捲棒排列、燙髮捲度均可自由設計。

　　　3. 燙髮後、成型前，頭髮可適度打薄。

(三) 染髮設計、成型：如另試題說明。

(四) 操作時間到，不得繼續操作，須接受評審，未完成者本項總分以 0 分計。

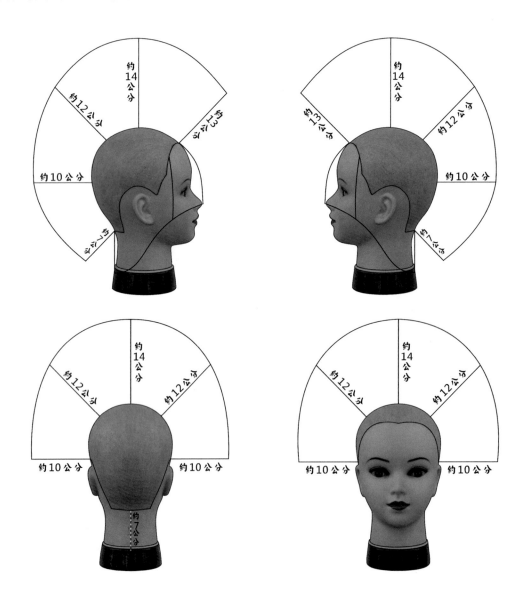

試題（三）等長高層次與低層次的綜合髮型：剪、燙、染髮設計、成型

測試時間：剪髮 30 分鐘，燙髮 70 分鐘，染髮設計 40 分鐘、成型 30 分鐘。

說明：

(一) 剪髮：如圖所示。

　　　耳上水平線以上爲等長高層次，水平線以下爲低層次。

(二) 燙髮：

　　　1. 燙髮實作測試開始前，提交「燙髮設計表」，燙髮捲度須符合「燙髮設計表」自行設計
　　　　 的捲度（燙髮過程中，不得使用吹風機加熱）。

　　　2. 捲棒排列、燙髮捲度均可自由設計。

　　　3. 燙髮後、成型前，頭髮可適度打薄。

(三) 染髮設計、成型：如另試題說明。

(四) 操作時間到，不得繼續操作，須接受評審，未完成者本項總分以 0 分計。

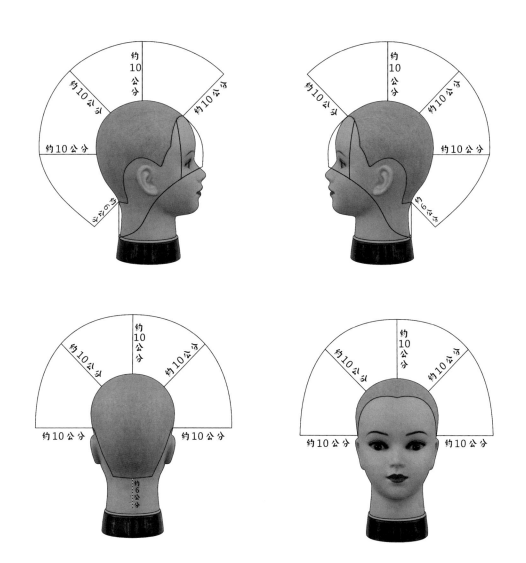

3-6-2 技術士技能檢定女子美髮職類乙級術科測試應檢人燙髮設計表

（設計表由應檢人填寫）

術科測試編號：_____		測試日期：___年___月___日
燙髮捲度		
	捲曲度很捲	□前頭部，頂部 □右側 □左側 □後頭部
	捲曲度普通	□前頭部，頂部 □右側 □左側 □後頭部
	捲曲度彈性	□前頭部，頂部 □右側 □左側 □後頭部

註：1. 應檢人在燙髮實作測試前，須以原子筆填寫燙髮設計表後，將本表交由監評人員再開始操作。

　　2. 填寫燙髮設計表後不得修改，否則本項總分以 o 分計。

3-6-3　染髮試題規則

試題：染髮設計

測試時間：40 分鐘

說明：

(一) 操作前

1. 應檢人須穿著深色工作服及戴染髮手套操作。

2. 染髮操作時應比照真人，假人頭應先圍上染髮用圍巾，不可全臉覆蓋任何東西。

3. 操作前，應先填妥「染髮設計表」（含填寫測試日期、術科測試編號及畫三個設計髮片的位置與形狀，並填寫雙氧水濃度 (%) 及三個髮片染後的顏色），以供評審作為評分依據。

4. 填寫「染髮設計表」，不含測試時間。

5. 「染髮設計表」填寫後不得修改，否則本項不予計分。

(二) 染髮

1. 染劑限用永久性或半永久性染劑，不得使用黑色及暫時性染劑及漂粉。

2. 應檢人在指定之側中線前面區域內，可自由設計三個髮片（黑色除外）、形狀及位置共三色，且須從髮根染至髮尾。

3. 依「染髮設計表」所填之三種不同顏色、位置及形狀進行操作。

4. 染髮方式：下列三種操作方式皆可：(1) 直接使用染劑 (2) 褪色膏與染劑調合後使用（褪色膏不得單獨使用）(3) 先使用褪色膏，再使用染劑（褪色膏不得單獨使用）。

5. 染髮後，假髮須沖洗乾淨（不須吹乾）；注意環境整潔，不可污染工作檯、設備及地面。

6. 作品不符合「染髮設計表」或全臉覆蓋任何東西，則本項總分以 0 分計。

(三) 操作時間到，不得繼續操作，未完成者本項總分以 0 分計。

3-6-4　技術士技能檢定女子美髮職類乙級術科測試染髮設計表

測試日期：_____年_____月_____日　　　　　　　　（設計表由應檢人填寫）

術科測試編號：_____

一、請在下圖任選並畫好自行設計之三個髮片位置，且填寫髮片設計編號。

位置	左側	前面	右側
形狀與髮片設計編號	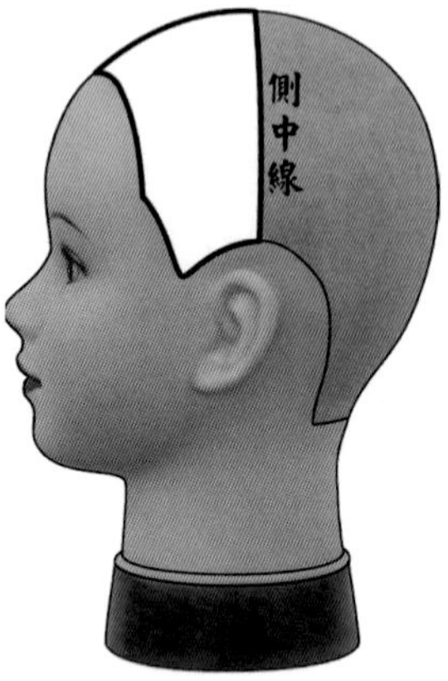	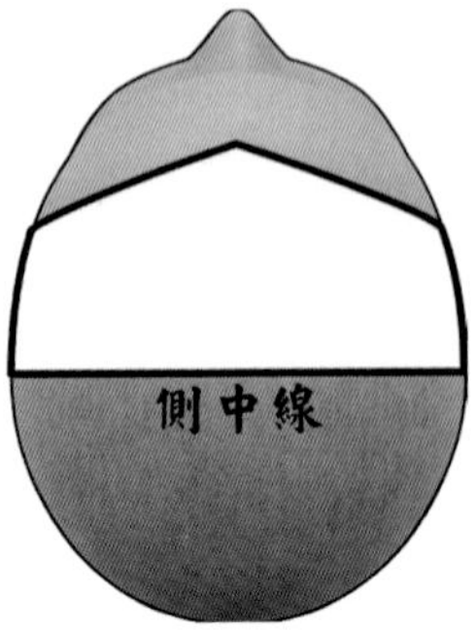	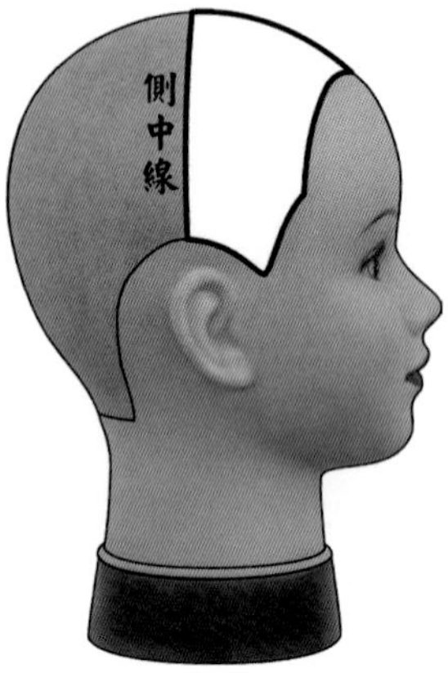

二、依上圖填入髮片設計編號、各髮片使用雙氧水濃度 (%) 及預計染上之顏色。

髮片設計編號	（1）	（2）	（3）
濃度（%）			
顏色			

註：1. 應檢人在染髮實作測試前，須以原子筆填寫染髮設計表後，將本表交由監評人員再開始操作。

　　2. 填寫染髮設計表後不得修改，否則本項總分以 0 分計。

3-6-5　試題 (一) 長髮高層次髮型：剪、燙、染髮設計、成型包頭梳理

3-6-5-1　剪髮過程解析

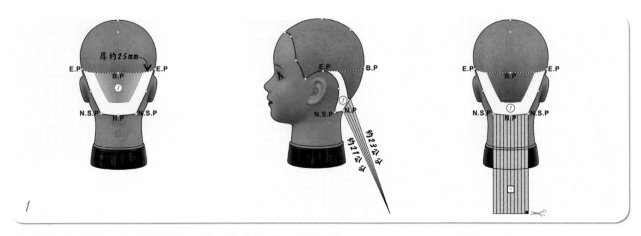

裁剪第 1 區層次—剪髮結構設計圖，裁剪模式為水平劃分 Horizontal parting、提拉 30 度 Elevation angle、平行裁剪 Parallel cutting

由右 E.P ～ B.P ～左 E.P，劃分水平分區線

以平行於頸側線、頸背線技法，平行劃分 Parallel parting 約 3 公分厚之輪廓髮片

第 1 設計區塊劃分操作影片（片長：2 分 20 秒）

將頸背之橫髮片提拉約 30 度

N.P 髮長設定為 21 公分，以平行於頸背線技法裁剪

確認左右頸側點髮長是否相同

以左頸側點髮長為引導，正斜髮片向前提拉（頸側夾角約30度）

平行於頸側線技法裁剪，平行裁剪後之效果

左頸側點之外輪廓要修飾去角

左側外輪廓裁剪過程操作影片（片長：2分47秒）

以右頸側點髮長為引導，正斜髮片向前提拉（頸側夾角約30度）

平行於頸側線技法裁剪，平行裁剪後之效果

右頸側點之外輪廓要修飾去角

右側外輪廓裁剪過程操作影片（片長：2分59秒）

後頭部外輪廓形成橢圓設計效果

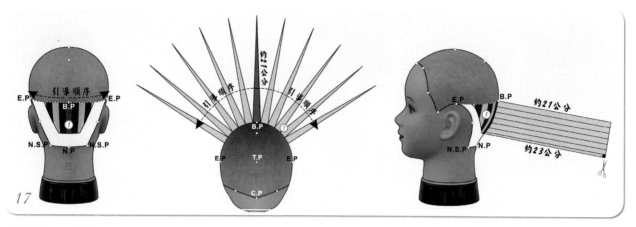

裁剪第 1 區層次—剪髮結構設計圖，裁剪模式為垂直劃分 Vertical parting、移動式引導 Traveling guide、等腰三角形、B.P 提拉 90 度、切口 90 度 Cutting angle

在正中線劃分約 1.5 公分的縱髮片

以等腰三角形、B.P 提拉約 90 度、切口約 90 度裁剪

裁剪後建立裁剪引導線之型態

縱髮片裁剪後之層次及弧度效果

左頭部以移動式引導繼續裁剪第 2 片，模式如同圖 17

左頭部繼續裁剪第 3 片，模式如同圖 1

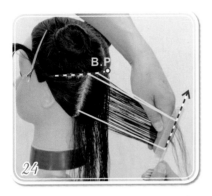

左頭部繼續裁剪第 4 片，模式如同圖 17

將之前裁剪的髮量（4 片）以十字交叉檢查 Cross-check 技法，查驗或修飾橫向外輪廓 Outline 連接的精密度

縱髮片和正斜髮片連接區，以圖 8 模式的引導髮片作為裁剪

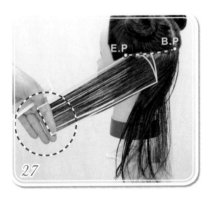

裁剪後之效果

然後再以十字交叉檢查技法，即可裁剪橫向斷層髮片

第 1 區左側裁剪過程操作影片（片長：3 分 15 秒）

右頭部以移動式引導繼續裁剪第 2 片，模式如同圖 17

右頭部繼續裁剪第 3 片，模式如同圖 17

右頭部繼續裁剪第 4 片，模式如同圖 17

33

將之前裁剪的髮量（4 片）以十字交叉檢查技法，查驗或修飾橫向外輪廓連接的精密度

34

縱髮片和正斜髮片連接區，以圖12 模式的引導髮片作為裁剪

35

然後再以十字交叉檢查技法，即可裁剪橫向斷層髮片

36

第 1 區右側裁剪過程操作影片（片長：3 分 20 秒）

37

第 1 區層次、輪廓、弧度裁剪後之後部效果

38

第 1 區層次、輪廓、弧度裁剪後之右後側效果

39

以 U 型線（左 F.S.P ～ G.P ～ 右F.S.P）劃分出第 2 設計區

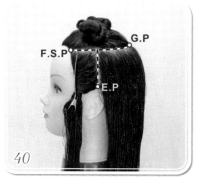

40

以側中線將左、右前側頭部分開，成為第 4 設計區

41

第 2 設計區後頭部

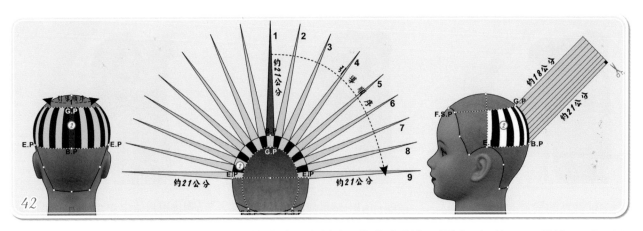

裁剪第 2 區層次一剪髮結構設計圖，裁剪模式為垂直劃分、移動式引導、等腰三角形、G.P 提拉 90 度、切口 90 度

在正中線劃分約 1.5 公分的縱髮片

第 2 區劃分過程操作影片（片長：3 分 25 秒）

以等腰三角形、G.P 提拉約 90 度、切口約 90 度裁剪建立裁剪引導髮片

右頭部以移動式引導繼續裁剪第 2 片，模式如同圖 42

右頭部繼續裁剪第 3 片，模式如同圖 42

右頭部繼續裁剪第 4 片，模式如同圖 42

將之前裁剪的髮量（4 片）以十字交叉檢查技法，查驗或修飾橫向外輪廓連接的精密度

右頭部以移動式引導繼續裁剪第 5 片，模式如同圖 42

右頭部繼續裁剪提拉之髮片至右側中線，模式如同圖 42

將之前裁剪的髮量以十字交叉檢查技法，查驗或修飾橫向髮長連接的精密度

第 2 區右側裁剪過程操作影片（片長：3 分 49 秒）

左頭部以移動式引導繼續裁剪第 2 片，模式如同圖 42

左頭部繼續裁剪第 3 片，模式如同圖 42

左頭部繼續裁剪第 4 片，模式如同圖 42

將之前裁剪的髮量（4 片）以十字交叉檢查技法，查驗或修飾橫向外輪廓連接的精密度

左頭部以移動式引導繼續裁剪第5片，模式如同圖 42

左頭部繼續裁剪提拉之髮片，模式如同圖 42

左頭部繼續裁剪提拉之髮片至左側中線，模式如同圖 42

將之前裁剪的髮量以十字交叉檢查技法，查驗或修飾橫向外輪廓連接的精密度

以「等高等距檢查法」檢查 U 型線左右兩側的髮長是否相同

第 2 區左側裁剪過程操作影片（片長：3 分 49 秒）

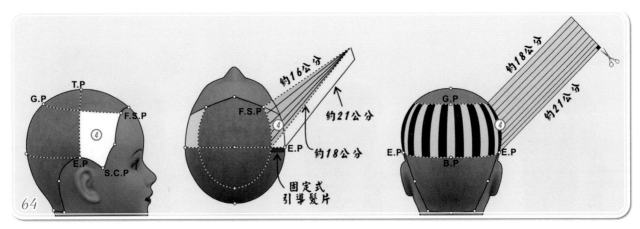

裁剪第 4 區右前側層次—剪髮結構設計圖，裁剪模式為垂直劃分、固定式引導 Stationary guide、直角三角形、提拉 90 度、切口 90 度

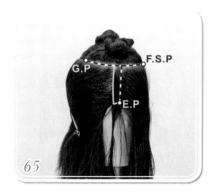

在側中線之後保留約1公分厚度之髮片，作為第4設計區之引導髮片

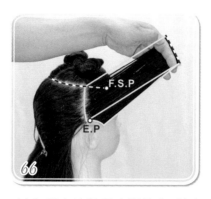

以右側中線保留之髮片作為固定式引導髮片，髮片向前提拉成為直角三角形，向上提拉90度、切口90度，裁剪後之效果

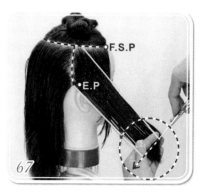

以E.P之髮長作為引導長度，將髮片以E.P向下及向前提拉約30度，將S.C.P的髮長修飾去角

S.C.P的髮長修飾去角後之效果

以十字交叉檢查技法，查驗或修飾兩區（第2、4區）橫向外輪廓連接的精密度

第2、4區斜向外輪廓形成正斜接順的之效果

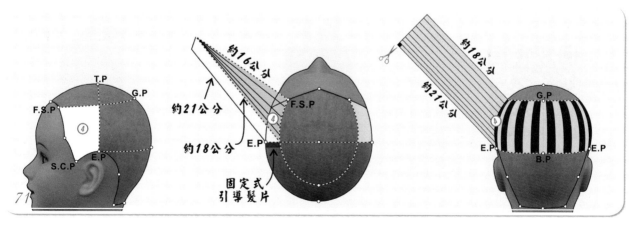

裁剪第4區左前側層次—剪髮結構設計圖，模式如同圖64

在左側中線之後保留約 1 公分厚度之髮片，作爲第 4 設計區之引導髮片

以左側中線保留之髮片作爲固定式引導髮片，髮片向前提拉成爲直角三角形，向上提拉 90 度、切口 90 度，模式如同圖 65

裁剪後之效果

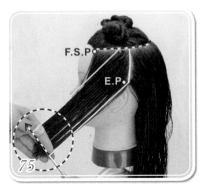

以 E.P 之髮長作爲引導長度，將髮片以 E.P 向下及向前提拉約 30 度，將 S.C.P 的髮長修飾去角，模式如同圖 67

S.C.P 的髮長修飾去角後之效果

以十字交叉檢查技法，查驗或修飾兩區（第 2、4 區）橫向外輪廓連接的精密度

第 4 區左右兩側前頭部裁剪過程影片（片長：3 分 51 秒）

結合第 1、2、4 區，層次、輪廓、弧度裁剪後之後部效果

結合第 1、2、4 區，層次、輪廓、弧度裁剪後之左側效果

將 U 型區以右側中線劃分為後上頭部（第 3 設計區）

將 U 型區以左側中線劃分為後上頭部（第 3 設計區）

以 T.P 為定點，劃分約 1.5 公分厚之定點放射 Pivot parting 髮片

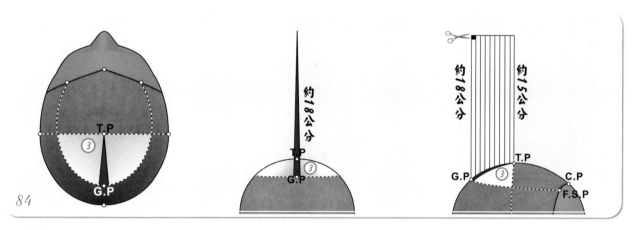

裁剪第 3 區層次—剪髮結構設計圖，裁剪模式為劃分定點放射、等腰三角型、T.P 提拉 90 度、切口 90 度

提拉等腰三角型髮片

T.P 提拉 90 度、切口 90 度

裁剪後作為引導髮長之效果

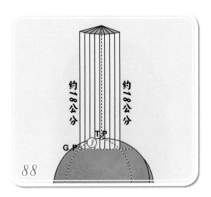

裁剪第 3 區後上頭部右側結構立體圖

第 3 區後上頭部右側，髮量全部向上提拉梳順，切口 90 度裁剪

裁剪後之效果

第 3 區後上頭部左側，髮量全部向上提拉梳順，切口 90 度裁剪，模式如同圖 89

以十字交叉檢查技法，查驗或修飾左、右兩側外輪廓連接的精密度

第 3 區裁剪過程影片（片長：3分 52 秒）

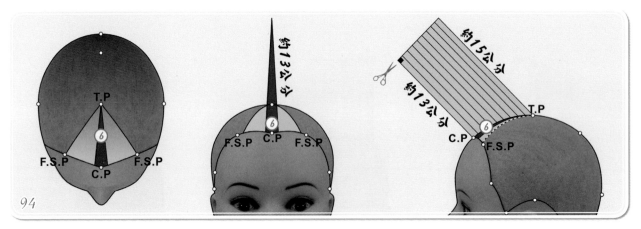

裁剪第 6 區（瀏海三角區）層次—剪髮結構設計圖，裁剪模式爲劃分定點放射、等腰三角型、T.P 提拉 45 度、切口 90 度

以 T.P 爲定點，劃分約 1.5 公分厚之定點放射 Pivot parting 髮片

提拉等腰三角型髮片

髮片在 T.P 提拉 45 度、切口 90 度

裁剪後作爲引導髮長之效果

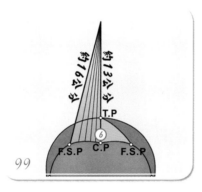

瀏海三角區右側，直角三角型髮片裁剪結構設計圖

瀏海三角區左側，直角三角型髮片裁剪結構設計圖

瀏海三角區左側，提拉直角三角型髮片

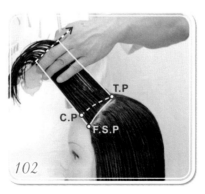

髮片在 T.P 提拉 45 度、切口 90 度

裁剪後之效果

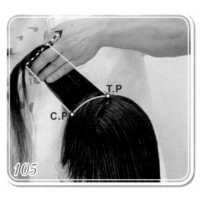

瀏海三角區右側，提拉直角三角型髮片

髮片在 T.P 提拉 45 度、切口 90 度，模式如同圖 102

裁剪後之效果

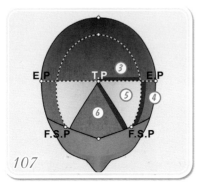

第 5 設計區位於第 3、4、6 設計區之中間

將第 5 設計區左側髮量，及第 3、4、6 設計區周邊相連結區髮量（如圖 107 紅色區）作為引導髮長，全部一起提拉裁剪

再以十字交叉檢查技法，查驗或修飾外輪廓連接的精密度

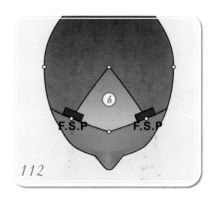

將第 5 設計區右側髮量，及第 3、4、6 設計區周邊相連結區髮量作為引導髮長，全部一起提拉裁剪

再以十字交叉檢查技法，查驗或修飾外輪廓連接的精密度

在左、右兩側 F.S.P 以平行於臉際線，劃分斜髮片裁剪—結構設計圖

113

在左、右兩側 F.S.P 以平行於臉際線，劃分約 2 公分斜髮片，查驗或修飾外輪廓連接的精密度

114

修飾後之效果

115

第 5、6 區裁剪過程影片（片長：4 分 33 秒）

116

裁剪後整體效果－後面

117

裁剪後整體效果－右側

118

裁剪後整體效果－左側

119

裁剪後整體效果－前面

3-6-5-2　長髮高層次髮型—燙捲排列設計

　　依技術士技能女子美髮職類乙級術科測試美髮技能實作評審表（二）燙髮的評審內容，若在規定時間內（70 分鐘）未完成，則燙髮成績不予計分（也就是零分），這是檢定及格很重要的指標之一，因為根據女子美髮職類乙級術科測試成績計算的規定，美髮技能實作成績共有六項測試：剪髮、燙髮、染髮設計、成型、包頭梳理、整髮，應檢人各單項平均（三位評審）成績皆須超過 51 分（含），方可總評，所以各單項平均成績的最低標是 51 分（含）。

　　本範例使用捲子直徑 13mm（橘色）、直徑 12mm（粉紅色）兩種捲子，從「燙髮捲度設計自填表」的四大部位—□前頭部、頂部□右側□左側□後頭部，全部勾選「捲曲度普通」。如上圖依標準排列完成，燙捲排列設計並未列入評分，所以應檢人可依自己熟練的燙捲排列方式設計即可（以排列快速、簡單、整齊、美觀、不壓捲為考試最高原則），評分的重點是：

　　1. 符合自填表的捲度（佔總分 40 分）

　　2. 捲棒排列均勻（佔總分 10 分）

　　3. 頭髮捲面光潔（佔總分 10 分）

　　4. 橡皮圈掛法正確（佔總分 10 分）

　　其它 30 分評分的項目則在下頁燙髮過程再詳列敘述，評分重點可詳閱 3-7-2 美髮技能實作評審表（二）燙髮。

3-6-5-3 長髮高層次髮型─燙髮過程處理

360 度環繞呈現燙
捲排列設計．燙髮棉
條．燙髮帽處理（片
長：1 分 51 秒）

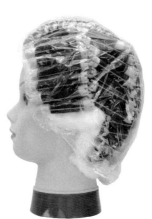

　　燙髮過程：臉際先圍上防護毛巾或棉條或棉紙等，再開始上第一劑冷燙藥劑，然後再戴上浴帽。

　　依本例「燙髮捲度自填表」設定的捲曲度目標，在操作過程使用「戴浴帽不加熱」常溫模式 (請參考試題說明：燙髮過程中，不得使用吹風機加熱及燙髮評審表：不符合測試項目之試題說明)，第一劑停留約 12 ～ 15 分鐘，然後沖水去除第一劑之殘留，吸乾水份再上第二劑，停留約 12 ～ 15 分鐘（不必戴浴帽），燙髮檢定時間爲 70 分鐘，因此各項燙髮操作過程（如上捲、上第一劑和停留時間、沖水、上第二劑和停留時間、拆捲及清洗）的時間要妥善分配。

　　燙髮過程評分重點有兩項：

　　1.「藥水、棉條、毛巾處理適當」（佔總分 10 分）

　　2. 符合衛生條件（佔總分 5 分）

　　所以燙髮操作過程要如同服務於眞人，也就是要符合衛生條件，例如：如何上冷燙藥劑？如何處理棉條、毛巾？如何戴浴帽？

3-6-5-4　長髮高層次髮型─燙後捲度效果

　　拆捲後將頭髮清洗乾淨，擦乾頭髮梳順即爲完成，如下圖是依燙髮捲度自塡表勾選「捲曲度普通」，完成燙髮捲度前面、後面、左側、右側的整體效果。所謂捲曲度普通就是大約要呈現有兩圈半的彈性捲度，如下圖白紙墊背呈現效果。

　　燙髮過程評分重點有兩項：

　1.髮根無壓痕，髮尾無受折（佔總分 15 分）
　2.符合衛生條件（佔總分 5 分）

燙後捲度效果影片
（片長：1 分 22 秒）

3-6-5-5　長髮高層次髮型—染髮設計圖表填寫範例

位置	左側	前面	右側
形狀與髮片設計編號			

髮片設計編號	（1）	（2）	（3）
濃度（%）	12%	12%	12%
顏色	深紅色系	深咖啡色系	銅色系

染髮設計概念說明：

　　染髮測試是近年來女子美髮乙級檢定考題技術內容變革最大的項目，依據染髮設計規則，操作前應先填妥「染髮設計表」如上圖表，除了填寫測試日期、術科測試編號之外，應檢人在指定之側中線前面區域內，可自由設計三個髮片位置、形狀、雙氧水濃度（%）及三個髮片染後的顏色，且須從髮根染至髮尾並不得事先漂色（請參考自備美髮技能實作器材表，剪、燙、染髮設計限用黑色假髮），更要在 40 分鐘之內完成髮片上染劑及沖洗乾淨。

　　因此依染髮設計規則及分區、沖洗或操作時間，其染劑的顯色（停留）時間大約最多只剩 25 ～ 30 分鐘，所以本設計的操作過程採用 12% 雙氧乳（合法含藥化妝品），髮片染後的髮色明度設計目標約可達到 6 度，髮片染後的顏色由於受毛髮底色 (Undercolor) 之影響，這將縮小顏色顯色的設計範圍。

　　依據「女子美髮職類乙級術科測試美髮技能實作評審表 (三) 染髮設計」，應檢人有下列五項之一者，依規定染髮考項不予計分：

1. **不符合測試項目：**例如染髮的髮片在側中線之後。
2. **不符合測試項目之試題說明：**例如左右兩側和自填表顏色位置相反，例如染髮的髮片在側中線之後。
3. **規定時間內未完成：**40 分鐘內未完成染髮操作流程。
4. **染髮設計表修改：**例如修改染髮設計表內填寫的任何文字。(若需修改可在測試開始前舉手，請現場服務人員提供一張新的染髮設計表重寫即可。)

5. **全臉覆蓋任何東西：**例如為避免臉際皮膚沾到染劑，卻將眼臉全部用保鮮膜包住，這是不合理的保護模式。但是若如同真人染髮，是允許塗抹適量油質保護臉際皮膚，或在設計髮片以外的髮區適量的覆蓋保護頭髮，這才是合理的保護模式。

由於此項染髮測試是採用自由設計，所以應檢人要自備原子筆，在考場所發的「染髮設計表」設計（使用原子筆塗滿）三個髮片的位置、形狀，及寫上三個髮片使用的雙氧水濃度（%）、染後的顏色（不一定是染劑包裝盒所寫的顏色），因為不同染劑品牌各有自己生產原料配方的特色，或進口商對染劑標籤的中文命名也各有風格，所以「染後顏色」必須在考前有自我測試的觀察過程，才能定出符合自填表的顏色。

填寫「染髮設計表」不包含在測試時間內。「染髮設計表」任何內容填寫後即不得修改，否則本項測試成績也不予計分，若需修改時（例如測試日期寫錯、術科測試編號塗改、寫錯字塗改……）可要求考場單位於測試開始前補發重寫新的「染髮設計表」。

本範例染髮設計圖說明：

髮片位置：「左側」、「右側」都以側部點(S.P)為基點，分出上下各 1 公分厚之橫髮片，「前面」在中心點 (C.P) 為基點，分出左右各 1 公分厚之縱髮片。

髮片形狀：在側中線之前區域內，左側、前面、右側髮片皆為 2 公分厚度 (這是本書示範模式，檢定說明內容沒有規定髮片厚度，因此可自訂為 1 公分厚度即可)，左側、右側髮片約為 5 公分寬度，前面髮片約為 8 公分寬度，形成長方型髮片。

採用濃度：左側、前面、右側髮片都採用 12% 雙氧乳，染劑和雙氧乳的混合比例為 1：1。

染後顏色：左側為深紅色系、前面為深咖啡色系、右側為銅色系。

(附記：染髮沖洗後把頭髮擦乾即可，染髮成績於吹風操作完成後才進行評分)

染髮髮片位置及形
狀創意設計模式
(片長：2 分 02 秒)

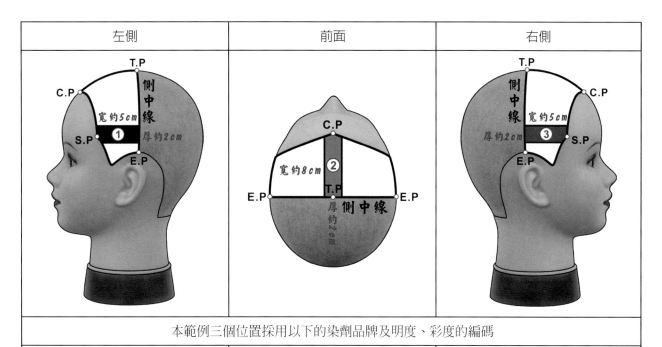

左側	前面	右側

本範例三個位置採用以下的染劑品牌及明度、彩度的編碼

FORD明彩染髮膏

TR-06艷紅色

衛署粧輸字第017933號
用　　途：染頭髮
使用方法：本劑僅供專業使用
(1) 將本劑(標準一次使用量40g)與1:1之中和乳置於塑膠調碗調和均勻。
(2) 將已混均之染髮膏直接塗在頭髮上，由髮根塗向髮梢。
(3) 依需要經約30分後以溫水沖淨，再用洗髮精溫和輕洗。
染髮劑使用前之注意事項：
一.染髮者應遵照下列注意事項以策安全
　1. 除非必要，應儘量避免染髮。
　2. 染髮後請使用大量水沖洗頭皮。
　3. 染髮時應戴手套。
　4. 使用前請詳閱盒內說明書。
　5. 絕對不可以同時混合使用不同廠牌之染髮劑，因為這麼作可能會造成無法預知之傷害。
二.使用前之注意事項
(一)染髮前必需先作皮膚測試。
　1. 將手腕內側或耳朵後面用肥皂清洗，後以脫脂棉清拭。
　2. 然後根據染髮劑之使用方法，混和測試液數滴。

FORD明彩染髮膏

TM-11非常淺茶綠色

衛署粧輸字第014703號
用　　途：染頭髮
使用方法：本劑僅供專業使用
(1) 將本劑(標準一次使用量40g)與1:1之中和乳置於塑膠調碗調和均勻。
(2) 將已混均之染髮膏直接塗在頭髮上，由髮根塗向髮梢。
(3) 依需要經約30分後以溫水沖淨，再用洗髮精溫和輕洗。
染髮劑使用前之注意事項：
一.染髮者應遵照下列注意事項以策安全
　1. 除非必要，應儘量避免染髮。
　2. 染髮後請使用大量水沖洗頭皮。
　3. 染髮時應戴手套。
　4. 使用前請詳閱盒內說明書。
　5. 絕對不可以同時混合使用不同廠牌之染髮劑，因為這麼作可能會造成無法預知之傷害。
二.使用前之注意事項
(一)染髮前必須先作皮膚測試。
　1. 將手腕內側或耳朵後面用肥皂清洗，後以脫脂棉清拭。
　2. 然後根據染髮劑之使用方法，混和測試液數滴。

FORD明彩染髮膏

TO-07艷橘色

衛署粧輸字第017934號
用　　途：染頭髮
使用方法：本劑僅供專業使用
(1) 將本劑(標準一次使用量40g)與1:1之中和乳置於塑膠調碗調和均勻。
(2) 將已混均之染髮膏直接塗在頭髮上，由髮根塗向髮梢。
(3) 依需要經約30分後以溫水沖淨，再用洗髮精溫和輕洗。
染髮劑使用前之注意事項：
一.染髮者應遵照下列注意事項以策安全
　1. 除非必要，應儘量避免染髮。
　2. 染髮後請使用大量水沖洗頭皮。
　3. 染髮時應戴手套。
　4. 使用前請詳閱盒內說明書。
　5. 絕對不可以同時混合使用不同廠牌之染髮劑，因為這麼作可能會造成無法預知之傷害。
二.使用前之注意事項
(一)染髮前必需先作皮膚測試。
　1. 將手腕內側或耳朵後面用肥皂清洗，後以脫脂棉清拭。
　2. 然後根據染髮劑之使用方法，混和測試液數滴。

染前「髮片位置」「髮片形狀」劃分影片（片長：1分46秒）

「右側」塗抹染劑操作過程影片（片長：2分38秒）

「左側」塗抹染劑操作過程影片（片長：3分01秒）

「前面」塗抹染劑操作過程影片（片長：3分37秒）

3-6-5-6　長髮高層次髮型─染髮過程解析

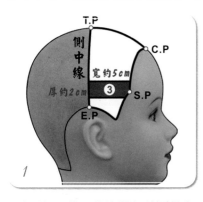

為顯色目的，依染髮設計圖從右側先進行染劑上色

以側部點為基點，分出上下各1公分厚之橫髮片，操作過程請勿使用金屬夾子

先在鋁箔紙塗抹少許染劑，操作過程請勿使用金屬夾子

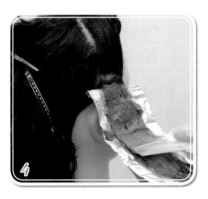

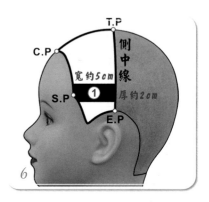

再將髮片置於鋁箔紙上，然後再塗抹少許染劑在髮片上

將鋁箔紙向上對摺，再將兩側邊緣內摺，操作過程請勿使用金屬夾子

為顯色目的，依染髮設計圖，再從左側進行染劑上色

以側部點為基點，分出上下各1公分厚之橫髮片

先在鋁箔紙塗抹少許染劑

將髮片置於鋁箔紙上，然後再塗抹少許染劑在髮片上

10

將鋁箔紙向上對摺，再將兩側邊緣內摺

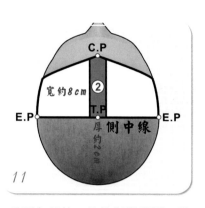

11

為顯色目的，依染髮設計圖，從前面區進行染劑上色，以中心點為基點，分出左右各 1 公分厚之縱髮片

12

先在鋁箔紙塗抹少許染劑

13

再將左髮片置於鋁箔紙上，然後再塗抹少許染劑在髮片上

14

將鋁箔紙向上對摺，再將兩側邊緣內摺

15 勿使用金屬髮夾

將鋁箔紙向上對摺，再將兩側邊緣內摺，操作過程請勿使用金屬夾子

16 勿使用金屬髮夾

上染劑操作完成，等待過色檢查—左側，操作過程請勿使用金屬夾子

17

上染劑操作完成，等待過色檢查—前面

18 勿使用金屬髮夾

上染劑操作完成，等待過色檢查—右側，操作過程請勿使用金屬夾子

3-6-5-7 長髮高層次髮型—染髮完成作品

3-6-5-8　長髮高層次髮型─成型完成作品 1

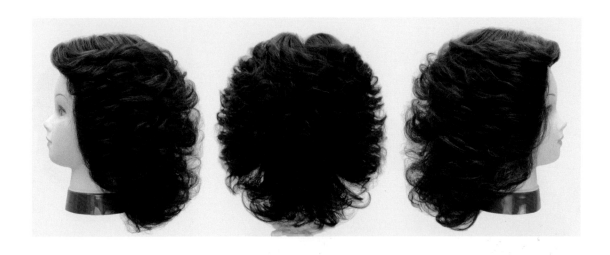

第 1 款 360 度環繞呈現吹
風造型效果影片（片長：
1 分 27 秒）

3-6-5-9　長髮高層次髮型—吹風成型及美感設計

吹風造型完成後，整體線條紋理 (Texture) 呈現對稱形式之美感

吹風造型完成後之整體效果—前面圖，取其剪影效果，可清楚呈現「形」對稱形式之美感

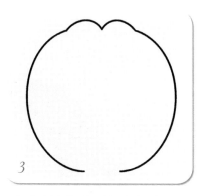

完成吹風造型—前面圖，萃取其輪廓線條，髮型外輪廓呈現中分對稱形式之美感

吹風造型完成後之整體效果—左前側圖

完成吹風造型，後頭部輪廓呈現豐厚弧度，左側整體呈現外揚向後之線條紋理 (Texture)

完成吹風造型，萃取其輪廓線條，左前側呈現外揚向後之線條紋理，及後頭部輪廓弧度豐厚效果之結構圖

吹風造型完成後—後上頭部圖，整體線條紋理 (Texture) 呈現對稱形式之美感

吹風造型完成後之整體效果—後上頭部圖，上頭部呈現中分對稱形式之美感及 C 型曲線，左右兩側呈現外翻向後之線條紋理

萃取其線條，後頭部呈現捲捲之紋理，左右兩側橫向呈現中分，對稱形式之美感及輪廓弧度

3-6-5-9　長髮高層次髮型─成型完成作品 2

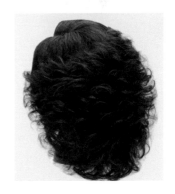

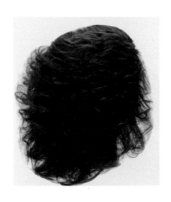

第 2 款 360 度環繞呈現吹風造型效果影片（片長：1 分 27 秒）

第 3 款 360 度環燒呈現三七
側分線不對稱平衡吹風造型
效果影片（片長：2 分 30 秒）

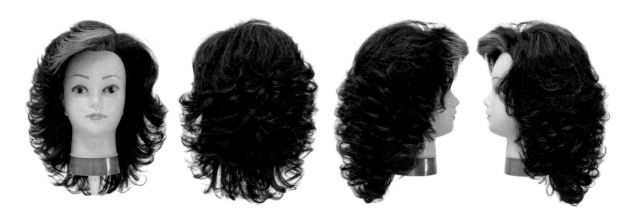

第 4 款 360 度環燒呈現
三七側分線不對稱平衡
吹風造型效果影片（片
長：1 分 22 秒）

第 5 款 360 度環燒呈現
不分線不對稱平衡吹風
造型效果影月（片長：1
分 22 秒）

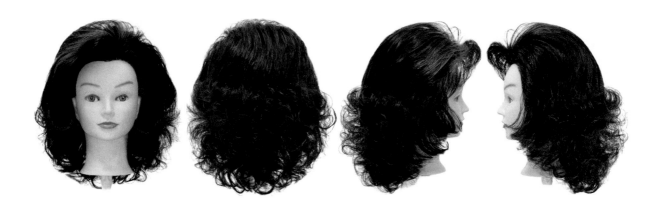

3-6-6 試題（二）中層次髮型

3-6-6-1 中層次髮型—剪髮過程解析

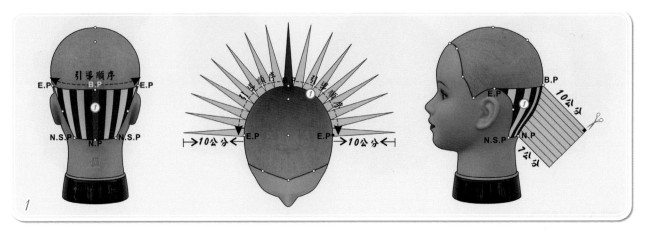

裁剪第 1 區層次—剪髮結構設計圖，裁剪模式為垂直劃分、移動式引導、等腰三角形、B.P 提拉 45 度、切口 90 度

由右 E.P ～ B.P ～左 E.P，劃分水平分區線

在正中線劃分約 1.5 公分的縱髮片

提拉等腰三角形髮片

B.P 提拉約 45 度、切口約 90 度裁剪及裁剪後之層次及弧度效果

第 1 區引導髮片裁剪影片（片長：2 分 04 秒）

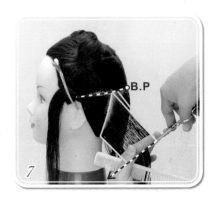

左頭部以移動式引導繼續裁剪第 2 片，模式如同圖 4 ～ 5

8

將之前裁剪的髮量以十字交叉
檢查技法，查驗或修飾橫向外輪
廓連接的精密度

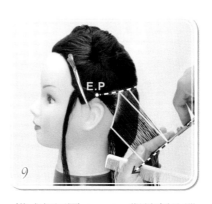

9

模式如同圖 4 ～ 5，繼續劃分縱
髮片、移動式引導、等腰三角
形、提拉 45 度、切口 90 度裁剪

10

模式如同圖 4 ～ 5，繼續將第 1
區左頭部裁剪完成

11

將之前裁剪的髮量以十字交叉
檢查技法，查驗或修飾橫向外輪
廓連接的精密度

12

第 1 區左側裁剪過程影片（片
長：3 分 34 秒）

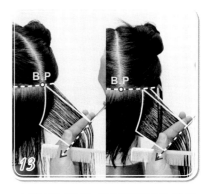

13

右頭部以移動式引導繼續裁剪第
3、4 片，模式如同圖 4 ～ 5

14

將之前裁剪的髮量以十字交叉
檢查技法，查驗或修飾橫向外輪
廓連接的精密度

15

模式如同圖 4 ～ 5，繼續劃分縱
髮片、移動式引導、等腰三角
形、提拉 45 度、切口 90 度裁剪

16

模式如同圖 4 ～ 5，繼續將第 1
區右頭部裁剪完成

將之前裁剪的髮量以十字交叉檢查技法，查驗或修飾橫向外輪廓連接的精密度	第1區層次、輪廓、弧度裁剪完成—後部及右側效果	第1區右側裁剪過程影片（片長：4分22秒）

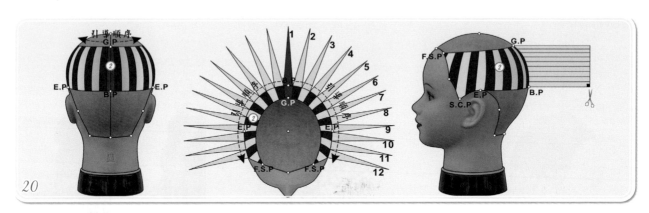

裁剪第2區層次—剪髮結構設計圖，裁剪模式為垂直劃分、移動式引導、等腰三角形、G.P提拉45度、切口90度

以U型線（左F.S.P～G.P～右F.S.P）劃分出第2設計區	U型線或第2區劃分操作過程影片（片長：2分26秒）	在正中線劃分約1.5公分的垂直髮片，提拉等腰三角型髮片

G.P 提拉約 45 度、切口約 90 度
裁剪

左頭部以移動式引導繼續裁剪第
2 片，模式如同圖 24

左頭部以移動式引導繼續裁剪
第 3、4 片，模式如同圖 24

將之前裁剪的髮量以十字交叉
檢查技法，查驗或修飾橫向外輪
廓連接的精密度

第 2 區左側頭部裁剪操作過程 1
影片（片長：3 分 03 秒）

模式如同步驟 24，繼續劃分縱
髮片、移動式引導、等腰三角
形、提拉 45 度、切口 90 度裁剪

裁剪後 S.C.P 外輪廓形成微尖之
效果

以 E.P 髮長作為引導，將髮片向
下及向前提拉約 30 度，將 S.C.P
的髮長修飾去角，外輪廓形成正
斜順接的之效果

第 2 區左側頭部裁剪操作過程 2
影片（片長：3 分 19 秒）

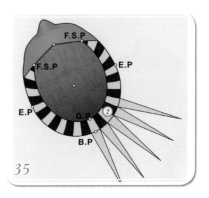

右頭部以移動式引導繼續裁剪第2片,模式如同圖24

右頭部以移動式引導繼續裁剪第3、4片,模式如同圖24

右頭部以移動式引導、等腰三角形髮片裁剪—結構設計圖

將之前裁剪的髮量以十字交叉檢查技法,查驗或修飾橫向外輪廓連接的精密度

模式如同圖24,繼續劃分縱髮片、移動式引導、等腰三角形、提拉45度、切口90度裁剪

模式如同圖24,繼續將第2區右頭部裁剪完成

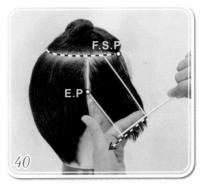

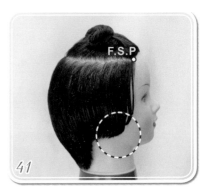

裁剪後S.C.P外輪廓形成微尖之效果

以E.P之髮長作為引導長度,將髮片以E.P向下及向前提拉約30度,將S.C.P的髮長修飾去角

修飾後外輪廓形成正斜順接的效果

結合第 1、2 區，層次、輪廓、
弧度裁剪完成—前面效果

結合第 1、2 區，層次、輪廓、
弧度裁剪完成—左側及後部效果

第 2 區右側頭部裁剪操作過程
影片（片長：4 分 25 秒）

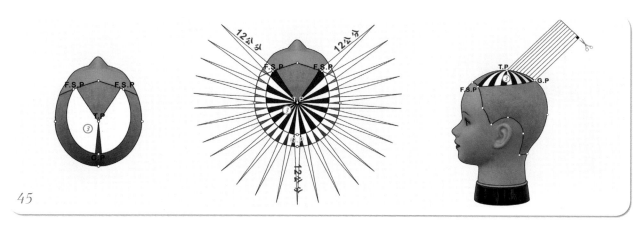

裁剪第 3 區層次—剪髮結構設計圖，裁剪模式為劃分定點放射、移動式引導、等腰三角型、T.P 提拉 45 度、
切口 90 度

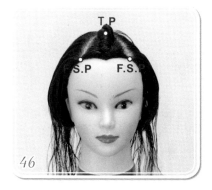

劃分瀏海三角區並固定

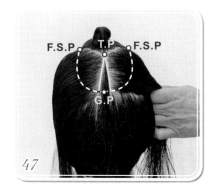

以 T.P 為定點，在正中線劃分約
1.5 公分厚之定點放射髮片

提拉等腰三角型髮片，T.P 提拉
約 45 度、切口約 90 度裁剪

49

第 3 區引導髮片裁剪操作過程影片（片長：2 分 21 秒）

50

左頭部以定點放射髮片、移動式引導繼續裁剪第 2 片，模式如同圖 48 ～ 49

51

左頭部以定點放射髮片、移動式引導繼續裁剪第 3、4 片，模式如同圖 48 ～ 49

52

模式如同圖 48 ～ 49，繼續劃分定點放射髮片、移動式引導、等腰三角形、提拉 45 度、切口 90 度裁剪

53

模式如同圖 48 ～ 49，繼續將第 3 區左頭部裁剪完成

54

將之前裁剪的髮量以十字交叉檢查技法，查驗或修飾橫向外輪廓連接的精密度

55

第 3 區左側頭部裁剪操作過程影片（片長：4 分 03 秒）

56

右頭部以定點放射髮片、移動式引導繼續裁剪第 2 片，模式如同圖 48 ～ 49

57

右頭部以定點放射髮片、移動式引導繼續裁剪第 3 片，模式如同圖 48 ～ 49

右頭部以定點放射髮片、移動式引導繼續裁剪第 4 片，模式如同圖 48～49

將之前裁剪的髮量以十字交叉檢查技法，查驗或修飾橫向外輪廓連接的精密度

U 型區右頭部以定點放射髮片、移動式引導、等腰三角形髮片裁剪—結構設計圖

模式如同圖 48～49，繼續劃分定點放射髮片、移動式引導、等腰三角形、提拉 45 度、切口 90 度裁剪

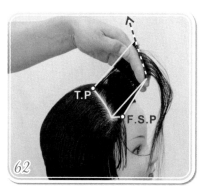

模式如同圖 48～49，繼續將第 3 區左頭部裁剪完成

將之前裁剪的髮量以十字交叉檢查技法，查驗或修飾橫向外輪廓連接的精密度

結合第 1、2、3 區，層次、輪廓、弧度裁剪完成—前面效果

結合第 1、2、3 區，層次、輪廓、弧度裁剪完成—左側及後部效果

第 3 區右側頭部裁剪操作過程影片（片長：4 分 16 秒）

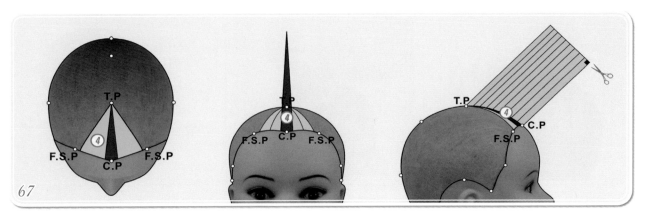

裁剪第4區（瀏海三角區）層次─剪髮結構設計圖，裁剪模式為劃分定點放射、等腰三角型、T.P提拉45度、切口90度

瀏海三角區梳順髮量

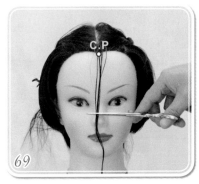

設定 C.P 髮長約 13 公分

C.P 髮長設定完成

以 T.P 為定點，在正中線劃分約
1.5 公分厚之定點放射髮片

提拉等腰三角形髮片

T.P 提拉約 45 度、切口約 90 度，
裁剪後作為引導髮長之效果

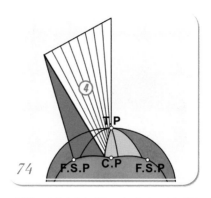

74 瀏海三角區右側，右直角三角型
髮片裁剪—結構設計圖

75 瀏海三角區右側，右直角三角
型髮片、提拉 45 度、切口 90
度裁剪

76 裁剪完成效果

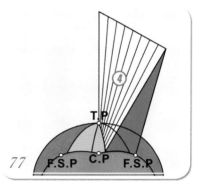

77 瀏海三角區左側，左直角三角型
髮片裁剪—結構設計圖

78 瀏海三角區左側，左直角三角
型髮片、提拉 45 度、切口 90
度裁剪

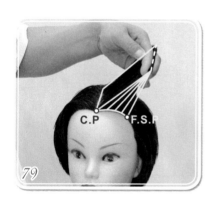

79 裁剪完成效果

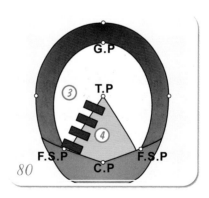

80 以十字交叉檢查技法，查驗或修
飾右側臉際外輪廓連接的精密
度—結構設計圖

81 在右側 F.S.P 以平行於臉際線，
劃分約 2 公分斜髮片，查驗或修
飾外輪廓連接的精密度

82 繼續以平行於臉際線，劃分約 2
公分斜髮片，查驗或修飾 3、4
區右側外輪廓連接的精密度

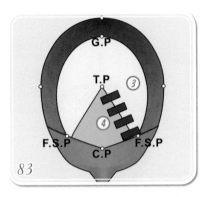

83

以十字交叉檢查技法，查驗或修飾左側臉際外輪廓連接的精密度—結構設計圖

84

在左側 F.S.P 以平行於臉際線，劃分約 2 公分斜髮片，查驗或修飾外輪廓連接的精密度

85

繼續以平行於臉際線，劃分約 2 公分斜髮片，查驗或修飾 3、4 區左側外輪廓連接的精密度

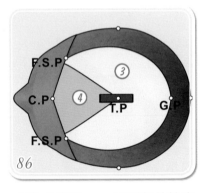

86

查驗或修飾 3、4 區頂部外輪廓連接的精密度—結構設計圖

87

查驗或修飾 3、4 區頂部外輪廓連接的精密度

88

裁剪後整體效果—前面

89

裁剪後整體效果—右側

90

裁剪後整體效果—後面

91

第 4 區裁剪操作過程影片（片長：3 分 37 秒）

3-6-6-2　中層次髮型─剪髮過程解析

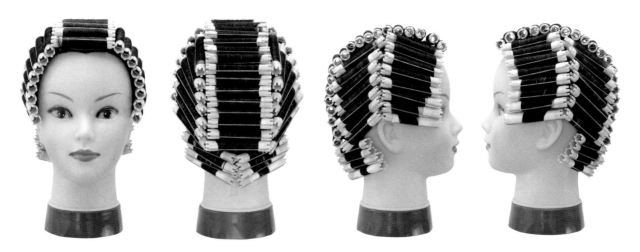

　　依技術士技能女子美髮職類乙級術科測試美髮技能實作評審表（二）燙髮的評審內容，若在規定時間內（70 分鐘）未完成，則燙髮成績不予計分（也就是零分），這是檢定及格很重要的指標之一，因爲根據女子美髮職類乙級術科測試成績計算的規定，美髮技能實作成績共有六項測試：剪髮、燙髮、染髮設計、成型、包頭梳理、整髮，應檢人各單項平均（三位評審）成績皆須超過 51 分（含），方可總評，所以各單項平均成績的最低標是 51 分（含）。

　　本範例使用捲子直徑 11mm（膚色）、直徑 10mm（水藍色）兩種捲子，從「燙髮捲度設計自填表」的四大部位：□前頭部、頂部 □右側 □左側 □後頭部，全部勾選「捲曲度普通」。

　　如上圖依標準排列完成，燙捲排列設計並未列入評分，所以應檢人可依自己熟練的燙捲排列方式設計即可（以排列快速、簡單、整齊、美觀、不壓捲爲考試最高原則）。

　　評分的重點是：

1. 符合自填表的捲度（佔總分 40 分）
2. 捲棒排列均勻（佔總分 10 分）
3. 頭髮捲面光潔（佔總分 10 分）
4. 橡皮圈掛法正確（佔總分 10 分）

　　其它 30 分評分的項目則在下頁燙髮過程再詳列敘述，評分重點可詳閱 3-7-2 美髮技能實作評審表 (二) 燙髮

360 度環繞呈現燙捲
排列設計影片（片長：
1 分 17 秒）

3-6-6-3　中層次髮型—燙捲過程處理

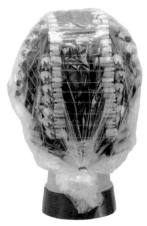

　　燙髮過程：臉際先圍上防護毛巾或棉條或棉紙等，再開始上第一劑冷燙藥劑，然後再戴上浴帽。

　　依本例「燙髮捲度自填表」設定的捲曲度目標，在操作過程使用「戴浴帽不加熱」常溫模式 (請參考試題說明：燙髮過程中，不得使用吹風機加熱及燙髮評審表：不符合測試項目之試題說明)，第一劑停留約 12 ～ 15 分鐘，然後沖水去除第一劑之殘留，吸乾水份再上第二劑，停留約 12 ～ 15 分鐘（不必戴浴帽）燙髮檢定時間為 70 分鐘，因此各項燙髮操作過程（如上捲、上第一劑和停留時間、沖水、上第二劑和停留時間、拆捲及清洗）的時間要妥善分配。

　　燙髮過程評分重點有兩項：

　1.「藥水、棉條、毛巾處理適當」（佔總分 10 分）

　2. 符合衛生條件（佔總分 5 分）

　　所以燙髮操作過程要如同服務於真人，也就是要符合衛生條件，例如：如何上冷燙藥劑？如何處理棉條、毛巾？如何戴浴帽？

3-6-6-4　中層次髮型—燙後捲度效果

拆捲後頭髮清洗乾淨，擦乾頭髮梳順即為完成，如下圖依燙髮捲度自填表勾選「捲曲度普通」，完成燙髮捲度前面、後面、左側、右側的整體效果。所謂捲曲度普通就是大約要呈現有兩圈半的彈性捲度，如下圖白紙墊背呈現效果。

燙髮過程評分重點有兩項：

1. 髮根無壓痕，髮尾無受折（佔總分 15 分）

2. 符合衛生條件（佔總分 5 分）

360 度環繞呈現燙後
捲度效果影片（片長：
1 分 17 秒）

3-6-6-5 中層次髮型─染髮設計圖表範例

位置	左側	前面	右側
形狀與髮片設計編號	側中線 1	側中線 2	側中線 3
髮片設計編號	（1）	（2）	（3）
濃度（%）	12%	12%	12%
顏色	深紅色系	深咖啡色系	銅色系

染髮設計概念說明：

　　染髮測試是近年來女子美髮乙級檢定考題技術內容變革最大的項目，依據染髮設計規則，操作前應先填妥「染髮設計表」如上圖表，除了填寫測試日期、術科測試編號之外，應檢人在指定之側中線前面區域內，可自由設計三個髮片位置、形狀、雙氧水濃度（%）及三個髮片染後的顏色，且須從髮根染至髮尾並不得事先漂色（請參考自備美髮技能實作器材表，剪、燙、染髮設計限用黑色假髮），更要在 40 分鐘之內完成髮片上染劑及沖洗乾淨。

　　因此依染髮設計規則及分區、沖洗或操作時間，其染劑的顯色（停留）時間大約最多只剩 25 ～ 30 分鐘，所以本設計的操作過程採用 12% 雙氧乳（合法含藥化妝品），髮片染後的髮色明度設計目標約可達到 6 度，髮片染後的顏色由於受毛髮底色 (Undercolor) 之影響，這將縮小顏色顯色的設計範圍。

　　依據「女子美髮職類乙級術科測試美髮技能實作評審表（三）染髮設計」，應檢人有下列五項之一者，依規定染髮考項不予計分

1. **不符合測試項目**：例如左右兩側和自填表顏色位置相反。
2. **不符合測試項目之試題說明**：例如染髮的髮片在側中線之後。
3. **規定時間內未完成**：40 分鐘內未完成染髮操作流程。
4. **染髮設計表修改**：例如修改染髮設計表內填寫的任何文字。(若需修改可在測試開始前舉手，請現場服務人員提供一張新的染髮設計表重寫即可。)
5. **全臉覆蓋任何東西**：例如為避免臉際皮膚沾到染劑，卻將眼臉全部用保鮮膜包住，這是不合理的保護模式。但是若如同真人染髮，是允許塗抹適量油質保護臉際皮膚，或在設計髮片以外的髮區適量的覆蓋保護頭髮，這才是合理的保護模式。

　　由於此項染髮測試是採用自由設計，所以應檢人要自備原子筆，在考場所發的「染髮設計表」設計（使用原子筆塗滿）三個髮片的位置、形狀，及寫上三個髮片使用的雙氧水濃度（％）、染後的顏色（不一定是染劑包裝盒所寫的顏色），因為不同染劑品牌各有自己生產原料配方的特色，或進口商對染劑標籤的中文命名也各有風格，所以「染後顏色」必須在考前有自我測試的觀察過程，才能定出符合自填表的顏色。

　　填寫「染髮設計表」不包含在測試時間內。「染髮設計表」任何內容填寫後即不得修改，否則本項測試成績也不予計分，若需修改時（例如測試日期寫錯、術科測試編號塗改、寫錯字塗改……）可要求考場單位於測試開始前補發重寫新的「染髮設計表」。

本範例染髮設計圖說明：

髮片位置：「左側」、「右側」都以側部點(S.P)為基點，分出上下各1公分厚之橫髮片，「前面」在中心點(C.P)為基點，分出左右各1公分厚之縱髮片。

髮片形狀：在側中線之前區域內，左側、前面、右側髮片皆為2公分厚度(這是本書示範模式，檢定說明內容沒有規定髮片厚度，因此可自訂為1公分厚度即可)，左側、右側髮片約為5公分寬度，前面髮片約為8公分寬度，形成長方型髮片。

採用濃度：左側、前面、右側髮片都採用12%雙氧乳，染劑和雙氧乳的混合比例為1：1。

染後顏色：左側為深紅色系、前面為深咖啡色系、右側為銅色系。

　　(附記：染髮沖洗後把頭髮擦乾即可，染髮成績於吹風操作完成後才進行評分)

染髮髮片位置及形狀
創意設計模式(片長：
2分02秒)

左側	前面	右側
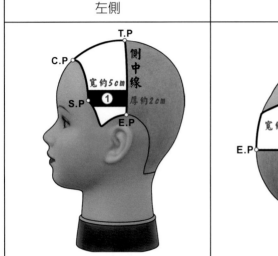		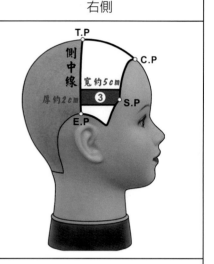

本範例三個位置採用以下的染劑品牌及明度、彩度的編碼

FORD明彩染髮膏 **TR-06艷紅色** 衛署粧輸字第017933號 用　　途：染頭髮 使用方法：本劑僅供專業使用 (1)將本劑(標準一次使用量40g)與1:1之中和乳霜於塑膠調碗調和均勻。 (2)將已混均之染髮膏直接塗在頭髮上,由髮根塗向髮梢。 (3)依需要經約30分後以溫水沖淨,再用洗髮精溫和輕洗。 染髮劑使用前之注意事項: 一.染髮者應遵照下列注意事項以策安全 　1.除非必要,應儘量避免染髮。 　2.染髮後請使用大量水沖洗頭皮。 　3.染髮時應戴手套。 　4.使用前請閱盒內說明書。 　5.絕對不可以同時混合使用不同廠牌之染髮劑,因為這麼作可能會造成無法預知之傷害。 二.使用前之注意事項 (一)染髮前必需先作皮膚測試。 　1.將手腕內側或耳朵後面用肥皂清洗,後以脫脂棉清拭。 　2.然後根據染髮劑之使用方法,混和測試液數滴。	**FORD明彩染髮膏** **TM-11非常淺茶綠色** 衛署粧輸字第014703號 用　　途：染頭髮 使用方法：本劑僅供專業使用 (1)將本劑(標準一次使用量40g)與1:1之中和乳霜於塑膠調碗調和均勻。 (2)將已混均之染髮膏直接塗在頭髮上,由髮根塗向髮梢。 (3)依需要經約30分後以溫水沖淨,再用洗髮精溫和輕洗。 染髮劑使用前之注意事項: 一.染髮者應遵照下列注意事項以策安全 　1.除非必要,應儘量避免染髮。 　2.染髮後請使用大量水沖洗頭皮。 　3.染髮時應戴手套。 　4.使用前請閱盒內說明書。 　5.絕對不可以同時混合使用不同廠牌之染髮劑,因為這麼作可能會造成無法預知之傷害。 二.使用前之注意事項 (一)染髮前必須先作皮膚測試。 　1.將手腕內側或耳朵後面用肥皂清洗,後以脫脂棉清拭。 　2.然後根據染髮劑之使用方法,混和測試液數滴。	**FORD明彩染髮膏** **TO-07艷橘色** 衛署粧輸字第017934號 用　　途：染頭髮 使用方法：本劑僅供專業使用 (1)將本劑(標準一次使用量40g)與1:1之中和乳霜於塑膠調碗調和均勻。 (2)將已混均之染髮膏直接塗在頭髮上,由髮根塗向髮梢。 (3)依需要經約30分後以溫水沖淨,再用洗髮精溫和輕洗。 染髮劑使用前之注意事項: 一.染髮者應遵照下列注意事項以策安全 　1.除非必要,應儘量避免染髮。 　2.染髮後請使用大量水沖洗頭皮。 　3.染髮時應戴手套。 　4.使用前請閱盒內說明書。 　5.絕對不可以同時混合使用不同廠牌之染髮劑,因為這麼作可能會造成無法預知之傷害。 二.使用前之注意事項 (一)染髮前必須先作皮膚測試。 　1.將手腕內側或耳朵後面用肥皂清洗,後以脫脂棉清拭。 　2.然後根據染髮劑之使用方法,混和測試液數滴。

染前「髮片位置」「髮片形狀」劃分影片（片長：1分25秒）

「右側」塗抹染劑操作過程影片（片長：2分38秒）

「左側」塗抹染劑操作過程影片（片長：3分01秒）

「前面」塗抹染劑操作過程影片（片長：3分37秒）

3-6-6-6　中層次髮型—染髮過程解析

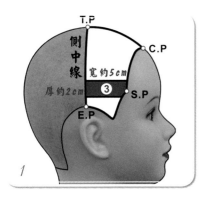

為顯色目的，依染髮設計圖從右側先進行染劑上色

以側部點 (S.P) 為基點，分出上下各 1 公分厚之橫髮片，操作過程請勿使用金屬夾子

先在鋁箔紙塗抹少許染劑再將髮片置於鋁箔紙上，然後再塗抹少許染劑在髮片上

將鋁箔紙向上對摺，再將兩側邊緣內摺，操作過程請勿使用金屬夾子

先在鋁箔紙塗抹少許染劑，再將髮片置於鋁箔紙上

然後再塗抹少許染劑在髮片上，操作過程請勿使用金屬夾子

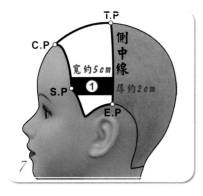

為顯色目的，依染髮設計圖，再從左側進行染劑上色

以側部點為基點，分出上下各 1 公分厚之橫髮片

先在鋁箔紙塗抹少許染劑，再將髮片置於鋁箔紙上，操作過程請勿使用金屬夾子

10

將鋁箔紙向上對摺,再將兩側邊
緣內摺,操作過程請勿使用金屬
夾子

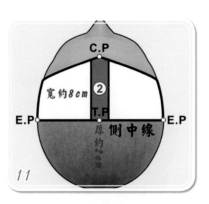

11

為顯色目的,依染髮設計圖,從
前面區進行染劑上色,以中心點
為基點,分出左右各1公分厚之
縱髮片

12

先在鋁箔紙塗抹少許染劑

13

再將左髮片置於鋁箔紙上,然
後再塗抹少許染劑在髮片上

14

先在鋁箔紙塗抹少許染劑,操作
過程請勿使用金屬夾子

15

再將左髮片置於鋁箔紙上,然
後再塗抹少許染劑在髮片上

16

上染劑操作完成,等待過色檢查
—左側,操作過程請勿使用金屬
夾子

17

上染劑操作完成,等待過色檢查
—前面

18

上染劑操作完成,等待過色檢查
—右側,操作過程請勿使用金屬
夾子

3-6-6-7　中層次髮型—染髮完成作品

3-6-6-8　中層次髮型—成型完成作品 1

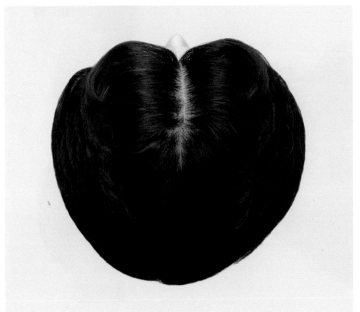

第 1 款 360 度環繞呈現中分線對稱
平衡吹風造型效果影片（片長：1 分
22 秒）

3-6-6-9　中層次髮型—吹風成型及美感設計

吹風造型完成後，整體線條紋理
(Texture) 呈現對稱形式之美感—
前面圖

吹風造型完成後之整體效果—
前面圖，取其剪影效果，可清
楚呈現「形」對稱形式之美感

完成吹風造型—前面圖，取其輪
廓線條，呈現對稱形式之美感

吹風造型完成後之整體效果—
左前側圖

完成吹風造型，後頭部輪廓呈現
豐厚弧度，左側整體呈現外揚向
後之線條紋理 (Texture)

完成吹風造型萃取其線條，後
頭部輪廓呈現豐厚弧度，左側
整體呈現外揚向後之線條紋理
(Texture)

吹風造型完成後之整體效果—
後上頭部圖

吹風造型完成後之整體效果—
後上頭部圖，上頭部呈現中分對
稱形式美感之 C 型曲線，左右
兩側呈現外揚向後之線條紋理

萃取其線條，上頭部呈現中分對
稱形式之 C 型曲線及美感，左
右兩側橫向呈現對稱形式美感
之輪廓及弧度

3-6-6-10 中層次髮型—成型完成作品 2

第 2 款 360 度環繞呈現三七側分線不對稱平衡吹風造型效果影片（片長：1 分 22 秒）

第 3 款 360 度環繞呈現三七側分線不對稱
平衡吹風造型效果（片長：1 分 22 秒）

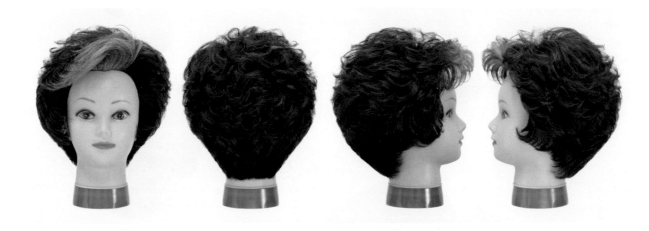

第 4 款 360 度環繞呈現不
分線不對稱平衡吹風造型
效果（片長：1 分 22 秒）

第 5 款 360 度環繞呈現不
分線不對稱平衡吹風造型
效果（片長：1 分 22 秒）

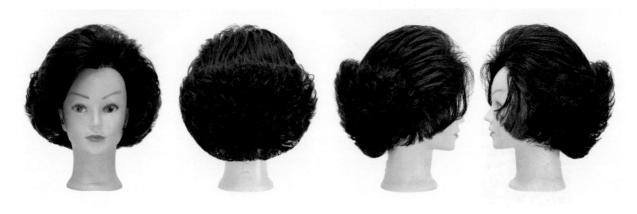

3-6-7　試題（三）等長高層次與低層次的綜合髮型

3-6-7-1　等長高層次與低層次的綜合髮型—剪髮過程解析

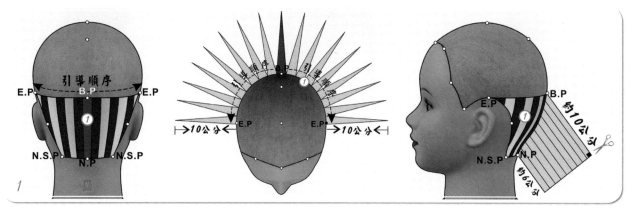

裁剪第 1 區層次—剪髮結構設計圖，裁剪模式為垂直劃分、移動式引導、等腰三角形、B.P 提拉 30 度、切口 90 度

由右 E.P ～ B.P ～左 E.P，劃分水平分區線

第 1 設計區塊劃分操作影片（片長：2 分 20 秒）

在正中線劃分約 1.5 公分的縱髮片，提拉等腰三角形髮片

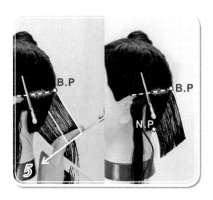

B.P 提拉約 30 度、切口約 90 度裁剪，裁剪後之層次及弧度效果

第 1 區引導髮片裁剪過程影片（片長：2 分 06 秒）

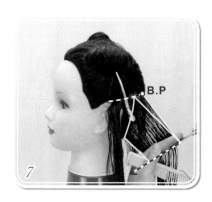

左頭部以移動式引導，繼續裁剪第 2 片，模式如同圖 4 ～ 5

左頭部以移動式引導，繼續裁剪第 3 片，模式如同圖 4 ～ 5

將之前裁剪的髮量以十字交叉檢查技法，查驗或修飾橫向外輪廓連接的精密度

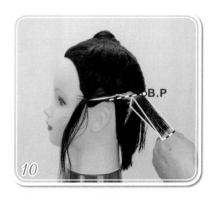

橫髮片檢查的提拉角度約 30 度

模式如同圖 4 ～ 5，繼續劃分縱髮片、移動式引導、等腰三角形、提拉 30 度、切口 90 度裁剪

繼續將第 1 區左頭部裁剪完成，將之前裁剪的髮量以十字交叉檢查技法，查驗或修飾橫向外輪廓連接的精密度

第 1 區左側裁剪過程影片（片長：3 分 32 秒）

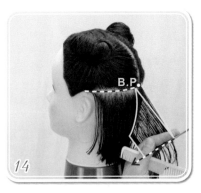

右頭部以移動式引導，繼續裁剪第 2 片，模式如同圖 4 ～ 5

右頭部以移動式引導，繼續裁剪第 3、4 片，模式如同圖 4 ～ 5

將之前裁剪的髮量以十字交叉檢查技法，查驗或修飾橫向外輪廓連接的精密度

模式如同圖 4 ～ 5，繼續劃分縱髮片、移動式引導、等腰三角形、提拉 45 度、切口 90 度裁剪

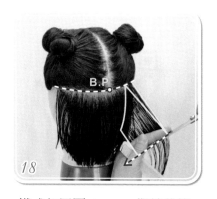

模式如同圖 4 ～ 5，繼續將第 2 區右頭部裁剪

模式如同圖 4 ～ 5，繼續將第 2 區左頭部裁剪完成

將之前裁剪的髮量以十字交叉檢查技法，查驗或修飾橫向外輪廓連接的精密度

第 1 區層次、輪廓、弧度裁剪完成—右後側及後部效果

第 1 區右側裁剪過程影片（片長：3 分 43 秒）

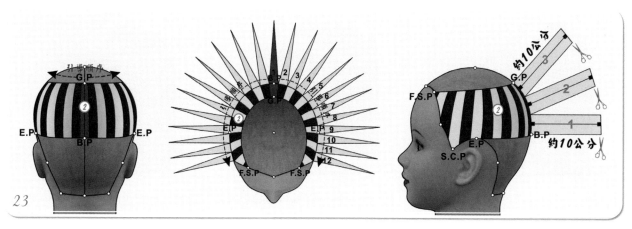

裁剪第 2 區層次—剪髮結構設計圖，裁剪模式為縱髮片分段劃分、移動式引導、等腰三角形、每段髮片中間提拉 90 度、切口 90 度

以 U 型線（左 F.S.P ～ G.P ～右 F.S.P）劃分出第 2 設計區

U 型線或第 2 區劃分操作過程影片（片長：2 分 17 秒）

在正中線劃分約 1.5 公分的縱髮片

縱髮片第 1 段劃分、等腰三角形、每段髮片中間提拉 90 度、切口 90 度

縱髮片第 2 段劃分、等腰三角形、每段髮片中間提拉 90 度、切口 90 度

縱髮片第 3 段劃分、等腰三角形、每段髮片中間提拉 90 度、切口 90 度

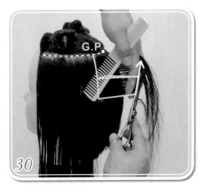

左頭部以移動式引導，繼續裁剪第 2 片，模式如同圖 27 ～ 29

左頭部以移動式引導，繼續裁剪第 3 片，模式如同圖 27 ～ 29

將之前裁剪的髮量以十字交叉檢查技法，查驗或修飾橫向外輪廓連接的精密度

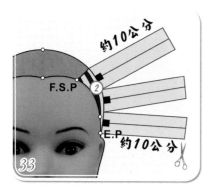

垂直分段劃分、每段髮片中間提拉 90 度、切口 90 度—結構設計圖

繼續以移動式引導，裁剪第 4 片，模式如同圖 27 ～ 29

繼續以移動式引導，裁剪第 5 片，模式如同圖 27 ～ 29

繼續以移動式引導，裁剪至臉際，模式如同圖 27 ～ 29

臉際髮片分段裁剪，模式如同圖 27 ～ 29，將第 2 區左頭部裁剪完成

將之前裁剪的髮量以十字交叉檢查技法，查驗或修飾橫向外輪廓連接的精密度

第 2 區左側裁剪操作過程影片（片長：4 分 34 秒）

右頭部以移動式引導，繼續裁剪第 2 片，模式如同圖 27 ～ 29

右頭部以移動式引導，繼續裁剪第 3 片，第 3 段劃分裁剪，模式如同圖 27 ～ 29

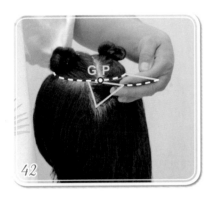

將之前裁剪的髮量以十字交叉檢查技法，查驗或修飾橫向外輪廓連接的精密度

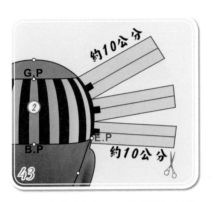

垂直分段劃分、每段髮片中間提拉 90 度、切口 90 度一結構設計圖

右頭部以移動式引導，繼續裁剪第 4 片，模式如同圖 27 ～ 29

繼續以移動式引導，裁剪第 5 片，第 1 段劃分裁剪，模式如同圖 27 ～ 29

繼續以移動式引導，裁剪第 5 片，第 2 段劃分裁剪，模式如同圖 27 ～ 29

繼續以移動式引導，裁剪第 6 片，第 1 段劃分裁剪，模式如同圖 27 ～ 29

繼續以移動式引導，裁剪第 6 片，第 2 段劃分裁剪，模式如同圖 27 ～ 29

繼續以移動式引導，裁剪至臉際，模式如同圖 27 ～ 29，將第 2 區左頭部裁剪完成

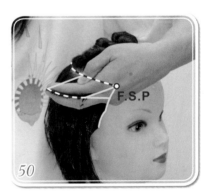

將之前裁剪的髮量以十字交叉檢查技法，查驗或修飾橫向外輪廓連接的精密度

裁剪後，右 S.C.P 髮長外輪廓形成微尖之效果

以右 E.P 之髮長作為引導長度，將髮片以 E.P 向下及向前提拉約 30 度，將 S.C.P 的髮長修飾去角

修飾後，右外輪廓形成正斜順接的之效果

裁剪後，左 S.C.P 髮長外輪廓形成微尖之效果

以左 E.P 之髮長作為引導長度，將髮片以 E.P 向下及向前提拉約 30 度，將 S.C.P 的髮長修飾去角

修飾後，左外輪廓形成正斜順接的之效果

結合第 1、2 區，層次、輪廓、弧度裁剪完成—前面效果

結合第 1、2 區，層次、輪廓、弧度裁剪完成—後部及右前側效果

第 2 區右側裁剪操作過程影片（片長：4 分 15 秒）

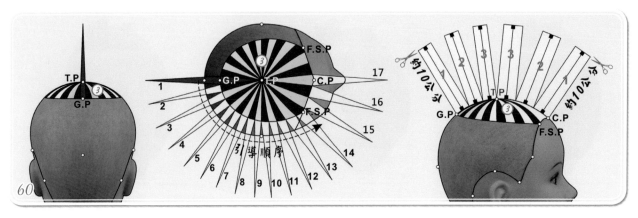

裁剪第 3 區層次—剪髮結構設計圖，裁剪模式為定點放射髮片分段劃分、移動式引導、等腰三角形、每段髮片中間提拉 90 度、切口 90 度

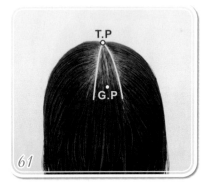

以 T.P 為定點，在正中線劃分約 1.5 公分厚之定點放射髮片

定點放射第 1 段劃分、等腰三角形、每段髮片中間提拉 90 度、切口 90 度

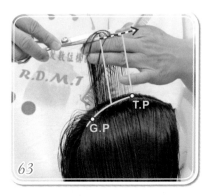

定點放射第 3 段劃分、等腰三角形、每段髮片中間提拉 90 度、切口 90 度

右頭部以定點放射髮片、移動式引導，繼續裁剪第 2 片，模式如同圖 62 ～ 63

右頭部以定點放射髮片、移動式引導，繼續裁剪第 3 片，模式如同圖 62 ～ 63

右頭部以定點放射髮片、移動式引導，繼續裁剪第 4 片，模式如同圖 62 ～ 63

67

將之前裁剪的髮量以十字交叉檢查技法，查驗或修飾橫向外輪廓連接的精密度

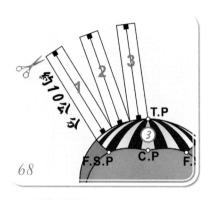

68

定點放射髮片分段劃分、每段髮片中間提拉 90 度、切口 90 度—結構設計圖

69

右頭部以定點放射髮片、移動式引導，繼續裁剪第 5 片，模式如同圖 62 ～ 63

70

以定點放射髮片、移動式引導，繼續裁剪第 6 片，模式如同圖 62 ～ 63

71

以定點放射髮片、移動式引導，繼續裁剪第 7 片，模式如同圖 62 ～ 63

72

以定點放射髮片、移動式引導，繼續裁剪第 8 片，模式如同圖 62 ～ 63

73

以定點放射髮片、移動式引導，繼續裁剪第 9 片第 1 段劃分，模式如同圖 62 ～ 63

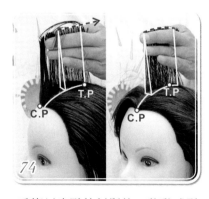

74

重複以定點放射髮片、移動式引導，繼續裁剪第 9 片第 3 段劃分，裁剪後，髮片在 T.P 髮長外輪廓形成前後順接之效果

75

第 3 區右側裁剪操作過程影片（片長：4 分 50 秒）

定點放射髮片分段劃分、每段髮片中間提拉 90 度、切口 90 度—結構設計圖

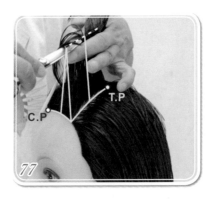

左頭部以定點放射髮片、移動式引導，繼續裁剪第 10 片，模式如同圖 62 ～ 63

以定點放射髮片、移動式引導，繼續裁剪第 11 片第 1 段劃分，模式如同圖 62 ～ 63

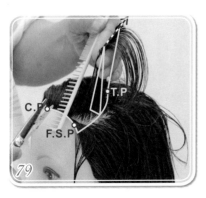

以定點放射髮片、移動式引導，繼續裁剪第 11 片第 3 段劃分，模式如同圖 62 ～ 63

以定點放射髮片、移動式引導，繼續裁剪第 12 片，模式如同圖 62 ～ 63

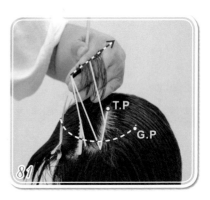

以定點放射髮片、移動式引導，繼續裁剪第 13 片，模式如同圖 62 ～ 63

將之前裁剪的髮量以十字交叉檢查技法，查驗或修飾橫向外輪廓連接的精密度

以定點放射髮片、移動式引導，繼續裁剪第 14 片，模式如同圖 62 ～ 63

以定點放射髮片、移動式引導，繼續裁剪第 15 片，模式如同圖 62 ～ 63

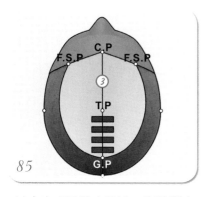

以十字交叉檢查技法，修飾橫向髮片外輪廓連—結構設計圖

將最後定點放射髮片的髮量第1段，以十字交叉檢查技法，橫向裁剪連接修飾，可快速又精準的操作

第1段橫向裁剪連接修飾完成

將最後定點放射髮片的髮量第2段，以十字交叉檢查技法，橫向裁剪連接修飾

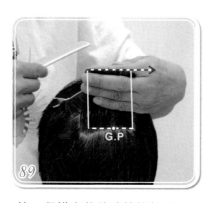

第2段橫向裁剪連接修飾完成

第3區左側裁剪操作過程影片（片長：4分23秒）

結合第1、2、3區，層次、輪廓、弧度裁剪完成，整體效果—右側

結合第1、2、3區，層次、輪廓、弧度裁剪完成，整體效果—後面

結合第1、2、3區，層次、輪廓、弧度裁剪完成，整體效果—左側

3-6-7-2　等長高層次與低層次的綜合髮型—燙捲排列設計

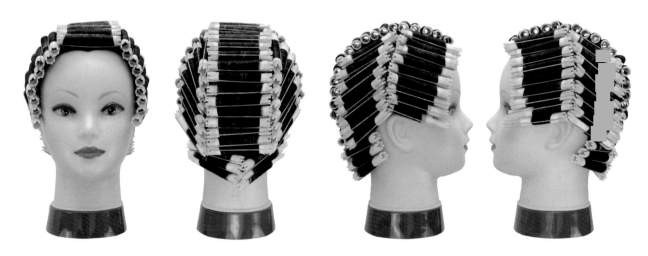

依技術士技能女子美髮職類乙級術科測試美髮技能實作評審表（二）燙髮的評審內容，若在規定時間內（70 分鐘）未完成，則燙髮成績不予計分（也就是零分），這是檢定及格很重要的指標之一，因為根據女子美髮職類乙級術科測試成績計算的規定，美髮技能實作成績共有六項測試：剪髮、燙髮、染髮設計、成型、包頭梳理、整髮，應檢人各單項平均（三位評審）成績皆須超過 51 分（含），方可總評，所以各單項平均成績的最低標是 51 分（含）。本範例使用捲子直徑 10 mm（水藍色）、直徑 9 mm（草綠色）兩種捲子，從「燙髮捲度設計自填表」的四大部位—□前頭部、頂部 □右側 □左側 □後頭部，全部勾選「捲曲度普通」。

如上圖依標準排列完成，燙捲排列設計並未列入評分，所以應檢人可依自己熟練的燙捲排列方式設計即可（以排列快速、簡單、整齊、美觀、不壓捲為考試最高原則），評分的重點是：

1. 符合自填表的捲度（佔總分 40 分）
2. 捲棒排列均勻（佔總分 10 分）
3. 頭髮捲面光潔（佔總分 10 分）
4. 橡皮圈掛法正確（佔總分 10 分）

其它 30 分評分的項目則在下頁燙髮過程再詳列敘述，評分重點可詳閱 3-7-2 美髮技能實作評審表 (二) 燙髮。

360 度環繞呈現燙捲
排列設計影片（片長：
1 分 17 秒）

3-6-7-3　等長高層次與低層次的綜合髮型－燙髮過程處理

　　燙髮過程：臉際先圍上防護毛巾或棉條或棉紙等，再開始上第一劑冷燙藥劑，然後再戴上浴帽。

　　依本例「燙髮捲度自填表」設定的捲曲度目標，在操作過程使用「戴浴帽不加熱」常溫模式 (請參考試題說明：燙髮過程中，不得使用吹風機加熱及燙髮評審表：不符合測試項目之試題說明)，第一劑停留約 12～15 分鐘，然後沖水去除第一劑之殘留，吸乾水份再上第二劑，停留約 12～15 分鐘（不必戴浴帽） 燙髮檢定時間為 70 分鐘，因此各項燙髮操作過程（如上捲、上第一劑和停留時間、沖水、上第二劑和停留時間、拆捲及清洗）的時間要妥善分配。

　　燙髮過程評分重點有兩項：

　 1.「藥水、棉條、毛巾處理適當」（佔總分 10 分）
　 2. 符合衛生條件（佔總分 5 分）

　　所以燙髮操作過程要如同服務於真人，也就是要符合衛生條件，例如：如何上冷燙藥劑？如何處理棉條、毛巾？如何戴浴帽？

3-6-7-4　等長高層次與低層次的綜合髮型─燙後捲度效果

　　拆捲後將頭髮清洗乾淨，擦乾頭髮梳順即為完成，如下圖依燙髮捲度自填表勾選「捲曲度普通」，完成燙髮捲度前面、後面、左側、右側的整體效果。所謂捲曲度普通就是大約要呈現兩圈半的彈性捲度，如下圖白紙墊背呈現效果。

　　燙髮過程評分重點有兩項：

　　1. 髮根無壓痕，髮尾無受折（佔總分 15 分）
　　2. 符合衛生條件（佔總分 5 分）

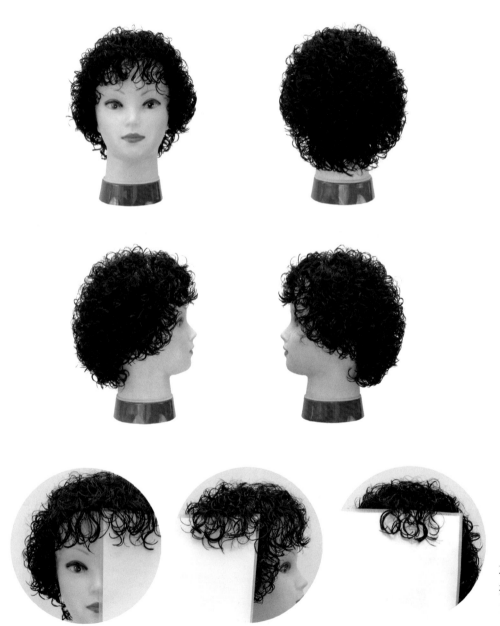

360 度環繞呈現燙後捲度效果影片（片長：1 分 12 秒）

3-6-7-5 等長高層次與低層次的綜合髮型─染髮設計圖表範例

位置	左側	前面	右側
形狀與髮片設計編號	側中線 1	側中線 2	側中線 3
髮片設計編號	（1）	（2）	（3）
濃度（%）	12%	12%	12%
顏色	深紅色系	深咖啡色系	銅色系

染髮設計概念說明：

　　染髮測試是近年來女子美髮乙級檢定考題技術內容變革最大的項目，依據染髮設計規則，操作前應先填妥「染髮設計表」如上圖表，除了填寫測試日期、術科測試編號之外，應檢人在指定之側中線前面區域內，可自由設計三個髮片位置、形狀、雙氧水濃度（%）及三個髮片染後的顏色，且須從髮根染至髮尾並不得事先漂色（請參考自備美髮技能實作器材表，剪、燙、染髮設計限用黑色假髮），更要在 40 分鐘之內完成髮片上染劑及沖洗乾淨。

　　因此依染髮設計規則及分區、沖洗或操作時間，其染劑的顯色（停留）時間大約最多只剩 25 ～ 30 分鐘，所以本設計的操作過程採用 12% 雙氧乳（合法含藥化妝品），髮片染後的髮色明度設計目標約可達到 6 度，髮片染後的顏色由於受毛髮底色 (Undercolor) 之影響，這將縮小顏色顯色的設計範圍。

　　依據「女子美髮職類乙級術科測試美髮技能實作評審表 (三) 染髮設計」，應檢人有下列五項之一者，依規定染髮考項不予計分

1. **不符合測試項目**：例如左右兩側和自填表顏色位置相反。
2. **不符合測試項目之試題說明**：例如染髮的髮片在側中線之後。
3. **規定時間內未完成**：40 分鐘內未完成染髮操作流程，。
4. **染髮設計表修改**：例如修改染髮設計表內填寫的任何文字。(若需修改可在測試開始前舉手，請現場服務人員提供一張新的染髮設計表重寫即可。)
5. **全臉覆蓋任何東西**：例如為避免臉際皮膚沾到染劑，卻將眼臉全部用保鮮膜包住，這是不合理的保護模式。但是若如同真人染髮，是允許塗抹適量油質保護臉際皮膚，或在設計髮片以外的髮區適量的覆蓋保護頭髮，這才是合理的保護模式。

　　由於此項染髮測試是採用自由設計，所以應檢人要自備原子筆，在考場所發的「染髮設計表」設計（使用原子筆塗滿）三個髮片的位置、形狀，及寫上三個髮片使用的雙氧水濃度（%）、染後的顏色（不一定是染劑包裝盒所寫的顏色），因為不同染劑品牌各有自己生產原料配方的特色，或進口商對染劑標籤的中文命名也各有風格，所以「染後顏色」必須在考前有自我測試的觀察過程，才能定出符合自填表的顏色。

　　填寫「染髮設計表」不包含在測試時間內。「染髮設計表」任何內容填寫後即不得修改，否則本項測試成績也不予計分，若需修改時（例如測試日期寫錯、術科測試編號塗改、寫錯字塗改……）可要求考場單位於測試開始前補發重寫新的「染髮設計表」。

本範例染髮設計圖說明：

髮片位置：「左側」、「右側」都以側部點(S.P)為基點，分出上下各1公分厚之橫髮片，「前面」在中心點 (C.P) 為基點，分出左右各1公分厚之縱髮片。

髮片形狀：在側中線之前區域內，左側、前面、右側髮片皆為2公分厚度(這是本書示範模式，檢定說明內容沒有規定髮片厚度，因此可自訂為1公分厚度即可)，左側、右側髮片約為5公分寬度，前面髮片約為8公分寬度，形成長方型髮片。

採用濃度：左側、前面、右側髮片都採用12%雙氧乳，染劑和雙氧乳的混合比例為1：1。

染後顏色：左側為深紅色系、前面為深咖啡色系、右側為銅色系。

　　(附記：染髮沖洗後把頭髮擦乾即可，染髮成績於吹風操作完成後才進行評分)

染髮髮片位置及形狀
創意設計模式(片長：
2分02秒)

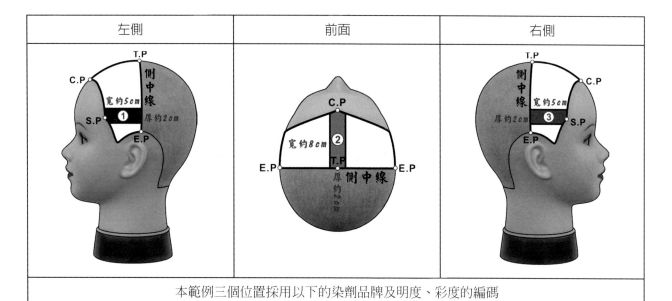

左側	前面	右側

本範例三個位置採用以下的染劑品牌及明度、彩度的編碼

FORD明彩染髮膏
TR-06艷紅色

衛署粧輸字第017933號
用　途：染頭髮
使用方法：本劑僅供專業使用
(1) 將本劑（標準一次使用量40g）與1:1之中和乳置於塑膠調碗調和均勻。
(2) 將已混均之染髮膏直接塗於頭髮上，由髮根塗向髮梢。
(3) 依需要經約30分後以溫水沖淨，再用洗髮精溫和輕洗。
染髮劑使用前之注意事項：
一.染髮者應遵照下列注意事項以策安全
　1.除非必要，應盡量避免染髮。
　2.染髮後請使用大量水沖洗頭皮。
　3.染髮時應戴手套。
　4.使用前請詳閱盒內說明書。
　5.絕對不可以同時混合使用不同廠牌之染髮劑，因為這麼作可能會造成無法預知之傷害。
二.使用前之注意事項
(一)染髮前必須先作皮膚測試。
　1.將手腕內側或耳朵後面用肥皂清洗，後以脫脂棉清拭。
　2.然後根據染髮劑之使用方法，混和測試液數滴。

FORD明彩染髮膏
TM-11非常淺茶綠色

衛署粧輸字第014703號
用　途：染頭髮
使用方法：本劑僅供專業使用
(1) 將本劑（標準一次使用量40g）與1:1之中和乳置於塑膠調碗調和均勻。
(2) 將已混均之染髮膏直接塗在頭髮上，由髮根塗向髮梢。
(3) 依需要經約30分後以溫水沖淨，再用洗髮精溫和輕洗。
染髮劑使用前之注意事項：
一.染髮者應遵照下列注意事項以策安全
　1.除非必要，應盡量避免染髮。
　2.染髮後請使用大量水沖洗頭皮。
　3.染髮時應戴手套。
　4.使用前請詳閱盒內說明書。
　5.絕對不可以同時混合使用不同廠牌之染髮劑，因為這麼作可能會造成無法預知之傷害。
二.使用前之注意事項
(一)染髮前必須先作皮膚測試。
　1.將手腕內側或耳朵後面用肥皂清洗，後以脫脂棉清拭。
　2.然後根據染髮劑之使用方法，混和測試液數滴。

FORD明彩染髮膏
TO-07艷橘色

衛署粧輸字第017934號
用　途：染頭髮
使用方法：本劑僅供專業使用
(1) 將本劑（標準一次使用量40g）與1:1之中和乳置於塑膠調碗調和均勻。
(2) 將已混均之染髮膏直接塗在頭髮上，由髮根塗向髮梢。
(3) 依需要經約30分後以溫水沖淨，再用洗髮精溫和輕洗。
染髮劑使用前之注意事項：
一.染髮者應遵照下列注意事項以策安全
　1.除非必要，應盡量避免染髮。
　2.染髮後請使用大量水沖洗頭皮。
　3.染髮時應戴手套。
　4.使用前請詳閱盒內說明書。
　5.絕對不可以同時混合使用不同廠牌之染髮劑，因為這麼作可能造成無法預知之傷害。
二.使用前之注意事項
(一)染髮前必須先作皮膚測試。
　1.將手腕內側或耳朵後面用肥皂清洗，後以脫脂棉清拭。
　2.然後根據染髮劑之使用方法，混和測試液數滴。

染前「髮片位置」、「髮片形狀」劃分影片（片長：1分22秒）

「右側」塗抹染劑操作過程影片（片長：2分38秒）

「左側」塗抹染劑操作過程影片（片長：3分01秒）

「前面」塗抹染劑操作過程影片（片長：3分37秒）

3-6-7-6 等長高層次與低層次的綜合髮型—染髮過程解析

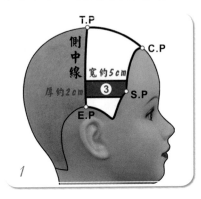

為顯色目的，依染髮設計圖從右側先進行染劑上色

以側部點為基點，分出上下各1公分厚之橫髮片，先在鋁箔紙塗抹少許染劑，操作過程請勿使用金屬夾子

再將髮片置於鋁箔紙上，然後再塗抹少許染劑在髮片上，操作過程請勿使用金屬夾子

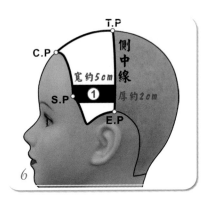

以相同模式再操作上層髮片

將鋁箔紙向上對摺，再將兩側邊緣內摺，操作過程請勿使用金屬夾子

為顯色目的，依染髮設計圖，再從左側進行染劑上色

以側部點為基點，分出上下各1公分厚之橫髮片，將髮片置於鋁箔紙上，然後再塗抹少許染劑在髮片上

將鋁箔紙向上對摺，再將兩側邊緣內摺，操作過程請勿使用金屬夾子

以相同模式再操作上層髮片，操作過程請勿使用金屬夾子

將鋁箔紙向上對摺，再將兩側邊緣內摺

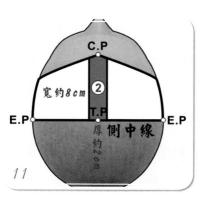

為顯色目的，依染髮設計圖，從前面區進行染劑上色，以中心點為基點，分出左右各1公分厚之縱髮片

先在鋁箔紙塗抹少許染劑

再將左髮片置於鋁箔紙上，然後再塗抹少許染劑在髮片上

將右髮片置於鋁箔紙上，然後再塗抹少許染劑在髮片上，操作過程請勿使用金屬夾子

將鋁箔紙向上對摺，再將兩側邊緣內摺

上染劑操作完成，等待過色檢查—左側，操作過程請勿使用金屬夾子

上染劑操作完成，等待過色檢查—前面

上染劑操作完成，等待過色檢查—右側，操作過程請勿使用金屬夾子

3-6-7-7　等長高層次與低層次的綜合髮型─染髮完成作品

3-6-7-8　等長高層次與低層次的綜合髮型─成型完成作品 1

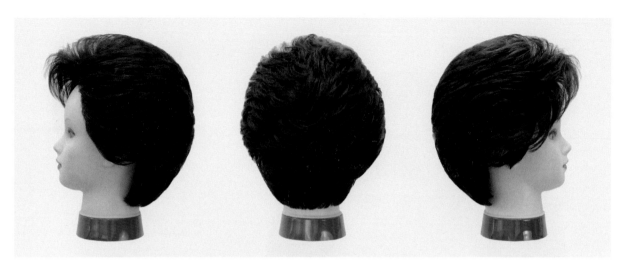

第 1 款 360 度環繞呈
現不分線不對稱龐克
吹風造型影片（片長：
1 分 22 秒）

3-6-7-9　等長高層次與低層次的綜合髮型—吹風成型及美感設計

吹風造型完成後，整體線條紋理 (Texture) 呈現不對稱形式之美感—前面圖

吹風造型完成後之整體效果型—前面圖，取其剪影效果，可看出其「形」的效果仍為對稱形式之美感

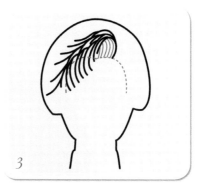

完成吹風造型—前面圖，取其輪廓 (Outline) 效果，可看出其「形」的效果仍為對稱形式之美感，右前額呈現逆時鐘方向 C 型曲線瀏海

吹風造型完成後，整體線條紋理 (Texture) 呈現不對稱形式之美感—左前側圖

完成吹風造型，後頭部輪廓弧度呈現豐厚之效果，右前額呈現逆時鐘方向 C 型曲線瀏海，再以八字型放射之線條紋理外揚，順接右側頭部向後之線條紋理

完成吹風造型，後頭部輪廓呈現豐厚弧度，整體線條紋理 (Texture) 呈現不對稱形式之美感

吹風造型完成後，整體線條紋理 (Texture) 不對稱形式之美感—後上頭部圖

上頭部呈現由左 F.S.P 點，以放射狀之線條紋理，順接左右兩側頭部向後之線條紋理—後上頭部圖

萃取線條紋理，呈現不對稱形式之美感—後上頭部圖

3-6-7-10 等長高層次與低層次的綜合髮型─成型完成作品 2

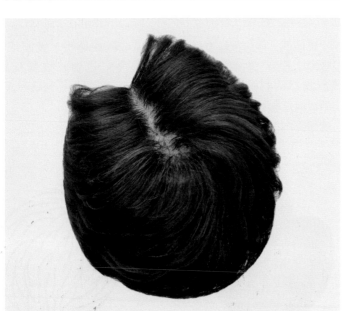

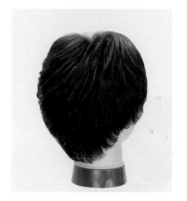

第 2 款 360 度環繞呈現三七側分線不對稱平衡吹風造型影片（片長：1 分 22 秒）

第 3 款 360 度環繞呈現不分線向後對稱平衡吹風造型影片（片長：1 分 25 秒）

第 4 款 360 度環繞呈現放射螺旋吹風造型影片（片長：1 分 22 秒）

第 5 款 360 度環繞呈現不分線不對稱龐克吹風造型影片（片長：1 分 22 秒）

3-6-8　包頭梳理試題規則

試題：包頭梳理（一）

測試時間：30 分鐘

說明：

一、髮筒事先捲好吹乾，經監評人員檢查後，方可拆掉再計時測試。

二、不分線，全頭逆梳均勻。

三、耳朵蓋一半，頂部與後腦部弧度適當，兩側不可太膨。

四、頸背處，梳成四束髮髻，髮髻不要高於水平線。（如圖所示）

五、操作時間到，不得繼續操作，須接受評審，未完成者本項總分以 0 分計。

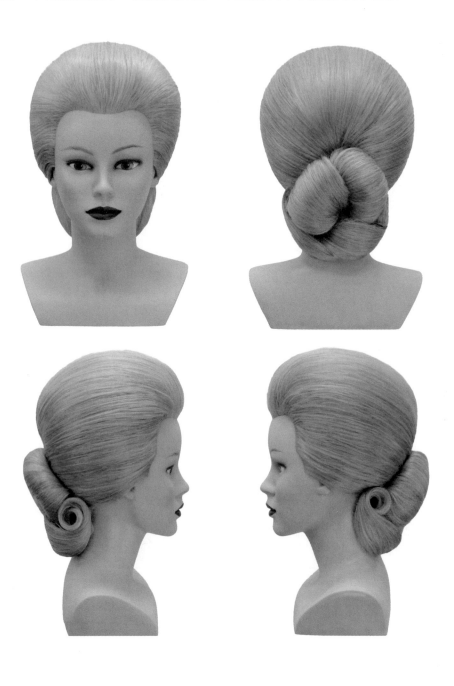

試題：包頭梳理（二）

測試時間：30 分鐘

說明：

一、髮筒事先捲好吹乾，經監評人員檢查過後，方可拆掉再計時測試。

二、左側分線，左右耳朵蓋住一半。

三、後下半部頭髮單包固定。

四、後頭部至頂部梳成三束波紋，髮片成 S 波，髮尾順向梳理呈螺旋。

五、前面頭髮一束逆梳、角度梳成高約 5 ～ 6 公分，眉尾處外翻呈斜向立體波紋，髮尾順向向下梳理呈螺旋狀。（如圖所示）

六、髮夾操作時須正確且隱密。

七、操作時間到，不得繼續操作，須接受評審，未完成者本項總分以 0 分計。

試題：包頭梳理（三）

測試時間：30 分鐘

說明：

一、髮筒事先捲好吹乾，經監評人員檢查過後，方可拆掉再計時測試。

二、前面分出半圓型瀏海向右側斜內捲，髮尾部分做一股扭轉固定在側中線之前。

三、將其餘頭髮上梳並固定於頂部點至黃金點中間，再分出前後各一小髮束。

四、中間髮束逆梳梳出半圓展開髮型，再將前後小髮束做空心捲固定。（如圖所示）

五、操作時間到，不得繼續操作，須接受評審，未完成者本項總分以 0 分計。

3-6-9　包頭梳理髮筒上捲設計

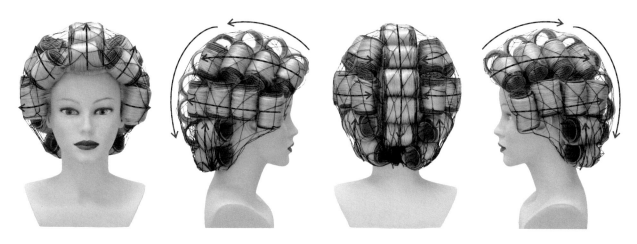

在梳髮之前將頭髮捲好「髮筒—Roller」具有以下幾項功能：

1. 梳整髮質蓬鬆自然。

2. 髮根挺立或服貼。

3. 增加頭髮光澤。

4. 增加質感柔順或捲曲之變化。

5. 增加髮型式樣。

髮筒的操作技法簡易，應用髮筒不同的尺寸（大、中、小）、排列方式之不同（捲髮角度和方向）、底盤之形狀（長方形、正方形、三角形），即可變化出各式髮型，它是變化造型設計技法不可或缺之一環。因此，髮筒的排列設計，是為頭髮上髮筒的技術 kkRoller SettingTechniques，是在於對一款髮型創造「型—shape」和「髮量—volume」，為了使頭髮有漂亮的捲曲—Curl 波紋，要正確地學會如何把髮筒轉緊有亮度。

髮筒它是一種最傳統整髮工具，也是最簡便的整髮方式之一，整髮的目的不外乎要整理出造型時的捲度、柔軟度、曲線、弧度、角度、量感、逢鬆感、亮度、方向。所以「髮筒」的操作注意事項與冷燙捲法類似，髮片捲入時的提拉角度愈高愈有造型的量感，反之則愈為造型的平貼。髮片底盤的長寬也須考量「髮筒」的長寬，髮片要從髮根梳順，張力要拉緊一致不可鬆散，髮尾不可反摺，由髮尾逐漸捲入至髮根，再用髮夾固定於髮片底盤。

髮筒有許多不同的外形，在台灣最傳統的為綠色捲子，因此又稱「青捲」。另外還有：

髮筒為平面塑膠製成 plastic hair roller。

髮筒為絨毛面製成 nylon hair roller。

髮筒為網狀面製成。

髮筒為海綿材質製成。

以上的各式各樣的捲子均有其特色及尺寸，操作又方便，可隨著髮型的需要變化使用，以下各圖即為使用絨毛面製成的髮筒排列而成。

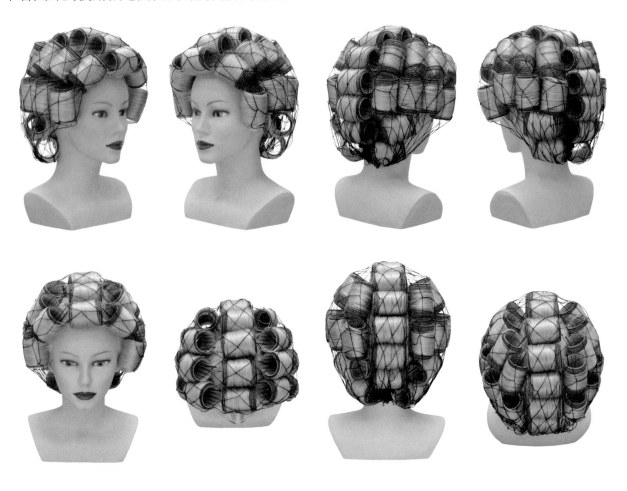

3-6-10　包頭梳理（一）

3-6-10-1　包頭梳理（一）分區概念及區塊構圖設計

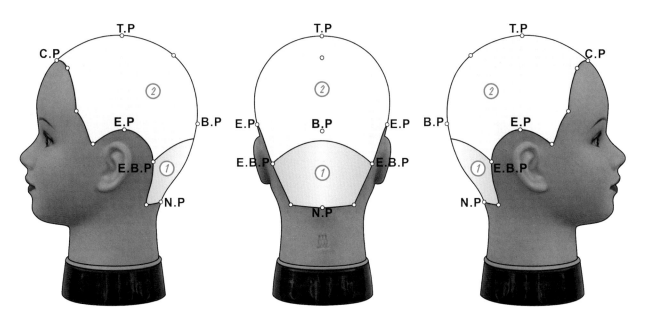

　　整體設計結構分成兩大設計區塊，如上面三圖所表示，分別以編號 1、2 為代碼，編號 1 為髮髻設計區（如下圖左）—呈現頸背處四束髮髻的設計構想，編號 2 為刮髮區（如下圖右）—呈現前額、頂部、左右側頭部及後腦部輪廓弧度的設計構想。後下頭部弧型分區線，可視髮量之多寡改變分區大小及分區線之弧線形狀。

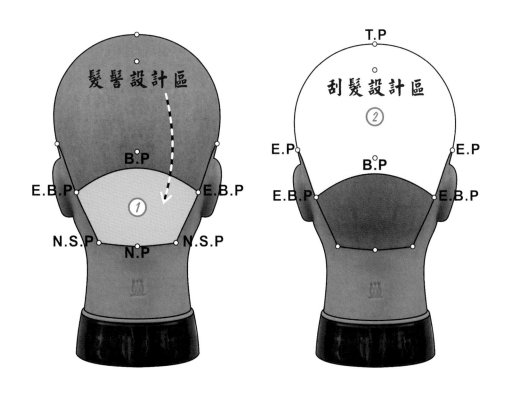

3-6-10-2　包頭梳理（一）梳理過程解析

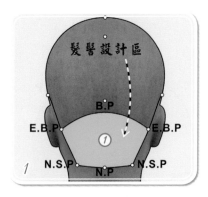

依結構設計圖的分區構想，從頸背部劃分第 1 設計區

暫時固定第 2 區髮量於兩側

將第 1 區髮量梳順並集中，以『8 字形綁法』綁緊

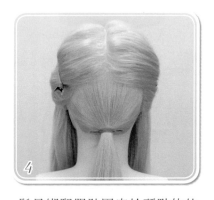

髮量綁緊服貼固定於頸點的位置，此區即作為四束髮髻的「髮基」（詳細說明請參閱第二章專業技術名詞圖解）

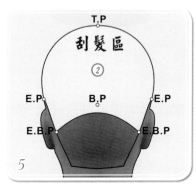

依結構設計圖的分區構想，在第 2 區進行刮蓬髮量的逆梳步驟

劃分第 1 設計區操作過程影片（片長：2 分 18 秒）

由前額 C.P 以橫髮片往前提拉 90 度以上在髮根進行逆梳，依序在 T.P 提拉 90 度以上，在髮根進行「逆梳」（詳細說明請參閱專業技術名詞圖解）

依序以橫髮片在 G.P～B.P 提拉 90 度在髮根進行逆梳（髮片提拉角度由 C.P～B.P 依序逐漸降低）

由右前側臉際以縱髮片往前提拉 90 度以上在髮根進行逆梳

10 和右側頭部相同，在左側髮根依序進行逆梳側頭部全區髮量

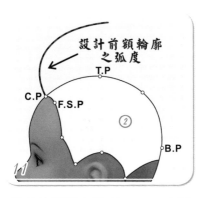

11 設計前額縱向輪廓 Outline 之弧度構想圖

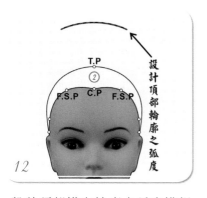

12 設計頂部橫向輪廓之弧度構想圖

13 由前額開始將刮蓬髮量在表面進行梳整

14 注意前額至頂部之間連續輪廓之「弧度」（詳細說明請參閱第二章專業技術名詞圖解）

15 在兩側 F.S.P（橫向）之間及 C.P 至 T.P（縱向）之間，梳整成光滑的輪廓弧度

16 C.P 至 T.P（縱向）之間連續輪廓弧度之效果

17 由正中線掌握紋理 Texture 及兩側 F.S.P 之間輪廓弧度呈現「對稱」（詳細說明請參閱第二章專業技術名詞圖解）形式之美感

18 前頭部的弧度梳理操作過程影片（片長：4 分 43 秒）

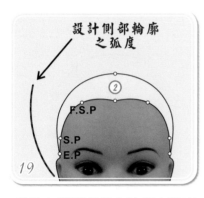

設計右側頭部縱向輪廓之弧度構想圖

右側頭部 U 型線以下，由臉際開始將刮蓬的髮量在表面進行梳整成光滑的弧度，右側髮量依考題規則要蓋住耳朵一半

鴨嘴夾後傾約 30 度暫時固定側頭部髮量

將側頭部髮量暫時固定於髮髻設計區的髮基

然後在右側頭部進行弧度調整或紋理修飾

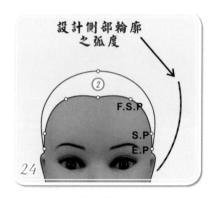

設計左側頭部縱向輪廓之弧度構想圖

左側頭部 U 型線以下，由臉際開始將刮蓬的髮量在表面進行梳整

梳整成光滑的弧度，同時要注意兩側弧度呈現對稱形式之美感

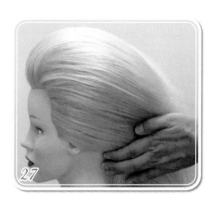

左側髮量依考題規則要蓋住耳朵一半

28
鴨嘴夾後傾約 30 度暫時固定左側頭部髮量

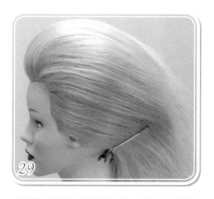

29
要將側頭部髮量暫時固定於髮髻設計區的髮基

30
左右兩側頭部『弧度』及『紋理』梳理操作過程影片（片長：3 分 19 秒）

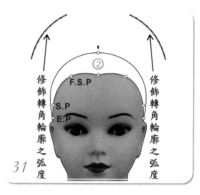

31
修飾頂部至右側頭部之間轉角輪廓之弧度構想圖

32
挑蓬修飾頂部至右側頭部之間轉角輪廓之弧度

33
梳順修飾頂部至右側頭部之間轉角輪廓之弧度及「紋理」（詳細說明請參閱第二章專業技術名詞圖解）

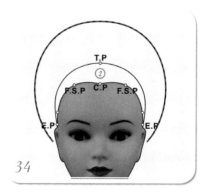

34
設計頂部至左右兩側頭部之間，輪廓之弧度構想圖

35
頂部至左右兩側頭部之間，輪廓之弧度成果

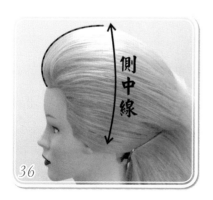

36
側中線之前，前額至頂部及左側臉際之間，輪廓弧度及紋理之成果

37

修飾頂部至左右側頭部之間轉角輪廓之弧度操作過程影片（片長：3 分 08 秒）

38

側中線之後輪廓弧度及紋理未修飾前之效果

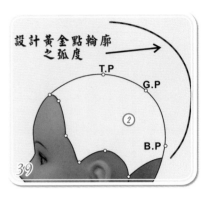

設計黃金點輪廓之弧度

T.P　G.P

②

B.P

39

設計側中線之後 T.P 至 G.P 至 B.P 之間輪廓弧度之構想圖

40

側中線之後的髮量平順集中於水平線以下，輪廓弧度及紋理修飾後成果，集中的髮量以反向式夾法併用十字式夾法成弧形固定於髮髻設計區髮基

41

髮量修飾平順集中於水平線以下，輪廓弧度及紋理修飾後成果

42

梳理側中線之後 T.P 至 G.P 至 B.P 之間的輪廓「弧度」及「紋理」操作過程影片（片長：3 分 07 秒）

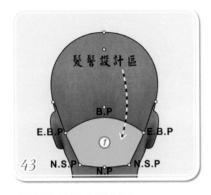

髮髻設計區

B.P

E.B.P　　E.B.P

①

43 N.S.P　　　　N.S.P
　　　　　N.P

髮髻設計區之構想圖

44

髮量分為上下兩束，上髮束髮量約佔 2/3，下髮束髮量約佔 1/3

45

上髮束髮量再平均斜分為兩束髮量

46

平均斜分爲兩束髮量之成果

47

上髮束以右側逆斜約 45 度在髮根進行逆梳成片狀

48

將髮片逆斜向上順時鐘旋轉，製作成逆斜約 45 度長方形「髮圈」（詳細說明請參閱第二章專業技術名詞圖解）

49

髮圈略成弧形蓋住髮夾後再固定髮圈

50

第 1 髮髻略成半弧形梳理過程影片（片長：3 分 37 秒）髮夾後再固定「髮圈」（詳細說明請參閱第二章專業技術名詞圖解）

51

下髮束以左側逆斜約 45 度在髮根進行逆梳成片狀

52

髮片以向上逆時鐘方向將表面梳成光滑，再以向上逆時鐘旋轉，製作成左側逆斜約 45 度長方形髮圈

53

兩髮圈組合略成弧形，髮圈最上緣要調整在水平線之下

54

第 2 髮髻略成半弧形梳理過程影片（片長：3 分 33 秒）

下髮束再平均斜分為左右髮束，左側髮以斜向約 45 度在髮根進行逆梳成片狀

髮片表面梳成光滑後，將髮片由下包覆，髮尾成逆時鐘螺捲放置於右頸側

髮束以逆時鐘旋轉使髮尾形成螺捲

髮尾螺旋型平捲平面向右，並固定於右頸側，髮圈互相排列組合造型完成，形成右頸側整體的弧度效果

第 3 髮髻梳理過程影片（片長：2 分 16 秒）

右側髮束以斜向約 45 度在髮根進行逆梳成片狀

髮片表面梳成光滑後，將髮片由下包覆，髮尾成順時鐘螺捲，平面向左並固定於左頸側

調整左右兩側螺捲的對稱性（高低、大小、方向、位置、弧度）

第 4 髮髻梳理過程影片（片長：2 分 47 秒）

3-6-10-3　包頭梳理（一）完成作品

360度環繞呈現作品
造型完成效果影片
（片長：1 分 20 秒）

3-6-11　包頭梳理（二）

3-6-11-1　包頭梳理（二）分區概念及區塊構圖設

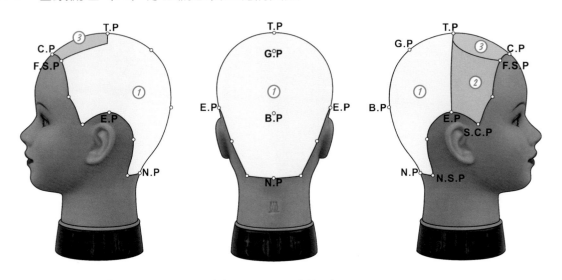

整體設計結構如圖，各區分別以編號 1、2、3 為代碼。

編號 1 為單包設計區 - 左側呈現左側頭部輪廓弧度的設計構想；右後側呈現右後側頭部輪廓弧度的設計構想；後側從 G.P 點保留一束髮量，呈現左後側頭部梳成 1 束 S 波紋的設計構想，髮尾呈逆時鐘螺旋狀的設計構想，其餘髮量則作為後頭部單包輪廓弧度的設計構想。

編號 2 為右前側區 - 呈現右前側頭部輪廓弧度的設計構想，及右後側頭部至頂部梳成 2 束 S 波紋的設計構想，上髮束呈 S 波紋，髮尾在後頭部單包上方呈逆時鐘螺旋狀的設計構想，下髮束呈 S 波紋，髮尾在單包右後側頭部，呈順時鐘螺旋狀的設計構想。

編號 3 為 7：3 左側分線瀏海設計區 - 呈現前額瀏海高角度約 5 ～ 6 公分，眉尾處外翻呈斜向立體波紋，髮尾順向向下梳理呈逆時鐘螺旋狀的設計構想。

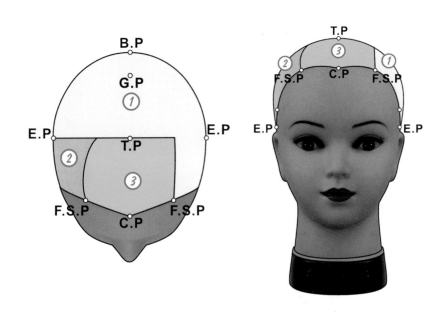

3-6-11-2　包頭梳理（二）梳理過程解析

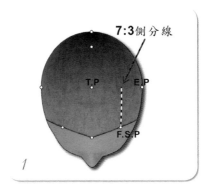

依據分區設計結構圖，從左側臉際 F.S.P 劃分 7：3 側分線

從左側臉際 F.S.P 劃分 7：3 分線，用吹風機調整劃分線兩側之毛流

使用吹風機調整瀏海高角度之毛流

使用吹風機調整右側臉際之毛流

使用吹風機調整左側臉際之毛流

使用吹風機調整左頸側髮際之毛流

使用吹風機調整後上頭部 G.P 點之毛流

使用吹風機調整毛流操作過程影片（片長：2 分 20 秒）

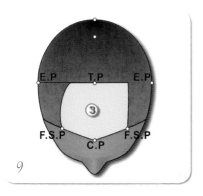

第 3 設計區塊結構圖

依據分區設計結構圖，從左側臉際 F.S.P 劃分 7：3 側分線

從右側臉際 F.S.P 開始，劃分出上頭部第 3 設計區塊

第 3 設計區塊劃分完成

第 3 設計區塊劃分完成

將第 3 設計區塊髮量梳順，環繞成大髮圈暫時固定於上頭部

將第 3 設計區塊髮量梳順，環繞成大髮圈暫時固定於上頭部

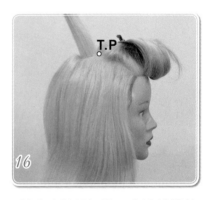

劃分（預留）第三束波紋螺捲髮束，將髮束暫時固定於上頭部前額

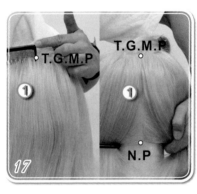

第 1 設計區塊由正中線 T.G.M.P 至 N.P 劃分出左右兩個刮髮區塊

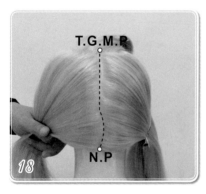

後頭部正中線 B.P 點以下略呈凸型分區

第1區左側從臉際劃分縱髮片向前提拉

再由髮片後面將髮根逆梳

第1設計區將左側頭部持續由前向後劃分髮片在髮根逆梳

將左側刮髮區塊全部逆梳完成

第1區左側從臉際劃分縱髮片將髮根逆梳操作過程影片（片長：3分04秒）

第1設計區左側依序由側分線位置，將刮蓬的髮量在表面進行梳整

第1設計區左側依序由側分線位置，將刮蓬的髮量在表面進行梳整

第1設計區左側在臉際在臉際位置，將刮蓬的髮量在表面進行梳整

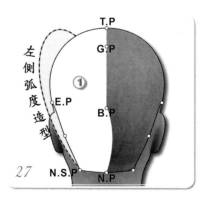

第1設計區進行梳整左側上下（縱向）外輪廓弧度，設計目標結構圖

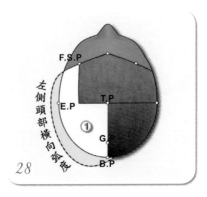

第1設計區進行梳整左側前後（橫向）外輪廓弧度，設計目標結構圖

將刮蓬的髮量在表面梳整成光滑的紋理及縱向和橫向的外輪廓弧度

利用左手掌及右手背交替維持縱向及橫向弧度

更換操作位置，再交替由左手掌維持縱向及橫向弧度

使左側髮量在頸背呈服貼效果

再以鴨嘴夾取代手掌，暫時固定髮量

以鴨嘴夾取代手掌，暫時固定光滑的紋理及縱向和橫向的外輪廓弧度

修飾及調整縱向、橫向的紋理及縱向和橫向的外輪廓弧度

第1設計區左側完成之紋理外輪廓弧度效果

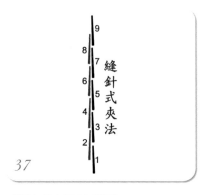

縫針式夾法結構圖

由 N.P 沿正中線向上至 G.B.M.P，持續以縫針式垂直夾法，固定左側髮量

沿正中線向上至 G.B.M.P，持續以縫針式垂直夾法，固定左側髮量

沿正中線向上至 G.B.M.P，持續以縫針式垂直夾法，固定左側髮量

沿正中線向上至 G.B.M.P，固定左側上下（縱向）、前後（橫向）輪廓弧度及紋理

第 1 區左側進行刮髮，弧度梳理，以縫針式夾法將造型固定操作過程影片（片長：3 分 58 秒）

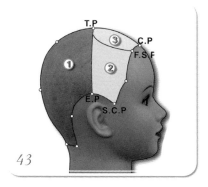

劃分右側中線，分出第 2 設計區髮量，設計結構圖

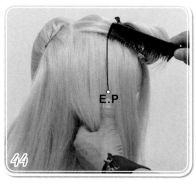

劃分右側中線，分出第 2 設計區髮量

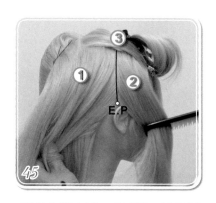

劃分右側中線，分出第 2 設計區髮量

將髮量向前集中梳順後，暫時固定於右前髮際

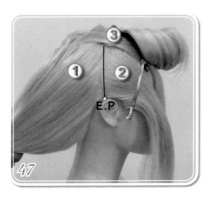

第 1 區右側髮量區塊劃分完成

第 1 區右側，從後頭部正中線劃分縱髮片將髮根逆梳

單包造型在髮片逆梳的澎鬆量感及弧度要比左側大

繼續從側中線劃分縱髮片向前提拉，再由髮片後面將髮根逆梳，將右側刮髮區塊全部完成

左側刮髮區塊全部完成的蓬鬆效果

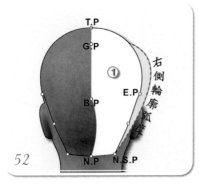

第 1 設計區梳整右側上下（縱向）弧度，設計目標結構圖

將刮蓬的髮量在表面進行梳整

表面噴少許的定型液，再將表面梳整成光滑的紋理及設計的弧度

55

表面噴少許的定型液，再將表面梳整成光滑的紋理及設計的弧度

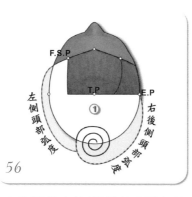

56

右側髮量在後頭部形成單包效果、位置、頂部髮尾順時鐘螺旋狀，設計結構圖

57

以右手拇指為軸心，四指順時鐘方向扭轉整體髮量，左手則協同抓住整束髮尾

58

左手再移到下方協同將底部髮量向單包內部包覆

59

連續數次將髮量順時鐘方向扭轉，雙手協同將髮量向單包內部包覆至頂部

60

以左手扶住單包整體髮量，並以鴨嘴夾暫時從內部髮根固定單包效果

61

調整或修飾單包兩側 " 紋理、弧度、外輪廓 " 對稱的美感

62

將單包設定在正中線的位置，再以髮夾從內部髮根固定單包效果，並取下鴨嘴夾

63

第 1 區右側進行縱髮片刮髮，再梳整成單包造型的紋理及弧度操作過程影片（片長：4分07秒）

將單包由頸背底部垂直向上連續以 U 型夾固定

將單包由頸背底部垂直向上連續以 U 型夾固定

將單包由頸背底部垂直向上連續以 U 型夾固定

將單包由頸背底部垂直向上連續以 U 型夾固定

單包的軸線固定在正中線的位置

髮尾以順時鐘方向固定於單包的頂端內部，如右側結構圖

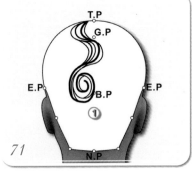

單包的軸線固定在正中線的位置操作過程影片（片長：2 分 38 秒）

頭頂第三髮束梳整「波紋」及「螺捲」結構

將頭頂劃分（預留）的第三髮束梳順

將頭頂劃分（預留）的第 3 髮束在髮根進行少量逆刮，增加髮根蓬鬆弧度

以尖尾梳設定轉折點，梳整第 1 波逆時鐘方向「波紋」

完成第 1 波逆時鐘方向「波紋」

固定第 1 波轉折點後再梳整第 2 波順時鐘方向「波紋」

固定第 2 波轉折點後再梳整第 3 波逆時鐘方向「螺捲」

第 3 逆時鐘方向「螺捲」，（請參閱第二章專業技術名詞「髮圈」髮尾在內）

暫時以 U 型夾固定螺捲，噴上少許定型液並修飾髮束 S 型波紋及螺捲毛躁的紋理

頭頂第 3 髮束「波紋」及逆時鐘方向「螺捲」操作過程影片（片長：3 分 19 秒

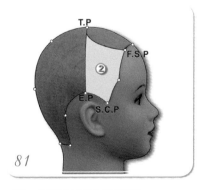

第 2 區設計區塊結構圖

82

在第 2 區髮根進行少量逆刮，增加右側臉際髮根蓬鬆弧度

83

將刮蓬的髮量在表面進行梳整成光滑的表面紋理

84

將刮蓬的髮量在表面進行梳整成光滑的表面紋理

85

使用鴨嘴夾將側前頭部（側中線之前）之弧度及紋理暫時固定（依試題規定耳朵蓋住一半）

86

將第 2 區髮束在側中線之後劃分為上、下兩束波紋髮束

87

將第 2 區髮束在側中線之後劃分為上、下兩束波紋髮束

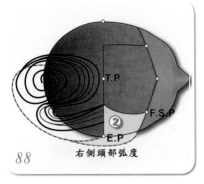

88

上波紋髮束「波紋」、「螺捲」方向結構

89

先將上髮束梳理順暢型成順時鐘方向「C」型波紋

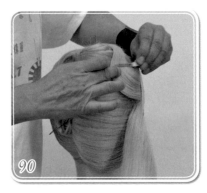

90

固定第 1 波轉折點後再梳整第 2 波逆時鐘方向「螺捲」

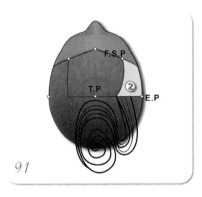

91

第 2 波逆時鐘方向「螺捲」結構圖

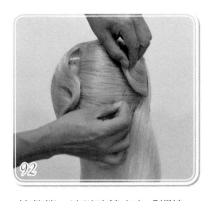

92

梳整第 2 波逆時鐘方向「螺捲」後再以 U 型夾將「螺捲」固定於單包頂部表片

93

右側上波紋髮束「波紋」、「螺捲」完成

94

第 2 區右前側上波紋梳理，髮尾成逆時鐘螺旋狀造型過程影片（片長：3 分 23 秒）

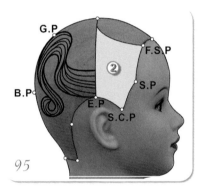

95

下波紋髮束「波紋」、「螺捲」方向結構圖

96

先將下髮束向上梳理順暢，形成順時鐘方向「C」型波紋

97

暫時固定第 1 波轉折點後再梳整第 2 波逆時鐘方向「波紋」

98

確定第 2 波轉折點

99

再梳整第 3 波順時鐘方向「螺捲」

暫時以 U 型夾將「螺捲」固定於單包右側

噴上少許定型液並修飾髮束波紋及螺捲毛躁的紋理

修飾後再以 U 型夾隱密固定「波紋」及「螺捲」再拆掉暫時固定的鴨嘴夾

第 2 區右前側下波紋梳理，髮尾成順時鐘螺旋狀造型過程影片（片長：2 分 43 秒）

吹整第 3 區髮束形成高角度及光滑的表面紋理

髮片和側分線平行劃分，髮片向左側提拉，再依序由髮片右側將整區髮根逆梳

將刮蓬的髮量進行梳整，前額表面梳整成光滑的紋理，提高髮片形成「C」型狀高角度

在髮片前額表面斜向插入鴨嘴夾，暫時固定形塑約 5 至 6 公分「C」型狀高角度

調整「C」型狀高角度效果及表面紋理

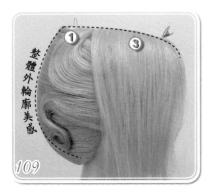

第 1、3 區綜合形成頂部弧形外輪廓造型

第 3 區前額高角度梳理造型過程影片（片長：3 分 46 秒）

約眉尾處用鴨嘴夾以水平方向暫時固定髮片外翻前緣

用 U 形夾和鴨嘴夾同高，以水平方向固定髮片外翻後緣

將髮片表面（下面）梳整成光滑的紋理，再外翻呈「斜向」立體波紋，髮片再以逆時鐘斜向上

固定第 1 波轉折點後，再梳整逆時鐘方向「螺捲」狀平捲，並由 U 型夾暫時固定

逆時鐘方向「螺捲」狀平捲，由 U 型夾暫時固定

修飾髮束波紋及螺捲毛躁的紋理，再以 U 型夾隱密固定「波紋」及「螺捲」

第 3 區髮尾成逆時鐘螺旋狀梳理造型過程影片（片長：3 分 57 秒）

3-6-11-3　包頭梳理（二）完成作品

360度環繞呈現作品
造型完成效果影片
（片長：1分57秒）

3-6-12　包頭梳理（三）

3-6-12-1　包頭梳理（三）分區概念及區塊構圖設計

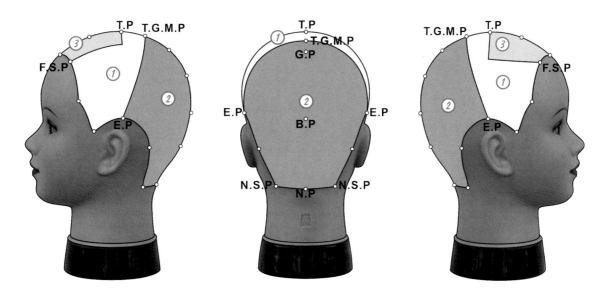

　　整體設計結構以右 E.P～T.G.M.P.～左 E.P 作為劃分線，區分為前頭部及後頭 2 大設計區塊，然後再將前頭部依考題劃分左側分線及右側 U 型線，如圖各區分別以編號 1、2、3、為代碼，編號 1 為刮髮區—左側呈現左側頭部輪廓弧度的設計構想；右側呈現右側頭部輪廓弧度的設計構想及瀏海髮尾單股扭轉固定的髮基；編號 2 為刮髮區—呈現後頭部輪廓弧度的設計構想；編號 3 為半圓型瀏海設計區—呈現前額瀏海向右側斜內捲的設計構想。

　　區分為前頭部及後頭部 2 大設計區塊之劃分線，可依設計之變化往 T.P 或 G.P 移動位置，各區的大小隨之改變，頂部半圓型髮髻的設計位置即可變化往後或往前，分區設計的改變不只為符合考題的圖示規定，更能符合實務需求及創意變化之設計，所以技術練習不只是為檢定考試而練，更可為創意設計之活用而練，這即是本題介紹梳髮設計之本質。

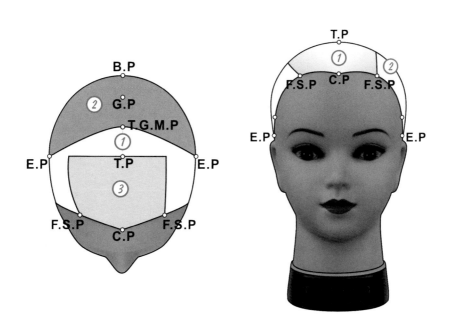

3-6-12-2　包頭梳理（三）梳理過程解析

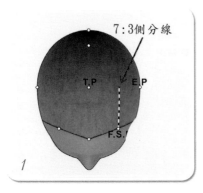

依據分區設計結構圖，從左側臉際 F.S.P 劃分 7：3 側分線

使用吹風機調整 F.S.P 兩側之毛流

使用吹風機調整 F.S.P 兩側之毛流

使用吹風機調整前額瀏海之毛流

使用吹風機調整臉際之毛流或上捲痕跡

使用吹風機調整臉際之毛流或上捲痕跡

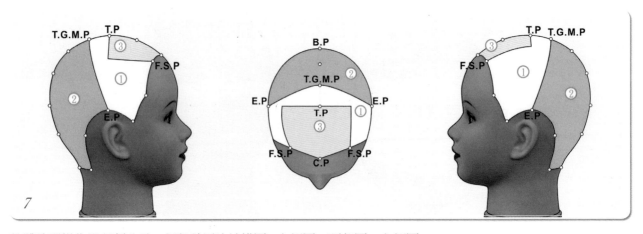

整體造型操作過程劃分為 3 個設計區塊結構圖 - 右側圖、頂部圖、左側圖

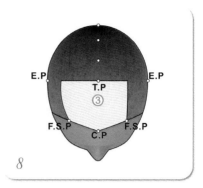

依據分區設計結構圖，從前臉際劃分第 3 設計區結構圖

從左側臉際 F.S.P 劃分 7：3 側分線

從左側臉際 F.S.P 劃分 7：3 側分線

依第 3 設計區結構圖從右側臉際 F.S.P 劃分第 3 設計區

依第 3 設計區結構圖劃分第 3 設計區髮量

將第 3 設計區髮量暫時固定於前額

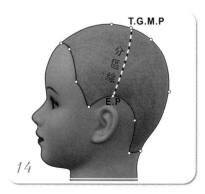

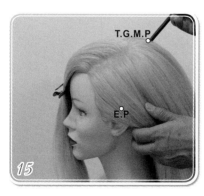

從 T.G.M.P ～左側 E.P 劃分出分區線結構圖

從 T.G.M.P ～左側 E.P 劃分出分區線

從 T.G.M.P ～左側 E.P 劃分出分區線，劃分為前後兩個設計區塊

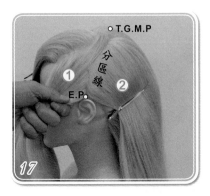

先將第2區髮量以鴨嘴夾暫時固定

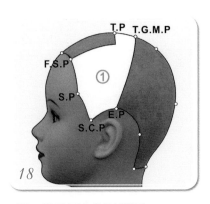

第1設計區左側結構圖

從右側 E.P ～ T.G.M.P 劃分出分區線

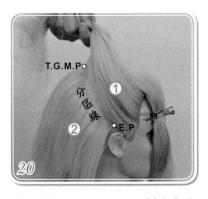

從右側 E.P ～ T.G.M.P 劃分出分區線，劃分為前後兩個設計區塊

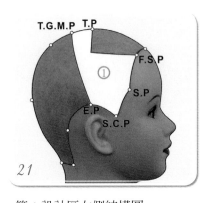

第1設計區右側結構圖

將第1區髮量梳順集中，用橡皮筋以8字形纏繞髮夾固定於 T.G.M.P 髮

第1設計區髮量集中固定於 T.G.M.P 髮根完成 - 左側

第1設計區髮量集中固定於 T.G.M.P 髮根完成 - 右側

第1設計區髮量集中固定於 T.G.M.P 髮根完成 - 頂部

26

髮根吹風梳整及第 1 設計區分區
操作過程影片（片長:4分21秒）

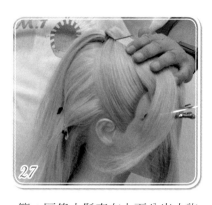

27

第 1 區集中髮束在上面分出少許
髮量，往前反摺固定於髮根

28

第 1 區集中髮束在上面分出少許
髮量，往前反摺固定於髮根

29

第 2 設計區後頭部髮量往
T.G.M.P 集中梳整區塊結構圖

30

抓起第 1 區集中髮束

31

第 2 區將後頭部髮量分層往
T.G.M.P 和第 1 區髮束匯整集中
梳順

32

第 2 區將後頭部髮量分層往
T.G.M.P 和第 1 區髮束匯整集中
梳順

33

第 2 區將後頭部髮量分層往
T.G.M.P 和第 1 區髮束匯整集中
梳順

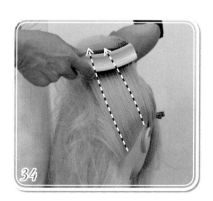

34

由側頭部開始將最外層的髮量往
T.G.M.P 和第 1 區髮束匯整集中
梳順

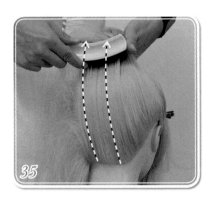

依序將最外層的髮量往 T.G.M.P
和第 1 區髮束集中梳整

依序將最外層的髮量往 T.G.M.P
和第 1 區髮束集中梳整

可在表面噴上少許亮油梳整成
光滑的紋理及弧度

先確定正中線，將表面梳整成光
滑的紋理及弧度

先確定正中線，將表面梳整成光
滑的紋理及弧度

然後再由左側將表面梳整成光
滑的紋理及弧度

由左側將表面梳整成光滑的紋
理及弧度

然後再由右側將表面梳整成光
滑的紋理及弧度

要注意兩側紋理、弧度、輪廓、
放射『對稱』(詳細請參閱第二
章專業技術名詞圖解)的美感

修飾兩側紋理、弧度、輪廓、放射對稱的美感

以環繞式綁法將兩區匯整的髮量固定於 T.G.M.P 髮根

修飾兩區匯合處的表面紋理及弧度

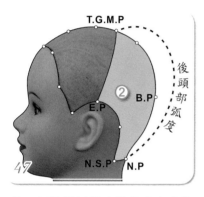

第 2 區的髮量依序梳整成光滑的紋理及弧度

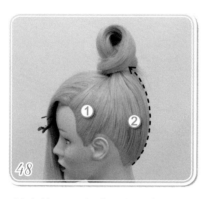

綜合第 1、2 設計區完成之紋理、弧度、輪廓效果 - 後頭部

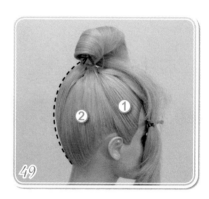

綜合第 1、2 設計區完成之紋理、弧度、輪廓效果 - 後頭部

綜合第 1、2 設計區完成之紋理、弧度、輪廓效果 - 兩側

綜合第 1、2 設計區完成之紋理、弧度、輪廓效果 - 兩側

第 2 區髮量向 T.G.M.P 進行匯合梳整過程影片（片長：4 分 49 秒）

將上梳綁緊髮量由後面依序以橫髮片在髮根逆梳

將上梳綁緊髮量由後面依序以橫髮片在髮根逆梳

將上梳綁緊髮量由後面依序以橫髮片在髮根逆梳至全部完成

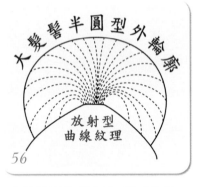

大髮髻梳整『紋理』形成放射、對稱外輪廓結構圖

將刮蓬的髮量梳整成光滑的放射紋理、對稱圓弧型外輪廓

將刮蓬的髮量梳整成光滑對稱圓弧型外輪廓

頭頂部髮束逆梳半圓展開髮型（大髮髻）梳髮塑型過程影片（片長：3 分 42 秒）

在正中線位置設定大髮髻頂部高度

在正中線位置設定大髮髻弧度

再以「反向式夾法」用髮夾將弧度及紋理固定在大髮髻的中心

以「反向式夾法」用髮夾將弧度及紋理固定在大髮髻的中心

以「反向式夾法」用髮夾將弧度及紋理固定在大髮髻的中心

半圓展開髮型（大髮髻）梳髮塑型過程 1 影片（片長：3 分 37 秒）

梳整大髮髻右側底部髮長，使外輪廓形成圓弧內縮

然後將髮束扭轉固定於大髮髻中心的髮根

使用 U 型夾將大髮髻外輪廓底部固定於底座髮

修飾及調整大髮髻外輪廓

梳整大髮髻左側底部髮長，使外輪廓形成圓弧內縮

使用 U 型夾將大髮髻外輪廓底部固定於底座髮根

修飾及調整大髮髻外輪廓的對稱性美感

半圓展開髮型（大髮髻）梳髮塑型過程 2 影片（片長：3 分 19 秒）

後面小髮束將髮根逆梳

將刮蓬的髮量在表（下）面進行梳整成光滑的紋理

以空心捲型式由髮尾依序上轉形成小髮圈

將髮尾略為集中，再將內部髮尾以髮夾固定於大髮髻髮基

將小髮髻調整略呈橫向半圓型展開輪廓，再將小髮髻兩側以 U 型夾固定於大髮髻

小髮髻略呈橫向半圓型展開輪廓弧度及紋理結構圖

右側呈現後面小髮髻完成和大髮髻綜合效果

左側呈現後面小髮髻完成和大髮髻綜合效果

內容：後面小髮髻操作過程影片（片長：4分0秒）效果

將前面小髮束梳順，以鴨嘴夾標定正中線的位置

在髮片上面進行逆刮至髮根，再將髮片拉寬

將刮蓬的髮量在下（表）面進行梳整成光滑的紋理

將髮尾略為集中，以空心捲型式由髮尾依序上轉形成小髮圈

將髮圈內部髮尾以髮夾固定於大髮髻髮基，兩側以 U 型夾固定於大髮髻

將小髮髻調整，略呈橫向半圓型展開輪廓弧度及紋理結構圖

89

前面小髮髻操作過程影片（片長：3分17秒）

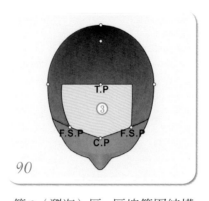

90

第3（瀏海）區 - 區塊範圍結構圖

91

以吹風機梳整第3區（瀏海區）髮束，使表片形成光滑順暢的紋理

92

依試題說明 " 半圓型瀏海向右側斜內捲 " 的方向，梳順髮束表面形成光滑右側斜的紋理

93

以尖尾梳為軸心並保持逆斜約30度

94

將瀏海髮束向右側斜 " 內捲 "

95

以手指控制內捲的髮長位置，再抽出尖尾梳

96

調整瀏海 " 內捲 " 約在眉尾的位置，修飾髮束向右側斜的弧度

97

在內捲的位置將髮束向內順時鐘方向扭轉

以髮夾將髮束固定在側頭部（側中線以前）

因瀏海〝內捲〞，所以將髮束以順時鐘方向，單股扭轉並轉緊至髮尾

將全部扭轉髮束以〝十字式夾法〞（詳細說明請參閱第二章專業技術名詞圖解），依試題說明固定於側中線之前

瀏海髮束向右側斜〝內捲〞操作過程（片長：4 分 25 秒）

360 度環繞呈現作品造型完成效果影片（片長：1 分 25 秒）

3-6-12-3　包頭梳理（三）完成作品

3-6-13　整髮試題規則

試題：整髮（一）指推波紋與夾捲

測試時間：30 分鐘

說明：

一、採右側分線（7：3 分線），整體分七層操作。

二、第一至第五層為指推波紋，波紋寬約為 4.5 公分。

三、第六至第七層夾捲為平捲，捲數不拘，每一髮片全挑，寬度不得超過 1.5 公分，髮圈重疊 1/3。

四、使用傳統式黑色髮夾，同一排髮夾的方向應相同。（如圖所示）

五、操作時間到，不得繼續操作，須接受評審，未完成者本項總分以 0 分計。

試題：整髮（二）指推波紋與夾捲

測試時間：30 分鐘

說明：

一、採右側分線（7：3 分線），整體分七層操作。

二、耳上四層夾捲為平捲，捲數不拘，每一髮片全挑，寬度不超過 1.5 公分，髮圈重疊 1/3。

三、耳下部分三層為指推波紋，波紋寬約 4.5 公分。

四、使用傳統式黑色髮夾，同一排髮夾的方向應相同。（如圖所示）

五、操作時間到，不得繼續操作，須接受評審，未完成者本項總分以 0 分計。

試題：整髮（三）指推波紋與夾捲

測試時間：30 分鐘

說明：

一、採不分線，整體分七層操作。

二、耳上四層夾捲為抬高捲抬高角度 45°以上、90°以下，捲數不拘，每一髮片寬不超過 1.5
　　公分，髮圈重疊 1/3。

三、耳下二層為指推波紋，波紋寬約 4.5 公分。

四、第七層夾捲為平捲，捲數不拘，每一髮片全挑，寬度不得超過 1.5 公分，髮圈 重疊 1/3。

五、使用傳統式黑色髮夾，同一排髮夾的方向應相同。（如圖所示）

六、操作時間到，不得繼續操作，須接受評審，未完成者本項總分以 0 分計。

3-6-14 整髮頭顱準備

3-6-14-1 整髮頭顱—髮長裁剪結構圖

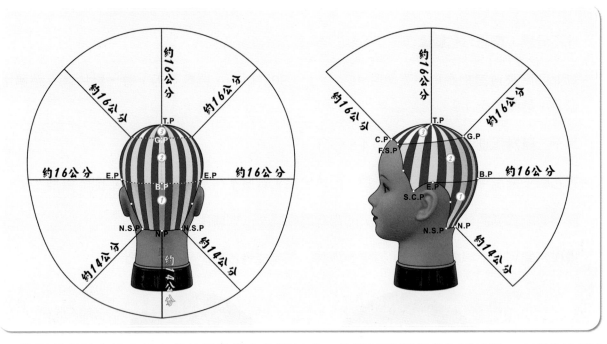

依術科測試應檢人員自備美髮技能實作器材表，整髮用頭顱應事先削剪好，本頁內容即在於呈現剪髮結構圖及剪後效果，讓應檢人員瞭解準備的技術內容。

第 1 區：為 B.P 點約 16 公分～N.P 點約 14 公分低層次的裁剪結構圖

第 2 區：為 G.P 點約 16 公分～B.P 點約 16 公分均等層次的裁剪結構圖

第 3 區：為 T.P 點約 16 公分～G.P 點或 C.P 點約 16 公分均等層次的裁剪結構圖

3-6-14-2 整髮頭顱—裁剪後效果

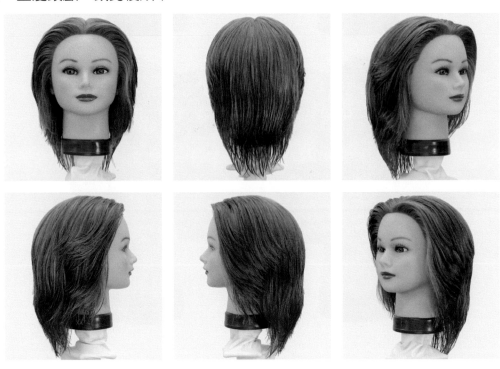

3-6-14-3 整髮頭顱—燙捲排列設計

　　燙捲排列設計之目的，主要在使髮尾呈現略呈「C」型的彈性效果，並且讓髮根呈現服貼之髮性流向，因此髮片以髮尾捲入捲棒一圈半即可，髮片劃分水平、髮片厚度約為捲棒直徑的 1.5 倍、提拉角度大約在 0～30 度之間，冷燙液第一劑及第二劑各停留時間大約為 12～15 分鐘即可。

3-6-14-4 整髮頭顱—燙後捲度效果

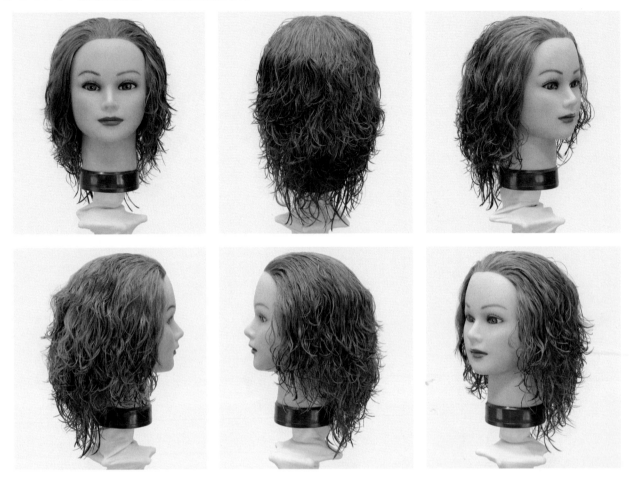

　　燙後捲度略呈彈性「C」型的效果，髮尾的髮量此時仍稍微豐厚，必須在髮尾進行髮量調整，但同時也要考量不同考題各個部位（指推、平捲、抬高捲）的需求，所以每個人的操作經驗或技術應用略有不同，可以使用打薄刀或削刀在髮尾進行髮量調整，其目的使髮尾在指推時更為平順，平捲或抬高捲時髮尾更為輕柔。

3-6-15 整髮（一）指推波紋與夾捲

3-6-15-1 整髮（一）指推波紋與夾捲過程解析

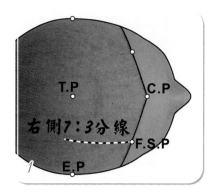

從右側 F.S.P 點做 7：3 分線—結構圖

依結構圖的分區方式開始從右側 F.S.P 點做 7：3 分線

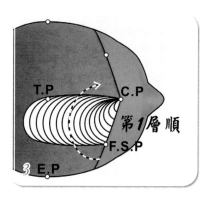

第 1 層「順時鐘」方向的 C 型「指推波紋」結構圖。「順時鐘」及「指推波紋」（詳細說明請參閱第二章專業技術名詞圖解）

從 F.S.P 點的左側，進行第 1 層順時鐘方向的塑型 (Shaping)（詳細說明請參閱第二章專業技術名詞圖解）

第 1 層波紋從 C.P 至 T.P 點，先從 F.S.P 點開始梳出順時鐘方向的「C 型」波紋

由食指及中指之間夾緊髮量，配合梳子逆時鐘方向梳順，形成「波峰 (Ridge)」（詳細說明請參閱第二章專業技術名詞圖解）

完成第 1 層指推波紋梳理，然後在「波峰」下方以逆時鐘方向塑型 (Shaping)

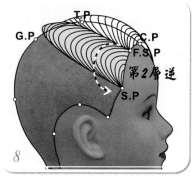

第 2 層「逆時鐘」（詳細說明請參閱第二章專業技術名詞圖解）方向「C 型」波紋結構圖—右側

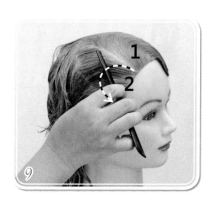

從 F.S.P 點右側進行第 2 層逆時鐘方向的塑型

進行第2層逆時鐘方向的塑型及梳出「C型」波紋

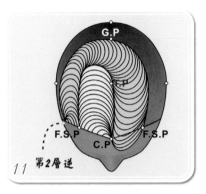

第2層逆時鐘方向梳出「C型」波紋結構圖，因頭形後上頭部(T.P～G.P)略呈弧形狀，所以波紋的方向略呈放射狀梳理

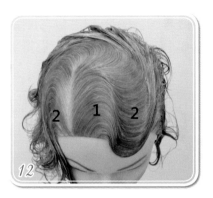

第2層逆時鐘方向梳出「C型」波紋完成，左側從C.P至左F.S.P「C型」波紋凸出臉際線約半圈

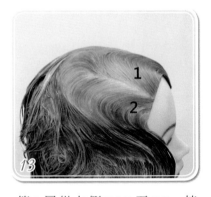

第2層從右側F.S.P至S.P，梳出「波距」（詳細說明請參閱第二章專業技術名詞圖解）約4.5公分逆時鐘方向「C型」波紋完成─右側圖

第2層從右側F.S.P至S.P，梳出波距約4.5公分逆時鐘方向「C型」波紋完成─左側圖

第1層順時鐘、第2層逆時鐘，指推波紋操作過程影片（片長：3分40秒）

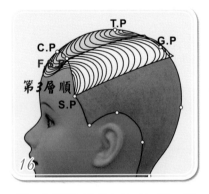

第3層順時鐘方向的「C型」波指推紋結構圖

從左側臉際進行第3層順時鐘方向的塑型(Shaping)

由食指及中指之間夾緊髮量配合梳子形成「波峰」

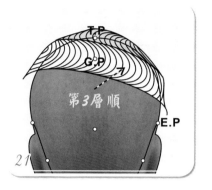

由食指及中指之間夾緊髮量配合梳子形成「波峰」

進行第 3 層順時鐘方向的塑型及梳出「C 型」波紋

第 3 層順時鐘方向梳出「C 型」波紋結構圖

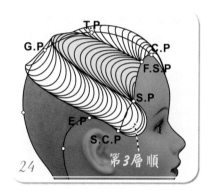

進行第 3 層順時鐘方向的塑型及梳出「C 型」波紋

梳出波距約 4.5 公分（兩指幅寬）順時鐘方向「C 型」波紋

第 3 層順時鐘方向梳出「C 型」波紋，波紋凸出右臉際線約半圈—結構圖

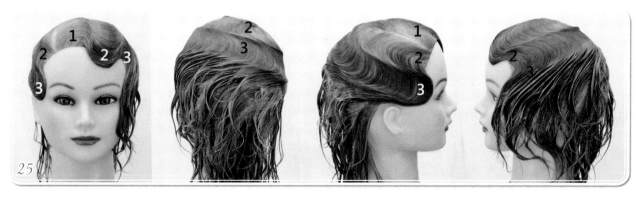

第 3 層順時鐘方向梳出「C 型」波紋完成，波紋凸出右臉際線約半圈

26

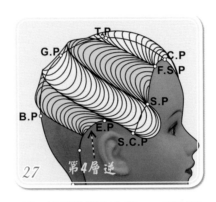

27 第4層逆

28

第3層順時鐘指推波紋操作過程影片（片長：3分29秒）

第4層逆時鐘方向從 E.P 梳出波距約 4.5 公分「C型」波紋—右側結構圖

由食指及中指之間夾緊髮量配合梳子形成「波峰」

29

30

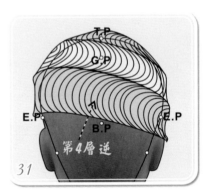

31 第4層逆

第4層逆時鐘方向進行塑型

依續進行第4層逆時鐘方向的塑型及梳出「C型」波紋

第4層逆時鐘方向梳出「C型」波紋—後面結構圖

32

33

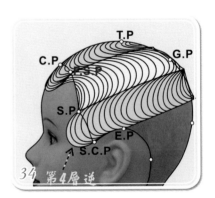

34 第4層逆

由食指及中指之間夾緊髮量配合梳子形成「波峰」，再逆時鐘方向梳出「C型」波紋

第4層逆時鐘方向梳出「C型」波紋，波紋凸出左臉際線約半圈

第4層逆時鐘方向梳出「C型」波紋—左側結構圖，波紋凸出左臉際線約半圈

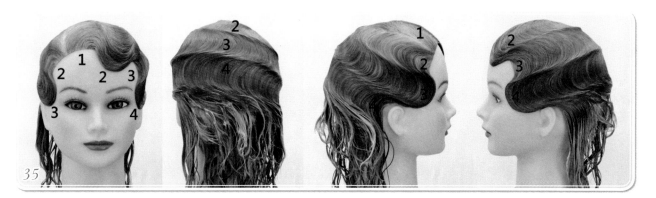

第 4 層逆時鐘方向梳出「C 型」波紋完成 - 左側為大 C，波紋凸出右臉際頸約半圈，右側耳後為小 C

36

第 4 層逆時鐘指推波紋操作過程
影片（片長：3 分 31 秒）

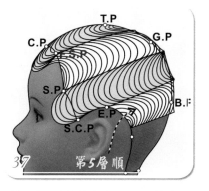

第 5 層順時鐘方向從 E.P 梳出波
距約 4.5 公分「C 型」波紋—右
側結構圖

由食指及中指之間夾緊髮量配
合梳子形成「波峰」，再順時鐘
方向進行塑型

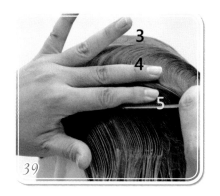

第 5 層順時鐘方向進行塑型

第 5 層順時鐘方向梳出波距約
4.5 公分「C 型」波紋—後面結
構圖

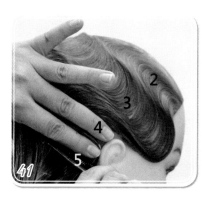

由食指及中指之間夾緊髮量配
合梳子形成「波峰」及梳出「C
型」波紋

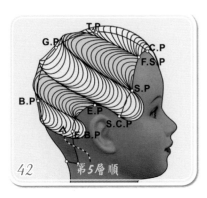

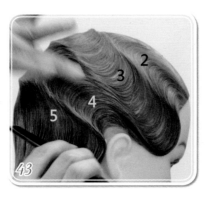

第5層順時鐘方向梳出波距約4.5公分「C型」波紋─右側結構圖，波紋凸出右頸側線約半圈

第5層順時鐘方向進行塑型

第5層依續順時鐘方向進行塑型

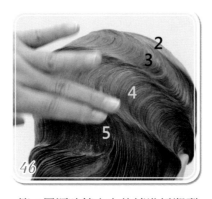

第5層順時鐘方向進行塑型及梳出「C型」波紋

第5層順時鐘方向依續進行塑型及梳出「C型」波紋

第5層順時鐘方向梳出「C型」波紋完成

第5層順時鐘方向梳出「C型」波紋完成─右側為大C，波紋凸出左頸側線約半圈

第5層順時鐘方向梳出「C型」波紋完成─後面

第5層順時鐘方向梳出「C型」波紋完成─左側為小C

51

第 5 層逆時鐘指推波紋操作過程影片（片長：3 分 46 秒）

52

第 6 層由右至左，梳出逆時鐘方向的「平捲」（詳細說明請參閱第二章專業技術名詞圖解）

53

第 6 層以逆時鐘方向進行塑型，再以「弧形底盤」（詳細說明請參閱第二章專業技術名詞圖解）分取髮片，每一髮片寬不得超過 1.5 公分

54

梳出逆時鐘方向平捲髮圈，髮尾在內（Closed Center Curls），髮圈以「半髮幹 Half-stem curl」方式，髮夾水平或 45 度固定於底盤

55

每一個平捲髮圈之間至少要重疊約 1/3，捲數不拘，髮圈上緣靠近第 5 層波紋「下波峰」，每一個平捲髮圈大小略小於「波距」，髮夾以水平方向

56

第 6 層逆時鐘指推波紋及逆時鐘平捲操作過程影片（片長：4 分 54 秒）

57

第 6 層逆時鐘方向平捲完成，髮夾整齊排列方向相同—右側圖

58

第 6 層逆時鐘方向平捲完成，髮夾整齊排列方向相同—後面圖

59

第 6 層逆時鐘方向平捲完成，髮夾整齊排列方向相同—左側圖

60

第 6 層逆時鐘平捲操作過程影片 2（片長：5 分 08 秒）

61

第 7 層由左至右，梳出順時鐘方向的平捲 - 後面結構圖

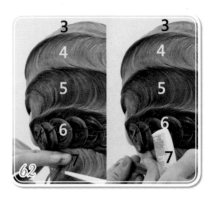

62

以弧形底盤分取髮片，每一髮片寬不得超過 1.5 公分，髮尾在內 (Close-center curls) 以順時鐘方向旋轉梳順形成平捲髮圈

63

髮圈以「半髮幹」方式髮夾水平固定於底盤，或45度固定於「底盤」（詳細說明請參閱第二章專業技術名詞圖解）

64

依續分取髮片，每一髮片寬不得超過 1.5 公分

65

以順時鐘方向梳出髮片

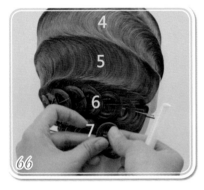

66

髮尾在內，髮片以順時鐘方向梳順旋轉形成平捲「髮圈」（詳細說明請參閱第二章專業技術名詞圖解）

67

第 7 層順時鐘平捲操作過程影片（片長：4 分 39 秒）

68

第 7 層順時鐘方向「平捲」（詳細說明請參閱第二章專業技術名詞圖解）完成，髮夾整齊排列方向相同，第 6 第 7 層（上下兩層）平捲髮圈不要重疊

3-6-15-2　整髮（一）指推波紋與夾捲完成作品

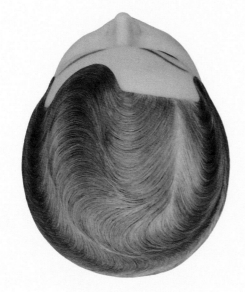

360 度環繞呈現作品
造型完成效果影片
（片長：1 分 42 秒）

3-6-16　整髮（二）指推波紋與夾捲

3-6-16-1　整髮（二）指推波紋與夾捲過程解析

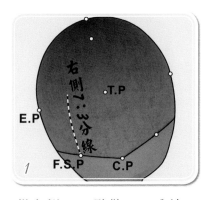

從右側 F.S.P 點做 7：3 分線—結構圖

依結構圖開始從右側 F.S.P 點做 7：3 分線

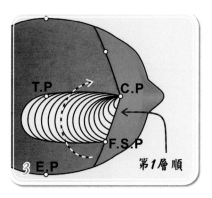

第 1 層順時鐘方向的「C 型」指波紋結構圖，波距為 F.S.P 至 C.P

從 F.S.P 點的左側，進行第 1 層順時鐘方向的塑型 (Shaping)

進行第 1 層順時鐘方向的塑型 (Shaping)，波紋略呈長方形

以弧形底盤 (Curved base) 分取髮片，每一髮片寬不得超過 1.5 公分

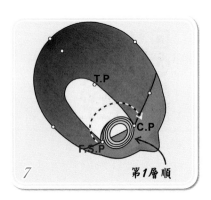

從 F.S.P 點梳出順時鐘方向的平捲髮圈，髮圈大小約為 F.S.P 至 C.P —結構圖

梳出順時鐘方向的平捲髮圈

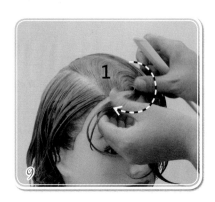

壓住髮根將髮尾平整梳出順時鐘方向的平捲髮圈

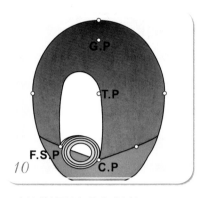

平捲髮圈以「半髮幹 Halfstem curl」（詳細說明請參閱第二章專業技術名詞圖解）方式固定於底盤—結構圖

髮夾逆夾以斜向固定於底盤

以弧形底盤 (Curved base) 分取第 2 片髮片

將髮尾平整梳出順時鐘方向的平捲髮圈

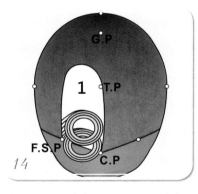

第 2 平捲髮圈與第 1 平捲髮圈至少需重疊 1/3 —結構圖

平捲髮圈至少需重疊 1/3，捲數不拘

以弧形底盤 (Curved base) 分取髮片，髮片寬不得超過 1.5 公分

梳出順時鐘方向的平捲髮圈

髮夾以斜向固定於底盤，髮夾整齊排列方向相同

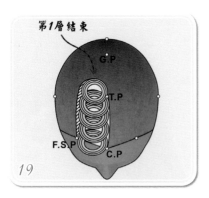

完成第 1 層約 5 個平捲髮圈—結構圖

髮尾無受折,髮夾整齊排列方向相同,完成第 1 層 5 個順時鐘平捲髮圈

第 1 層塑型及順時鐘平捲操作過程影片(片長:4 分 25 秒)

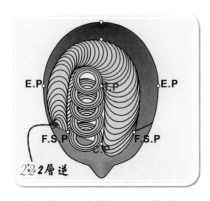

第 2 層逆時鐘方向的塑型(Shaping)「範圍」(詳細說明請參閱第二章專業技術名詞圖解)—結構圖

依結構圖梳出第 2 層逆時鐘方向的塑型

依序梳出第 2 層逆時鐘方向的塑型,波紋寬度約 4.5 公分

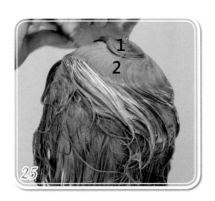

第 2 層「C 型」方向的波紋略呈放射狀梳理

第 2 層「型」波紋塑型完成—後面

第 2 層「型」波紋塑型完成,左側波紋凸出臉際線約半圈—前面

第2層「C型」波紋塑型完成—
右側

第2層「C型」波紋塑型完成—
後面

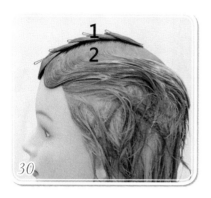

第2層「C型」波紋塑型完成—
左側

第2層逆時鐘指推波紋塑型操作
過程影片（片長：1分52秒）

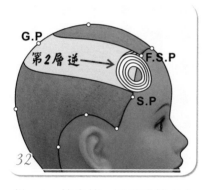

從 F.S.P 梳出第2層逆時鐘方向
的平捲髮圈，髮圈大小凸出臉際
線約半圈 - 結構圖

尖尾梳以弧形底盤 (Cruved base)
分取髮片，髮片寬不得超過 1.5
公分

梳出逆時鐘方向的平捲髮圈

平捲髮圈以「半髮幹 Half-stem
Curl」（詳細說明請參閱第二章
專業技術名詞圖解）方式，髮夾
斜向固定於底盤

以弧形底盤分取第2片髮片，髮
片寬不得超過 1.5 公分

將髮束平整梳出逆時鐘方向的平捲髮圈

梳出逆時鐘方向平捲髮圈，髮尾在內 (Closed Center Curls) 無受折

依逆時鐘方向旋轉髮圈，髮尾在內 (Closed Center Curls) 無受折

依逆時鐘方向旋轉髮圈，髮尾在內 (Closed Center Curls) 無受折

依序逆時鐘方向旋轉髮圈，髮尾在內 (Closed Center Curls) 無受折

平捲髮圈重疊 1/3 捲數不拘

依序完成平捲髮圈，髮圈重疊 1/3 捲數不拘，每一髮片寬不得超過 1.5 公分

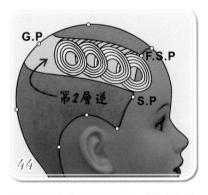

逆時鐘方向平捲髮圈，髮圈重疊 1/3 —結構圖

依序完成平捲髮圈，髮圈重疊 1/3 捲數不拘，每一髮片寬不得超過 1.5 公分

以弧形底盤分取髮片，髮片寬不得超過 1.5 公分

再以拇指隔離髮片

將髮束平整梳出逆時鐘方向的平捲髮圈

髮尾在內 (Closed Center Curls) 無受折，依逆時鐘方向旋轉髮圈

依逆時鐘方向旋轉髮圈，髮尾在內 (Closed Center Curls) 無受折

每一個平捲髮圈大小略小於「波距」，平捲髮圈以「半髮幹 Half-stem cur」方式，髮圈與髮圈相互重疊三分之一

52

第 2 層逆時鐘方向的平捲髮圈操作過程 1 影片（片長：5 分 08 秒）

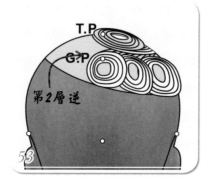

髮圈與髮圈相互重疊三分之一——結構圖

髮夾斜向（約 10 點鐘方向）固定於底盤，髮夾整齊每一排同方向

髮夾斜向（約 10 點鐘方向）固定於底盤，髮夾整齊每一排同方向

依逆時鐘方向旋轉髮圈，髮尾在內 (Closed Center Curls) 無受折

依逆時鐘方向旋轉髮圈，髮尾在內 (Closed Center Curls) 無受折

平捲髮圈以「半髮幹 Half-stem Curl」方式，髮圈與髮圈相互重疊三分之一

依序逆時鐘方向旋轉髮圈，髮尾在內無受折

平捲髮圈以「半髮幹」方式，髮圈與髮圈相互重疊三分之一，兩層平捲髮圈連接適當

第 2 層平捲髮圈完成—右上圖，髮夾整齊排列，每一排同方向

第 2 層平捲髮圈完成—前頂部圖

第 2 層逆時鐘方向的平捲髮圈操作過程 2 影片（片長：4 分 29 秒）

進行第 3 層順時鐘方向的塑型
(Shaping)

依序進行第 3 層順時鐘方向的塑
型 (Shaping)

第 3 層順時鐘方向的塑型完成

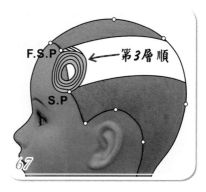

從 F.S.P 點梳出第 3 層順時鐘方
向的平捲髮圈，髮圈大小約爲
F.S.P 至 S.P 一結構圖

梳出順時鐘方向的平捲髮圈

髮尾在內 (Closed Center Curls)
無受折，依逆時鐘方向旋轉髮圈

髮圈大小約爲 4 公分，略小於波
紋寬度

髮圈大小凸出臉際線約半圈

平捲髮圈以「半髮幹 Half-stem
curl」方式，髮夾斜向固定於
底盤

依序完成平捲髮圈，髮圈重疊
1/3

第 3 層順時鐘方向的平捲髮圈操
作過程 1 影片（片長：3 分 56 秒）

依序完成平捲髮圈，每一髮片寬
不得超過 1.5 公分，髮夾整齊排
列，斜向（約 3-4 點鐘方向）固
定於底盤

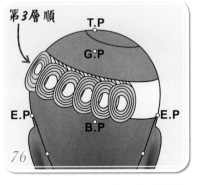

第 3 層順時鐘方向的平捲髮圈整
齊排列—後面結構圖

依序完成平捲髮圈，髮夾整齊排
列，斜向（約 3 ～ 4 點鐘方向）
固定於底盤

以弧形底盤 (Curved base) 分取
髮片，每一髮片寬不得超過 1.5
公分

將髮尾平整梳出順時鐘方向的
平捲髮圈

依序完成平捲髮圈，髮夾整齊排
列，斜向（約 3 ～ 4 點鐘方向）
固定於底盤

將髮尾平整梳出順時鐘方向的
平捲髮圈

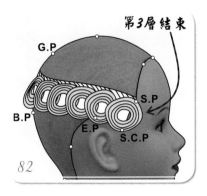

第 3 層順時鐘方向的平捲髮圈整齊排列—右側結構圖

依序完成平捲髮圈，髮夾整齊排列，髮圈相互重疊三分之一

將髮尾平整梳出順時鐘方向的平捲髮圈

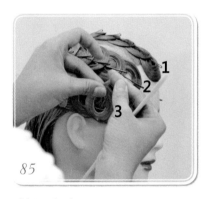

髮尾在內 (Closed Center Curls) 無受折，依逆時鐘方向旋轉髮圈

第 3 層平捲髮圈完成，髮夾整齊排列，髮圈相互重疊三分之一—右側圖

第 3 層平捲髮圈完成，髮夾整齊排列，髮圈相互重疊三分之一—左側圖

第 3 層平捲髮圈完成，髮夾整齊排列，髮圈相互重疊三分之一—前面圖

第 3 層平捲髮圈完成，髮夾整齊排列，髮圈相互重疊三分之一—後面圖

第 3 層順時鐘方向的平捲髮圈操作過程 2 影片（片長：5 分 14 秒）

依序進行第4層逆時鐘方向的塑型 (Shaping)

依序進行第4層逆時鐘方向的塑型 (Shaping)

依序進行第4層逆時鐘方向的塑型 (Shaping)

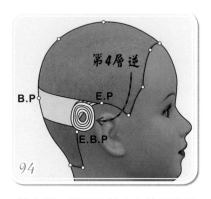

梳出第4層逆時鐘方向的平捲髮圈，髮圈大小凸出頸側線約半圈—結構圖

以弧形底盤 (Curved base) 分取髮片

將髮尾平整梳出逆時鐘方向的平捲髮圈

髮圈相互重疊三分之一，髮夾整齊排列

將髮尾平整梳出逆時鐘方向的平捲髮圈

髮尾在內 (Closed Center Curls) 無受折，依逆時鐘方向旋轉髮圈

依逆時鐘方向旋轉髮圈，髮圈相互重疊三分之一，髮夾整齊排列

第4層逆時鐘方向的平捲髮圈操作過程1影片（片長:4分31秒）

以弧形底盤 (Curved base) 分取髮片，將髮尾平整梳出逆時鐘方向的平捲髮圈

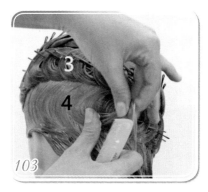

依序將髮尾平整梳出逆時鐘方向的平捲髮圈

髮尾在內 (Closed Center Curls)無受折，依逆時鐘方向旋轉髮圈

使用尖尾梳輔助調整平捲髮圈，髮圈相互重疊三分之一

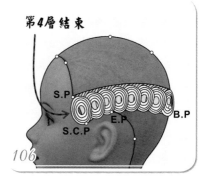

第4層逆時鐘方向的平捲髮圈，髮圈重疊 1/3 捲數不拘，每一髮片寬不得超過 1.5 公分—結構圖

結構圖與實作相互對照

依序完成逆時鐘方向的平捲髮圈，髮夾整齊排列每一排同方向

依序完成平捲髮圈，髮夾整齊排列以斜向（約9點鐘方向）固定於底盤

第4層逆時鐘方向的平捲髮圈操作過程2影片（片長：4分44秒）

第4層平捲髮圈完成，髮夾整齊同方向排列，髮圈相互重疊三分之一──後面圖

第4層平捲髮圈完成，髮夾整齊同方向排列，髮圈相互重疊三分之一──右側圖

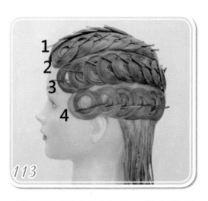

第4層平捲髮圈完成，髮夾整齊同方向排列，髮圈相互重疊三分之一──左側圖

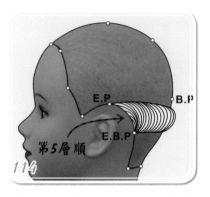

第5層為順時鐘方向的指推波紋，波距大約從左側E.P至E.B.P──結構圖

推出順時鐘方向的「C型」波紋

依序推出順時鐘方向的「C型」波紋

依序推出順時鐘方向的「C型」波紋

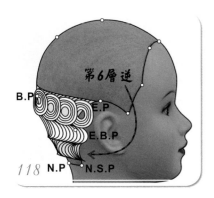

第 6 層為逆時鐘方向的指推波紋
—結構圖

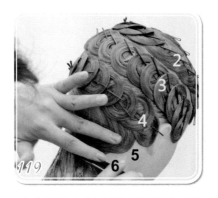

由食指及中指之間夾緊髮量，配
合梳子形成「波峰」，順暢銜接
第 6 層指推波紋

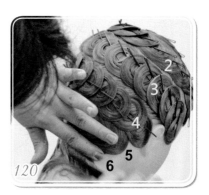

依序由食指及中指夾成「波
峰」，推出逆時鐘方向的指推波
紋

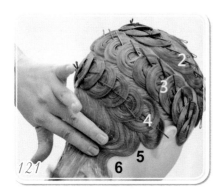

依序由食指及中指夾成「波
峰」，推出逆時鐘方向的指推
波紋

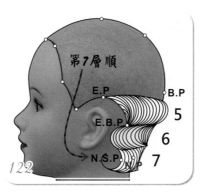

第 7 層為順時鐘方向的指推波紋
—左側結構圖

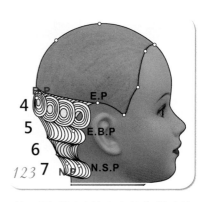

第 7 層為順時鐘方向的指推波紋
—右側結構圖

推出第 7 層順時鐘方向的「C
型」波紋

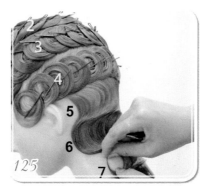

第 7 層左側髮尾配合「C 型」波
紋集中收尾

第 5.6.7 層指推波紋的操作過程
影片（片長：3 分 43 秒）

3-6-16-2　整髮第二題完成作品

360度環繞呈現完成
作品造型效果影片
（片長：1分45秒

3-6-17 整髮（三）指推波紋與夾捲

3-6-17-1 整髮（三）指推波紋與夾捲過程解析

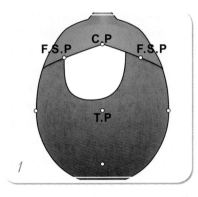

第 1 層「抬高捲」（詳細說明請參閱第二章專業技術名詞圖解）髮片劃分區塊向左 F.S.P 點開始—設計結構圖

依結構圖的分區方式劃分出範圍「(Scale)」（詳細說明請參閱第二章專業技術名詞圖解）

採不分線，由左 F.S.P 點開始劃分夾捲底盤

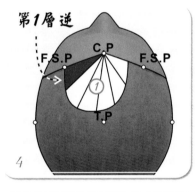

呈放射狀劃分抬高捲「三角形底盤 (Triangle base)」（詳細說明請參閱第二章專業技術名詞圖解）—設計結構圖

第 1 層髮片抬高的角度約 45 度以上，再以逆時鐘方向操作轉成髮圈 (Circle)，髮夾約 45 度角逆斜夾住

依序提拉角度做抬高捲以逆時鐘方向操作

使用梳子梳順髮片，髮尾在內 (Closed Center Curls)

以逆時鐘方向操作轉成髮圈 (Circle)

髮尾在內，以逆時鐘方向操作轉成髮圈

髮圈以半髮幹方式 (Half-stem Curl)，髮夾水平（3 點鐘方向）或 45 度（4 ～ 5 點鐘方向）固定於底盤

完成第 1 層抬高捲—前面圖片

完成第 1 層抬高捲—右側圖片

完成第 1 層抬高捲 - 左上方圖片，夾捲下方需貼在底盤上，同一排髮夾的方向應相同，平均每捲相互重疊 1/3

第 1 層抬高捲髮片逆時鐘方向操作過程影片（片長：3 分 50 秒）

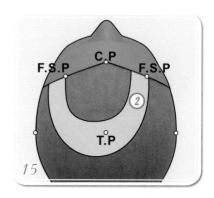

第 2 層抬高捲髮片劃分區塊範圍 (Scale) —設計結構圖

依結構圖的分區方式劃分第 2 層範圍 (Scale) —前面圖片

依結構圖的分區方式劃分第 2 層範圍 (Scale) —後面圖片

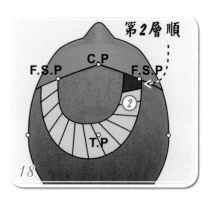

第 2 層抬高捲以順時鐘方向操作髮圈 (Circle)，髮片劃分「矩形底盤 (Rectangle base)」（詳細說明請參閱第二章專業技術名詞圖解）—設計結構圖

第 2 層由右前側開始操作順時鐘方向的夾捲，可事先分好底盤，扭成一小束

操作順時鐘方向之夾捲，指尖需壓住夾捲下方以利髮夾固定

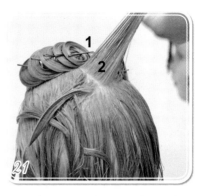

從髮根至髮尾梳順，是操作順時鐘方向夾捲的作法

抬高捲髮片的角度約 45 度～ 90 度之間

髮尾在內 (Closed Center Curls)，以順時鐘方向操作轉成髮圈

以順時鐘方向捲入，成圓弧形扁平狀髮圈

指尖壓住夾捲下方，髮夾水平或 45 度固定於底盤

從髮根至髮尾梳順

使用右手大拇指與食指固定髮尾

髮尾在內 (Closed Center Curls)，
以順時鐘方向操作轉成髮圈

雙手並用，以順時鐘方向捲入，
成圓弧形扁平狀髮圈

夾捲下方需貼在底盤，指尖壓住
夾捲下方

髮夾水平或 45 度固定於底盤

從髮根至髮尾梳順

使用右手大拇指與食指固定髮
尾

髮尾在內 (Closed Center Curls)，
以順時鐘方向操作轉成髮圈

雙手並用，以順時鐘方向操作轉
成髮圈

繼續以順時鐘方向捲入，成圓弧
形扁平狀髮圈

夾捲下方需貼在底盤，指尖壓住夾捲下方

髮夾水平或 45 度固定於底盤

第 2 層抬高捲髮片順時鐘方向操作過程影片（片長：4 分 26 秒）

完成第 2 層抬高捲，每捲重疊 1/3 排列整齊，髮夾排列整齊不歪斜

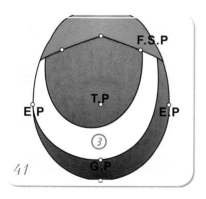

第 3 層抬高捲髮片劃分區塊範圍 (Scale) —設計結構圖

第 3 層由左 S.C.P 點劃分至右前側之眉尾

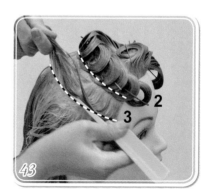

抬高捲髮片劃分區塊之範圍 (Scale) 劃分線清楚乾淨

抬高捲髮片劃分區塊之範圍，劃分線清楚乾淨

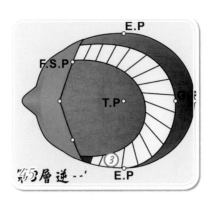

第 2 層抬高捲以逆時鐘方向操作髮圈 (Circle)，髮片呈放射狀劃分矩形底盤 (Rectangle base) ─ 設計結構圖

第 3 層由左前側開始，將髮片向前梳順

髮尾在內 (Closed Center Curls)，以逆時鐘方向操作轉成髮圈

雙手並用，以逆時鐘方向捲入，成圓弧形扁平狀髮圈

旋轉髮圈至臉際線處，髮圈以半髮幹 Half-stem curl 方式，髮夾水平（3 點鐘方向）固定於底盤

將髮片向前梳順

使用左手大拇指與食指固定髮尾在內，以逆時鐘方向操作轉成髮圈

雙手並用，以逆時鐘方向捲入，成圓弧形扁平狀髮圈

雙手並用，將髮片再轉螺旋

髮夾以斜 45 度（4 ～ 5 點鐘方
向）固定於底盤

髮根在底盤上方抬高約 45 ～ 90
度，逆時鐘方向梳順

髮尾在內 (Closed Center Curls)，
以逆時鐘方向操作轉成髮圈

使用食指固定髮圈

夾捲下方貼在底盤上

髮夾以斜 45 度（4 ～ 5 點鐘方
向）固定於底盤

髮尾在內 (Close-center curls)，
以逆時鐘方向操作轉成髮圈，再
使用食指固定髮圈

第 3 層抬高捲髮片逆時鐘方向操
作過程影片（片長：4 分 28 秒）

完成第 3 層抬高捲，髮夾排列整齊不歪斜—左側圖片

完成第 3 層抬高捲，每一髮片寬不超過 1.5 公分，髮圈大小一致整齊—後面圖片

完成第 3 層抬高捲，髮圈每捲重疊 1/3 排列整齊—右側圖片

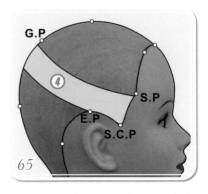

第 4 層抬高捲髮片劃分區塊之範圍 (Scale) —設計結構圖

第 4 層劃分區塊之範圍由右 S.C.P 點分至左 E.B.P 點

第 4 層劃分區塊之範圍由右 S.C.P 點分至左 E.B.P 點，分線清楚乾淨

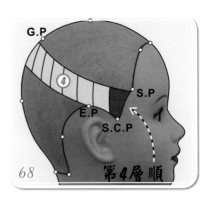

第 4 層劃分區塊每一髮片呈放射狀分髮片—結構圖

第 4 層由右前側開始做抬高捲，將髮片順時鐘方向梳順

髮片抬高角度約 45 度～ 90 度之間，髮尾在內 (Closed Center Curls)，以順時鐘方向轉成髮圈

右側抬高捲髮圈位於臉際線處

髮夾水平，或 45 度固定於底盤

由髮根至髮尾梳順，髮圈需重疊
1/3 排列整齊

髮尾在內，以順時鐘方向將扁平
狀髮片轉成髮圈

雙手並用髮尾無受折，將扁平狀
髮片轉成髮圈

雙手並用髮尾無受折，將扁平狀
髮片轉成髮圈

雙手並用髮尾無受折，將扁平狀
髮片轉成髮圈

髮夾水平，或 45 度固定於底盤

髮片抬高角度約 45 度～ 90 度之
間，以順時鐘方向梳順

第4層由右頸側線開始操作順時鐘的夾捲，髮片抬高約 45～90 度之間

雙手並用，髮尾梳順無受折髮尾在內

雙手並用，將髮片做成圓弧形扁平狀

雙手並用，以順時鐘方向捲入，成圓弧形扁平狀髮圈

使用左手大拇指與食指固定髮圈，髮夾水平或 45 度方向固定於底盤

第4層抬高捲髮片順時鐘方向操作過程影片（片長：4 分 52 秒）

完成第 4 層抬高捲，髮夾排列整齊不歪斜—左側圖片

完成第 4 層抬高捲，髮夾排列整齊—後面圖片

完成第 4 層抬高捲，平均每捲重疊 1/3 排列整齊—右側圖片 4

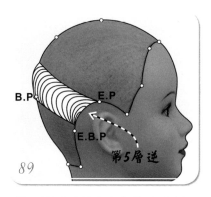

第 5 層逆時鐘方向指推波紋劃分區塊—設計結構圖

進行第 5 層逆時鐘方向「C 型」波紋的塑型 (Shaping)，髮流先向左側斜 45 度梳順型

梳子由左方向推梳，挑出「C 型」波紋

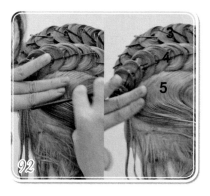

依序以左手食指中指壓住 C 線約 2 公分寬，梳出「C 型」波紋，髮尾向右，左手食指及中指依序往左邊移動

左側「C 型」波紋必須凸出頸側線

第 5 層逆時鐘方向指推波紋操作過程影片（片長：1 分 59 秒）

第 5 層逆時鐘方向「C 型」波紋完成效果—左側圖片

第 5 層逆時鐘方向「C 型」波紋完成效果—後面圖片

第 5 層逆時鐘方向「C 型」波紋完成效果—右側圖片

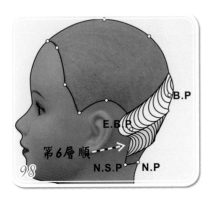

第6層順時鐘方向指推波紋劃分區塊—設計結構圖

由食指及中指之間夾緊髮量，配合梳子形成「波峰」，順暢銜接第5層指推波紋

依序由食指及中指配合梳子夾成「波峰」，推出順時鐘方向的指推波紋

「C型」波紋需凸出右頸測線，再由食指及中指配合梳子夾成「波峰」

梳子再往左方向推梳，形成順時鐘方向「C型」波紋，波距(Between the ridges) 約兩指幅寬

第6層順時鐘方向指推波紋操作過程影片（片長：2分50秒）

第6層順時鐘方向「C型」波紋—左側圖片

第6層順時鐘方向「C型」波紋—後面圖片

第6層順時鐘方向「C型」波紋—右側圖片

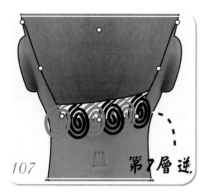

第 7 層平捲髮片劃分區塊—設計
結構圖

進行第 7 層逆時鐘方向的塑型
(Shaping)

依序進行第 7 層逆時鐘方向的塑
型 (Shaping)

第 7 層 逆 時 鐘 方向 的 塑 型
(Shaping) 完成

以弧形底盤 (Curved base) 分取
髮片，每一髮片寬寬約 1.5 公分

以左手食指壓住平捲髮根，拇指
隔開分取的髮片

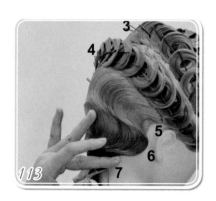

以左手拇指隔開分取的髮片

以逆時鐘方向髮尾梳順

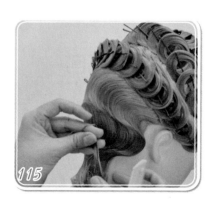

將髮尾平整梳出逆時鐘方向的
平捲髮圈

依序將髮尾平整梳出逆時鐘方向的平捲髮圈

髮尾在內 (Closed Center Curls)

髮圈以「半髮幹 Half-stem curl」方式，髮夾水平，或 45 度固定於底盤

以弧形底盤 (Curved base) 分取髮片，每一髮片寬約 1.5 公分，髮圈和波峰的連接適當

髮圈重疊 1/3，排列整齊

髮夾整齊，每一排同方向，髮根無受壓，髮尾無受折

第 7 層逆時鐘方向平捲操作過程影片（片長：4 分 12 秒）

360 度環繞呈現完成作品造型效果影片（片長：1 分 42 秒）

3-6-17-2　整髮第三題完成作品

3-7 技術士技能檢定女子美髮職類乙級術科測試美髮技能實作評審表

3-7-1　美髮技能實作評審表 (一) 剪髮

測試日期：　　　年　　　月　　　日

測試題號		□一　　□二　　□三														
内容 項目	評審内容	編號 配分														
一 、 剪 髮 （ 時 間 30 分 鐘 ）	◎ 1. 不符合測試項目															
	◎ 2. 不符合測試項目之試題 　 說明															
	◎ 3. 規定時間内未完成															
	4. 長度誤差爲 ±1 公分	20														
	5. 層次連接精密順暢	20														
	6. 各基準點長度準確	20														
	7. 左右長度對稱	20														
	8. 外輪廓線連接順暢	15														
	9. 符合衛生條件	5														
	合　　計	100														
監評人員 簽名	(請勿於測試結束前先行簽名)	備註														

辦理單位章戳：　　　註： 1. 評審表不得使用修正液，若有修改必須簽全名負責。本表可依實際需要放大爲 B4 尺寸。

2. 若不符合評審内容序號 1 ～ 3（序號前註記◎項），則本項總分以零分計，當場由同組監評人員共同認定，並務必於備註欄位將實際情形書寫清楚。其它試題規定及技術士技能檢定作業及試場規則規定術科成績以零分計或以不及格論之項目，亦比照辦理。

3. 剪髮項目之評審每組須由監評人員互推一位將每一成品頭髮梳開，供各監評人員觀測，依序評審。

4. 評審依據下列等級評分：0（極差） 0.1 ～ 0.2（很差） 0.3 ～ 0.4（差） 0.5（稍差） 0.6 ～ 0.7（稍佳） 0.8 ～ 0.9（佳） 1（極優）共 7 級，各項配分 × 等級 = 各項實得分數。

3-7-2　美髮技能實作評審表 (二) 燙髮

測試日期：　　　　年　　　月　　　日

測試題號		□一　　□二　　□三											
內容項目	評審內容	編號配分											
一、燙髮（時間70分鐘）	◎ 1. 不符合測試項目												
	◎ 2. 不符合測試項目之試題說明												
	◎ 3. 規定時間內未完成												
	4. 捲棒排列均勻	10											
	5. 頭髮捲面光潔	10											
	6. 橡皮圈掛法正確	10											
	7. 藥水、棉條、毛巾處理適當	10											
	8. 髮根無壓痕，髮尾無受折	15											
	9. 燙髮設計表　前頭部 / 頂部	10											
	右側	10											
	左側	10											
	後頭部	10											
	10. 符合衛生條件	5											
	合　　計	100											
監評人員簽名 (請勿於測試結束前先行簽名)	備註												

辦理單位章戳：　　註： 1. 評審表不得使用修正液，若有修改必須簽全名負責。本表可依實際需要放大為 B4 尺寸。

2. 若不符合評審內容序號 1～3（序號前註記◎項），則本項總分以零分計，當場由同組監評人員共同認定，並務必於備註欄位將實際情形書寫清楚。其它試題規定及技術士技能檢定作業及試場規則規定術科成績以零分計或以不及格論之項目，亦比照辦理。

3. 評審依據下列等級評分：0（極差）　0.1～0.2（很差）　0.3～0.4（差）　0.5（稍差）　0.6～0.7（稍佳）　0.8～0.9（佳）　1（極優）共 7 級，各項配分 × 等級＝各項實得分數。

3-7-3 美髮技能實作評審表 (三) 染髮設計

測試日期： 年 月 日

測試題號			□一 □二 □三												
內容 項目	評審內容		編號 配分												
三、染髮設計（時間40分鐘）	◎ 1. 不符合測試項目														
	◎ 2. 不符合測試項目之試題說明														
	◎ 3. 規定時間內未完成														
	◎ 4. 染髮設計表修改														
	◎ 5. 全臉覆蓋東西														
	6. 髮片設計編號與設計表符合	(1)	5												
		(2)	5												
		(3)	5												
	7. 染後髮色與設計表符合	(1)	10												
		(2)	10												
		(3)	10												
	8. 髮根染至髮尾，顯色度均勻、光澤度飽和	(1)	12												
		(2)	12												
		(3)	12												
	9. 染後全臉及髮際、髮幹、頭皮必須乾淨	(1)	5												
		(2)	5												
		(3)	5												
	10. 符合衛生條件		4												
合 計			100												
監評人員簽名	(請勿於測試結束前先行簽名)		備註												

辦理單位章戳： 註： 1. 評審表不得使用修正液，若有修改必須簽全名負責。本表可依實際需要放大為 B4 尺寸。
2. 不符合評審內容序號 1～5（序號前註記◎項），則本項總分以零分計，當場由同組監評人員共同認定，並務必於備註欄位將實際情形書寫清楚。其它試題規定及技術士技能檢定作業及試場規則規定術科成績以零分計或以不及格論之項目，亦比照辦理。
3. 評審依據下列等級評分：0（極差） 0.1～0.2（很差） 0.3～0.4（差） 0.5（稍差） 0.6～0.7（稍佳） 0.8～0.9（佳） 1（極優）共 7 級，各項配分 × 等級 = 各項實得分數。

3-7-4　美髮技能實作評審表 (四) 成型

測試日期：　　　年　　　月　　　日

測試題號			□一　　□二　　□三									
項目＼內容	評審內容	編號配分										
四、成型（時間30分鐘）	◎ 1. 不符合測試項目											
	◎ 2. 不符合測試項目之試題說明											
	◎ 3. 規定時間內未完成											
	4. 髮根梳理適當	20										
	5. 髮尾順暢具亮度	20										
	6. 角度與弧度適當	20										
	7. 頭髮彈性與光澤度	15										
	8. 整體成型效果	20										
	9. 符合衛生條件	5										
合　　計		100										
監評人員簽名 (請勿於測試結束前先行簽名)	備註											

辦理單位章戳：　　註： 1. 評審表不得使用修正液，若有修改必須簽全名負責。本表可依實際需要放大為 B4 尺寸。

2. 若不符合評審內容序號 1 ～ 3（序號前註記◎項），則本項總分以零分計，當場由同組監評人員共同認定，並務必於備註欄位將實際情形書寫清楚。其它試題規定及技術士技能檢定作業及試場規則規定術科成績以零分計或以不及格論之項目，亦比照辦理。

3. 評審依據下列等級評分：0（極差）0.1 ～ 0.2（很差）　0.3 ～ 0.4（差）　0.5（稍差）　0.6 ～ 0.7（稍佳）0.8 ～ 0.9（佳）　1（極優）共 7 級，各項配分 × 等級 = 各項實得分數。

3-7-5 美髮技能實作評審表 (五) 包頭梳理

測試日期： 年 月 日

測試題號		□一 □二 □三											
內容 項目	評審內容	編號 配分											
五、包頭梳理（時間30分鐘）	◎ 1. 不符合測試項目												
	◎ 2. 不符合測試項目之 　 試題說明												
	◎ 3. 規定時間內未完成												
	4. 髮面順暢有亮度	20											
	5. 波紋清晰及髮髻配置 　 適當	15											
	6. 前額的角度及波紋處理 　 適	15											
	7. 逆梳均勻	10											
	8. 髮尾處理光潔	10											
	9. 髮夾須隱密	5											
	10. 整體效果	20											
	11. 符合衛生條件	5											
合　　計		100											
監評人員 簽名	(請勿於測試結束前先行簽名)	備註											

辦理單位章戳： 　 註： 1. 評審表不得使用修正液，若有修改必須簽全名負責。本表可依實際需要放大為 B4 尺寸。

2. 若不符合評審內容序號 1～3（序號前註記◎項），則本項總分以零分計，當場由同組監評人員共同認定，並務必於備註欄位將實際情形書寫清楚。其它試題規定及技術士技能檢定作業及試場規則規定術科成績以零分計或以不及格論之項目，亦比照辦理 。

3. 評審依據下列等級評分：0（極差）0.1～0.2（很差） 0.3～0.4（差） 0.5（稍差） 0.6～0.7（稍佳） 0.8～0.9（佳） 1（極優）共 7 級，各項配分 × 等級 = 各項實得分數。

3-7-6　美髮技能實作評審表 (六) 整髮

測試日期：　　年　　月　　日

測試題號		□一　　□二　　□三										
內容　項目	評審內容	編號　配分										
六、整髮（時間30分鐘）	◎ 1. 不符合測試項目											
	◎ 2. 不符合測試項目之　試題說明											
	◎ 3. 規定時間內未完成											
	4. 波紋順暢，寬度正確　均勻	20										
	5. 前額與波紋位置正確	20										
	6. 波紋與夾捲的連接適當	20										
	7. 波峰適當順暢	15										
	8. 髮圈重疊位置正確均勻	10										
	9. 髮夾整齊，同排方向應　相同	5										
	10. 髮根無壓痕、髮尾順暢	5										
	11. 符合衛生條件	5										
合　　計		100										
監評人員簽名	(請勿於測試結束前先行簽名)	備註										

辦理單位章戳：　　註：　1. 評審表不得使用修正液，若有修改必須簽全名負責。本表可依實際需要放大為 B4 尺寸。

2. 若不符合評審內容序號 1～3（序號前註記◎項），則本項總分以零分計，當場由同組監評人員共同認定，並務必於備註欄位將實際情形書寫清楚。其它試題規定及技術士技能檢定作業及試場規則規定術科成績以零分計或以不及格論之項目，亦比照辦理。

3. 評審依據下列等級評分：0（極差）0.1～0.2（很差）　0.3～0.4（差）　0.5（稍差）　0.6～0.7（稍佳）　0.8～0.9（佳）　1（極優）共 7 級，各項配分 × 等級＝各項實得分數。

3-8　技術士技能檢定女子美髮職類乙級術科測試衛生技能測試流程

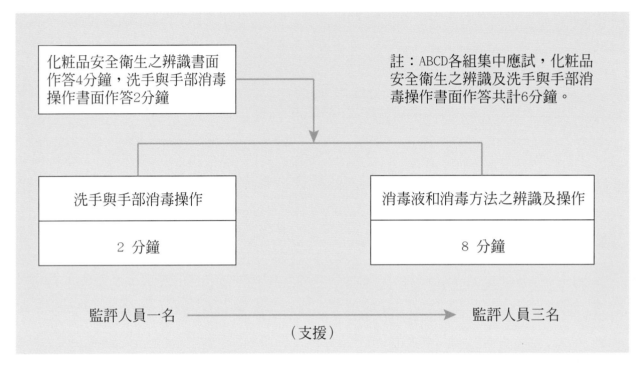

(一) 測試時間：三站合計每位應檢人 16 分鐘

(二) 衛生技能監評：6 名（含衛生監評長 1 名）

(三) 服務工作人員：3 名

備註：

1. 衛生監評長由衛生監評人員互推產生。

2. 書面作答由監評長主持並擔任試卷批閱及相關試務協調工作。

3. 由 4 名監評人員均擔任消毒液與消毒方法之辨識及操作監評工作。

4. 另 1 名監評人員擔任洗手與手部消毒操作之監評工作。

5. 由監評長安排應檢人各項衛生技能進場次序。

3-9 技術士技能檢定女子美髮職類乙級術科測試衛生技能實作試題

衛生實作試題共有三站，應檢人應全部完成，包括：

一、第一站：化粧品安全衛生之辨識（40 分），測試時間：4 分鐘。

（一）由各組術科測試編號最小號之應檢人代表抽第一崗位測試之題卡的號碼順序（1-22 張），第二崗位則依題卡順序測試，以此類推（例如：抽到第一崗位之題卡的順序為第 5 張題卡，第二崗位則測試第 6 張題卡），由監評人員依序發放題卡試題測試。

（二）依據化粧品外包裝題卡，以書面作答，作答完畢後，交由監評人員評審（未填寫題卡號碼者，本項以零分計）。

二、第二站：消毒液和消毒方法之辨識及操作（45 分），測試時間：8 分鐘。

（一）化學消毒器材（10 種）與物理消毒方法（3 種），共組成 30 套題，由各組術科測試編號最小號之應檢人代表抽 1 套題應試，其餘應檢人依套題號碼順序測試（書面作答及實際操作）。

（二）應檢人依器材勾選出該器材既有適合化學消毒方法，未全部答對本項不予計分。

（三）應檢人依物理消毒法選出正確器材（填入評審表）進行物理消毒操作，器材選錯則本項不予計分。

三、第三站：洗手與手部消毒操作（15 分），測試時間：4 分鐘。

（一）各組應檢人集中測試，寫出在工作中為維護顧客健康洗手時機及手部消毒時機並勾選出一種手部消毒試劑名稱及濃度，測試時間 2 分鐘，實際操作時間 2 分鐘。

（二）由應檢人以自己雙手作實際洗手操作，缺一步驟，則該單項以零分計算。若在規定時間內洗手操作及手部消毒未完成則本全項扣 10 分。

（三）應檢人以自己勾選的消毒試劑進行手部消毒操作，若未能選取適用消毒試劑，本項手部消毒以零分計。

3-10 技術士技能檢定女子美髮職類乙級術科測試衛生技能實作

3-10-1 化粧品安全衛生之辨識測試評審表 (一)

化粧品安全衛生之辨識測試答案卷（總分 40 分）			測試日期： 年 月 日		

題卡號碼		姓　名		測試編號	

測試時間：4 分鐘
說明：由應檢人依據化粧品外包裝題卡，以書面勾選填答下列內容，作答完畢後，交由監評人員評定，標示不全或錯誤，均視同未標示。
（未填寫題卡號碼者，本項以零分計）

(一) 本化粧品標示內容

項目及配分			有標示	未標示
1	中文品名（3 分）		☐	☐
2	(1) 國產品製造廠名稱	（3 分）本項須全對才給 3 分	☐	☐
	(2) 國產品製造廠地址		☐	☐
	(3) 輸入品進口商名稱		☐	☐
	(4) 輸入品進口商地址		☐	☐
	(5) 輸入品製造廠名稱		☐	☐
	(6) 輸入品製造廠地址		☐	☐
3	重量或容量（3 分）		☐	☐
4	批號或出廠日期（3 分）		☐	☐
5	全成分 (或成分)（3 分）		☐	☐
6	用法（3 分）		☐	☐
7	用途（3 分）		☐有標示且未涉及誇大療效	☐未標示，或有標示且涉及誇大療效
8	保存方法（3 分）		☐有標示　☐免標	☐
9	許可證字號（3 分）		☐有標示　☐免標	☐
10	保存期限（3 分）		☐未過期　☐已過期	☐無法辨識

(二) 上述十項判定本化粧品是否合格（10 分）
（若上述 1 到 10 項有任何一項答錯則本項不給分）

本化粧品判定結果	☐合格	☐不合格
得　分		
監評人員簽名		（請勿於測試結束前先行簽名）

辦理單位章戳：

3-10-1-1　行政院衛生署公告免予申請「一般化粧品」及種類表

　　資料來源：行政院衛生署食品藥物管理局 (中華民國九十九年六月) 化粧品衛生管理條例暨相關法規彙編，第 140-144 頁

發文日期　87 年 5 月 20

發佈文號　衛署藥字第 87031871 號

主　　旨　公告製造或輸入未含有醫療或毒劇藥品之化粧品（一般化粧品）中，眼線及睫毛膏類產品，得免予申請備查，以資簡化。自即日起實施。

說　　明　一、　有關製造或輸入一般化粧品，除眼線及睫毛膏類仍應申請備查外，其餘之一般化粧品均免予申請備查，業經本署於 84 年 5 月 3 日以衛署藥字第 84024111 號公告實施在案。

　　　　　二、　免予申請備查之一般化粧品，其標籤、仿單或包裝之標示不得誇大或涉及療效，違者以違反化粧品衛生管理條例第 6 條之規定，依同條例第 28 條規定論處。至其衛生標準，仍應符合化粧品衛生管理條例及其相關規定。

發文日期　84 年 05 月 03 日

發佈文號　衛署藥字第 84024111 號

主　　旨　公告製造或輸入未含有醫療或毒劇藥品之化品 (一般化品)，除眼線及睫毛膏類仍應申請備查外，其餘之一般化品均免予申請備查。自即日起實施。

說　　明　一、　依據化粧品衛生管理條例第 7 條第 2 項及第 16 條第 2 項。

　　　　　二、　對於使用後立即清洗或與皮膚較無直接接觸之一般化粧品，業經本署於 80.8.7 衛署藥字第 963940 號公告免予申請備查在案。

　　　　　三、　免予申請備查之一般化粧品，其標籤、仿單或包裝，不得標示藥品效能，違者以違反化粧品衛生管理條例第 6 條之規定，依同條例第 28 條規定論處。其衛生標準，仍應符合化粧品衛生管理條例及其相關規定。

　　　　　四、　至含藥化粧品（如含有含藥化粧品基準之成分、染髮劑、燙髮劑及防曬劑等化粧品），仍應事先申請查驗登記。

行政院衛生署 80 年 8 月 7 日衛署藥字第 963940 號公告

🎁 化粧品種類表

類別	品目
1. 頭髮用化粧品類	1. 髮油 2. 髮表染色劑 3. 整髮液 4. 髮蠟 5. 髮膏 6. 養髮液 7. 固髮料 8. 髮膠 9. 髮霜 10.染髮劑 11.燙髮用劑 12.其他
2. 洗髮用化粧品類	1. 洗髮粉 2. 洗髮精 3. 洗髮膏 4. 其他
3. 化粧水類	1. 剃鬍後用化粧水 2. 一般化粧水 3. 花露水 4. 剃鬍水 5. 粘液狀化粧水 6. 護手液 7. 其他
4. 化粧用油類	1. 化粧用油 2. 嬰兒用油 3. 其他
5. 香水類	1. 一般香水 2. 固形狀香水 3. 粉狀香水 4. 噴霧式香水 5. 腋臭防止劑 6. 其他

類別	品目
6. 香粉類	1. 粉膏 2. 粉餅 3 香粉 4. 爽身粉 5. 固形狀香粉 6. 嬰兒用 7. 水粉 8. 其他
7. 面霜乳液類	1. 剃鬚後用面霜 2. 油質面霜 (冷霜) 3. 剃鬚膏 4. 乳液 5. 粉質面霜 6. 護手霜 7. 助晒面霜 8. 防晒面霜 9. 營養面霜 10.其他
8. 沐浴用化粧品類	1. 沐浴油 (乳) 2. 浴鹽 3. 其他
9. 洗臉用化粧品類	1. 洗面霜 (乳) 2. 洗膚粉 3. 其他
10.粉底類	1. 粉底霜 2. 粉底液 3. 其他
11.唇膏類	1. 唇膏 2. 油唇膏 3. 其他
12.覆敷用化粧品類	1. 腮紅 2. 胭脂 3. 其他

類別	品目
13. 眼部用化粧品類	1. 眼皮膏 2. 眼影膏 3. 眼線膏 4. 睫毛膏 5. 眉筆 6. 其他
14. 指甲用化粧品類	1. 指甲油 2. 指甲油脫除液 3. 其他
15. 香皂類 kk	1. 香皂 2. 其他

3-10-1-2　行政院衛生署公告修正「化粧品之標籤仿單包裝之標示規定」

資料來源：行政院公報第 12 卷 250 期 (出版日期：民國 95 年 12 月 28 日)35768-35770 頁
　　　　　化粧品法規彙編（99 年 6 月）第 112-114 頁
行政院衛生署公告
中華民國 95 年 12 月 25 日
衛署藥字第 0950346818 號

主　　旨：公告修正「化粧品之標籤仿單包裝之標示規定」，如附件，並自中華民國
　　　　　九十七年月一日起生效。
依　　據：化粧品衛生管理條例第六條。
公告事項：修正「化粧品之標籤仿單包裝之標示規定」。

署長　侯勝茂
本案依分層負責規定授權處室主管決行

修正化粧品之標籤仿單包裝之標示規定

	標示項目	外盒包裝或容器 （即外包裝或內包裝）	備註
一	產品名稱	✓	
二	製造廠名稱、廠址（國產者）	▲	
三	進口商名稱、地址（輸入者）	▲	
四	內容物淨重或容量	▲	
五	用途	▲	
六	用法	▲	
七	批號或出廠日期	▲	
八	全成分	▲	如說明六
九	保存方法及保存期限	▲	如說明七
十	許可證字號	▲	含藥化粧品者

說明：

一、 「✓」記號者，於外盒包裝及容器，均須顯著標示。

二、 「▲」記號者，產品同時具外盒包裝及容器，應標示於外盒包裝上，無外盒包裝者，應標示於容器上。

三、 前揭所定應刊載之事項，應以中文顯著標示或加刊，難以中文為適當標示者，得以國際通用文字或符號標示，輸入品內包裝之「品名」得以外文標示；如因化粧品體積過小，無法在容器上或包裝上詳細記載時，應於仿單內記載之，但外盒包裝（或容器）上至少應以中文刊載「品名」、「用途」、「製造廠名稱、地址（國產者）」、「進口商名稱、地址（輸入者）」及「許可證字號（含藥化粧品者）」等事項。

四、 應刊載標示事項，其中文字體大小規格如下：產品內容物淨重或容量大於 800g / 800ml 者，其字體大小規格（高度或寬度）不得小於 2.0mm（電腦字體 5.5 號字）；淨重或容量小於（含）800g / 800ml 大於 300g / 300ml 者，其字體大小規格（高度或寬度）不得小於 1.6mm（電腦字體 4.5 號字）；淨重或容量小於（含）300g / 300ml 大於 80g / 80ml 者，其字體大小規格（高度或寬度）不得小於 1.2mm（電腦字體 3.5 號字）；淨重或容量小於（含）80g / 80ml 者，不在此限。

五、 外國製造商之名稱及地址，得以外文標示之（地址須包含國別）。

六、 全成分標示，依本署 90 年 11 月 5 日衛署藥字第 0900071596 號公告辦理，參照化粧品原料基準、中華藥典或 International Nomenclature of Cosmetics (INCI) 等相關典籍，以中文或英文標示之。

七、 燙髮劑、染髮劑、含酵素製品、含維生素 A、B1、C、E 及其衍生物、鹽類之製品及正常保存下安定性三年以下製品，須標示「保存方法及保存期限」。

八、 須標示保存期限之產品，應以消費者易於辨識或判斷之方式刊載之，如刊印若干年者，須同時刊載出廠日期；出廠日期或保存期限，得標示至年及月。

九、 化粧品含有醫療或毒劇藥品者（含藥化粧品），仍應標示藥品成分名稱、含量及使用時注意事項。

十、 原本署於 80 年 10 月 17 日衛署藥字第 990854 號公告暨 87 年 8 月 10 日衛署藥字第 87042513 號公告之有關標示規定，自本公告生效日起停止適用。

3-10-1-3　行政院衛生署公告修正「化粧品得宣稱詞句例示及不適當宣稱詞句列舉」

資料來源：衛生福利部食品藥物管理署－公告資訊網頁

　　　　http：//www.fda.gov.tw/TC/newsContent.aspx?id=9697&chk=ae415ce8-02c4-4cd3-af80-d6a3e1e253d8#.U13S7lfvvzE

行政院衛生署　　令

發文日期：中華民國 102 年 3 月 26 日

發文字號：署授食字第 1021600202 號

　　　修正「化粧品得宣稱詞句及不適當宣稱詞句」，名稱並修正為「化粧品得宣稱詞句例示及不適當宣稱詞句列舉」，並自中華民國一〇二年八月一日生效。附修正「化粧品得宣稱詞句例示及不適當宣稱詞句列舉」

化粧品得宣稱詞句例示及不適當宣稱詞句列舉

一、　產品之標示以讓使用者了解產品為目的，而非廣告及宣傳的作用，故應以用途為主。

二、　廣告仍需視文案前後，傳達消費者訊息之整體表現，包括文字敘述、產品品名、圖案、符號等詞句整體之表達意象綜合判定。

三、　化粧品得宣稱詞句例示如附表一，不適當宣稱詞句列舉如附表二，未列舉之詞句，其整體仍不得涉及醫療效能、虛偽或誇大等內容。

附表一：化粧品得宣稱詞句例示

化粧品類別	得宣稱詞句
1. 頭髮用化粧品類（包括髮油、髮表染色劑、髮蠟、髮膏、養髮液、固髮料、髮膠、髮霜、潤髮乳等）	1. 滋潤 / 調理 / 活化 / 活絡 / 強化滋養髮根 / 頭皮 / 頭髮 / 毛髮 / 髮質 2. 防止髮絲分叉、斷裂 3. 調理因洗髮造成之靜電失衡，使頭髮易於梳理 4. 防止 / 減少毛髮帶靜電 5. 補充、保持頭髮水分、油分 6. 造型 7. 使 / 增加頭髮柔順富彈性頭髮

化粧品類別	得宣稱詞句
	8. 防止頭皮、頭髮之汗臭、異味或不良氣味
	9. 保持／維護頭皮、頭髮的健康
	10.減少頭髮不良氣味
	11.使秀髮氣味芳香
	12.保濕、增添髮色光澤
	13.改善毛躁、乾燥髮質、修護髮尾
	14.塑型、造型、定型、頭髮強韌
	15.毛髮蓬鬆感（非指增加髮量）
	16.強健髮根
	17.強化／滋養髮質、回復年輕光采、晶亮光澤、青春的頭髮、呈現透亮光澤、迷人風采／光采、清新、亮麗、自然光采／風采
2. 洗髮用化粧品類（包括洗髮粉、洗髮精、洗髮膏等）	1. 清潔毛髮頭皮、毛孔髒汙
	2. 滋潤／調理／活化／活絡／強化滋養髮根／頭皮／頭髮／毛髮／髮質
	3. 防止髮絲分叉、斷裂
	4. 調理因洗髮造成之靜電失衡，使頭髮易於梳理、防止／減少毛髮帶靜電
	5. 補充、保持頭髮水分、油分
	6. 使頭髮柔順富彈性
	7. 防止／去除頭皮、頭髮之汗臭、異味或不良氣味
	8. 使濃密、粗硬之毛髮更柔軟，易於梳理
	9. 保持／維護／調理頭皮、頭髮的健康
	10.使頭髮呈現豐厚感／豐盈感
	11.使秀髮氣味芳香
	12.頭皮清涼舒爽感
	13.活絡毛髮
	14.毛髮蓬鬆感（非指增加髮量）
	15.強健髮根
	16.強化／滋養髮質、回復年輕光采、晶亮光澤、青春的頭髮、呈現透亮光澤、迷人風采／光采、清新、亮麗、自然光采／風采
	17.去除多餘油脂

🎀 附表二：化粧品不適當宣稱詞句列舉

一、涉及醫療效能

（一）涉及疾病治療或預防者，有關疾病之定義，可參考ICD國際疾病分類。（除非另有規定者）：

> 藥物才有疾病的治療或預防之功能，故廣告宣稱勿涉及治療相關文詞。
>
> 例句：
>
> 1. 治療／預防禿頭、圓禿、遺傳性雄性禿
> 2. 治療／預防皮脂漏、脂漏性皮膚炎
> 3. 治療青春痘
> 4. 治療／預防暗瘡
> 5. 治療／預防皮膚濕疹、皮膚炎
> 6. 治療／預防／改善蜂窩性組織炎

（二）宣稱的內容易使消費者誤認該化粧品的效用具有醫療效果，或使人誤認是專門使用在特定疾病：

> 1. 化粧品無法改善、增長或增加毛髮數量，僅可在使用後使毛髮產生蓬鬆感，如髮量增加的視覺效果，故廣告宣稱部份勿涉及「毛髮生長」之類似文詞。
>   例句：生髮、促進／刺激毛髮生長
> 2. 化粧品不可能達到整型外科之效果，且不得涉及藥物效能，故廣告宣稱勿涉及相關文詞。
>   例句：
>   (1)　換膚
>   (2)　平撫肌膚疤痕
>   (3)　痘疤保證絕對完全消失
>   (4)　除疤、去痘疤
>   (5)　減少孕斑、褐斑
>   (6)　消除黑眼圈、熊貓眼（揮別熊貓眼）或泡泡眼（眼袋）
>   (7)　預防／改善／消除橘皮組織、海綿組織
>   (8)　消除狐臭
>   (9)　預防／避免／加強抵抗感染
>   (10) 消炎、抑炎、退紅腫、消腫止痛、發炎、疼痛
>   (11) 殺菌、抑制潮濕所產生的黴菌
>   (12) 防止瘀斑出現

二、涉及虛偽或誇大

(一) 涉及生理功能者

化粧品僅有潤澤髮膚之用途。

例句：

1. 活化毛囊
2. 刺激毛囊細胞
3. 增加毛囊角質細胞增生
4. 刺激毛囊讓髮絲再次生長不易脫落
5. 刺激毛囊不萎縮
6. 堅固毛囊刺激新生秀髮
7. 增強／加抵抗力
8. 增加自體防禦力
9. 增強淋巴引流
10. 具調節（生理）新陳代謝
11. 功能強化微血管、增加血管含氧量提高肌膚帶氧率
12. 促進細胞活動、深入細胞膜作用、減弱角化細胞、刺激細胞呼吸作用，提高肌膚細胞帶氧率

(二) 涉及改變身體外觀等

化粧品僅有潤澤髮膚之用途，減少掉髮非屬化粧品功能，故廣告宣稱勿涉及相關文詞。

例句：

1. 有效預防／抑制／減少落髮、掉髮
2. 頭頂不再光禿禿、頭頂不再光溜溜
3. 使用後再也不必煩惱髮量稀少的問題
4. 避免稀疏

3-10-1-4 化粧品安全衛生之辨識─題卡範例 (1)

化粧品外包裝模擬題卡

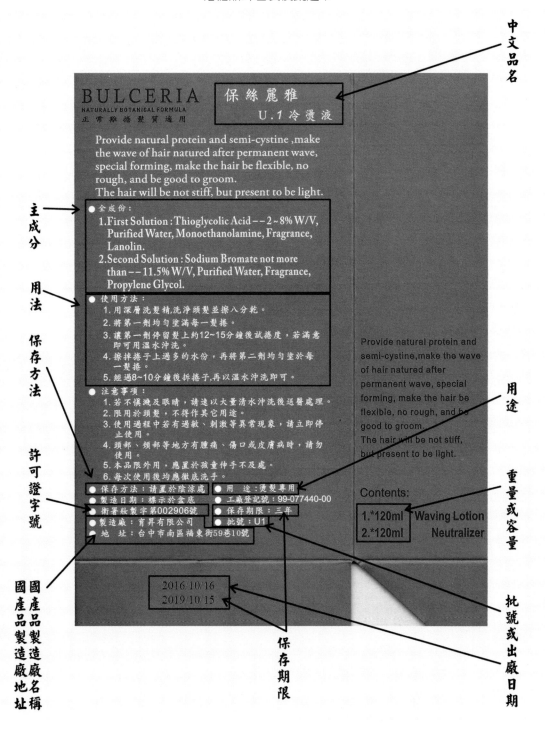

化粧品安全衛生之辨識測試答案卷（總分 40 分）　　　　　　測試日期：＊年＊月＊日

題卡號碼	＊＊	姓　　名	＊＊＊	測試編號	＊＊＊＊

測試時間：4 分鐘

說明：由應檢人依據化粧品外包裝題卡，以書面勾選填答下列內容，作答完畢後，交由監評人員評定，標示不全或錯誤，均視同未標示。（未填寫題卡號碼者，本項以零分計）

(一) 本化粧品標示內容

	項目及配分		有標示	未標示
1	中文品名（3 分）		☑	☐
2	(1) 國產品製造廠名稱	（3 分）本項須全對才給 3 分	☑	☐
	(2) 國產品製造廠地址		☑	☐
	(3) 輸入品進口商名稱		☐	☐
	(4) 輸入品進口商地址		☐	☐
	(5) 輸入品製造廠名稱		☐	☐
	(6) 輸入品製造廠地址		☐	☐
3	重量或容量（3 分）		☑	☐
4	批號或出廠日期（3 分）		☑	☐
5	全成分 (或成分)（3 分）		☑	☐
6	用法（3 分）		☑	☐
7	用途（3 分）		☑有標示 且未涉及誇大療效	☐未標示，或有標示且涉及誇大療效
8	保存方法（3 分）		☑有標示　☐免標	☐
9	許可證字號（3 分）		☑有標示　☐免標	☐
10	保存期限（3 分）		☑未過期　☐已過期	☐無法辨識

(二) 上述十項判定本化粧品是否合格（10 分）
（若上述 1 到 10 項有任何一項答錯則本項不給分）

本化粧品判定結果	☑合格	☐不合格
得　　分		
監評人員簽名	（請勿於測試結束前先行簽名）	

目前含藥化粧品的許可證字號有三種，依產品產地的不同，分別為

◎國產品：衛署粧製字第○○○○○○號

◎輸入品：衛署粧輸字第○○○○○○號、衛署粧陸輸字第○○○○○○號

3-10-1-5　化粧品安全衛生之辨識—題卡範例 (2)

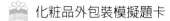化粧品外包裝模擬題卡

化粧品安全衛生之辨識測試答案卷（總分 40 分）　　　　　　　　測試日期：＊年＊月＊日

題卡號碼	＊＊	姓　名	＊＊＊	測試編號	＊＊＊＊

測試時間：4 分鐘
說明：由應檢人依據化粧品外包裝題卡，以書面勾選填答下列內容，作答完畢後，交由監評人員評定，標示不全或錯誤，均視同未標示。（未填寫題卡號碼者，本項以零分計）

（一）本化粧品標示內容

項目及配分		有標示	未標示
1	中文品名（3 分）	☑	☐
2	(1) 國產品製造廠名稱	☐	☐
	(2) 國產品製造廠地址	☐	☐
	(3) 輸入品進口商名稱　（3 分）本項須全對才給 3 分	☑	☐
	(4) 輸入品進口商地址	☑	☐
	(5) 輸入品製造廠名稱	☑	☐
	(6) 輸入品製造廠地址	☑	☐
3	重量或容量（3 分）	☑	☐
4	批號或出廠日期（3 分）	☑	☐
5	全成分（或成分）（3 分）	☑	☐
6	用法（3 分）	☑	☐
7	用途（3 分）	☑有標示 且未涉及誇大療效	☐未標示，或有標示且涉及誇大療效
8	保存方法（3 分）	☑有標示　☐免標	☐
9	許可證字號（3 分）	☑有標示　☐免標	☐
10	保存期限（3 分）	☑未過期　☐已過期	☐無法辨識

（二）上述十項判定本化粧品是否合格（10 分）
　　　（若上述 1 到 10 項有任何一項答錯則本項不給分）

本化粧品判定結果	☑合格	☐不合格
得　　　　分		
監評人員簽名	（請勿於測試結束前先行簽名）	

依自 102 年 7 月 23 日起行政院衛生署食品藥物管理局機關升格為衛生福利部食品藥物管理署，7 月 23 日後所核發之許可證字號將更名為
◎國產品：「衛部粧製字第○○○○○○號」
◎輸入品：「衛部粧輸字第○○○○○○號」、中國大陸製造：「衛部粧陸輸字第○○○○○○號」

3-10-1-6 化粧品安全衛生之辨識─題卡範例 (3)

化粧品外包裝模擬題卡

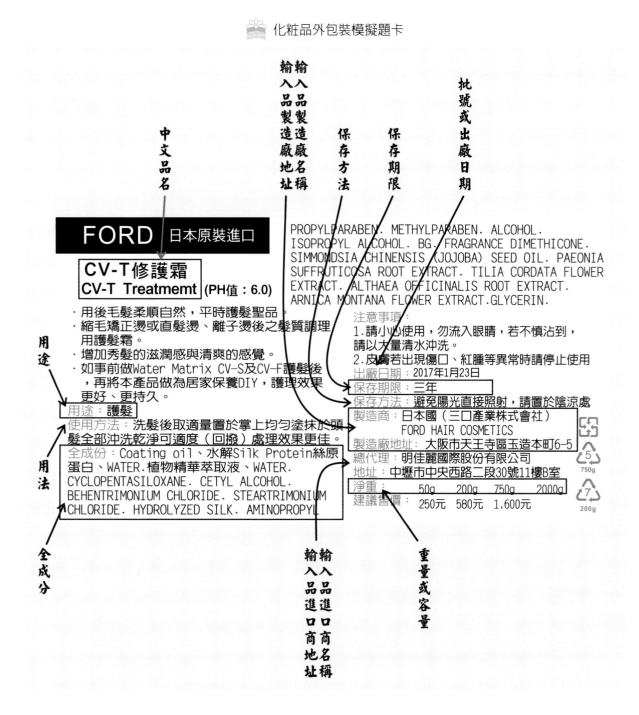

化粧品安全衛生之辨識測試答案卷（總分 40 分）　　　　　　　　　　測試日期：*年*月*日

題卡號碼	**	姓　名	***	測試編號	****

測試時間：4 分鐘
說明：由應檢人依據化粧品外包裝題卡，以書面勾選填答下列內容，作答完畢後，交由監評人員評定，標示不全或錯誤，均視同未標示。（未填寫題卡號碼者，本項以零分計）

（一）本化粧品標示內容

	項目及配分		有標示	未標示
1	中文品名（3 分）		☑	☐
2	(1) 國產品製造廠名稱	（3 分）本項須全對才給 3 分	☐	☐
	(2) 國產品製造廠地址		☐	☐
	(3) 輸入品進口商名稱		☑	☐
	(4) 輸入品進口商地址		☑	☐
	(5) 輸入品製造廠名稱		☑	☐
	(6) 輸入品製造廠地址		☑	☐
3	重量或容量（3 分）		☑	☐
4	批號或出廠日期（3 分）		☑	☐
5	全成分(或成分)（3 分）		☑	☐
6	用法（3 分）		☑	☐
7	用途（3 分）		☑有標示 且未涉及誇大療效	☐未標示，或有標示且涉及誇大療效
8	保存方法（3 分）		☑有標示　☐免標	☐
9	許可證字號（3 分）		☐有標示　☑免標	☐
10	保存期限（3 分）		☑未過期　☐已過期	☐無法辨識

（二）上述十項判定本化粧品是否合格（10 分）
　　　（若上述 1 到 10 項有任何一項答錯則本項不給分）

本化粧品判定結果	☑合格	☐不合格
得　　　分		
監評人員簽名	（請勿於測試結束前先行簽名）	

1. 一般化粧品無須事先申請備查，但其衛生標準及包裝標示仍應符合化粧品衛生管理條例的相關規定，且亦需接受各地方衛生局及食品藥物管理署的抽驗、稽查或品質監測。

2. 依據我國化粧品管理相關規定，化粧品完整的標示應包括：

　　一般化粧品—產品品名、製造廠名稱及地址、進口商的名稱及地址、內容物淨重或容量、全成分、用途、用法、出廠日期或批號、保存方法及保存期限。

3-10-1-7　化粧品安全衛生之辨識─題卡範例 (4)

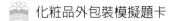 化粧品外包裝模擬題卡

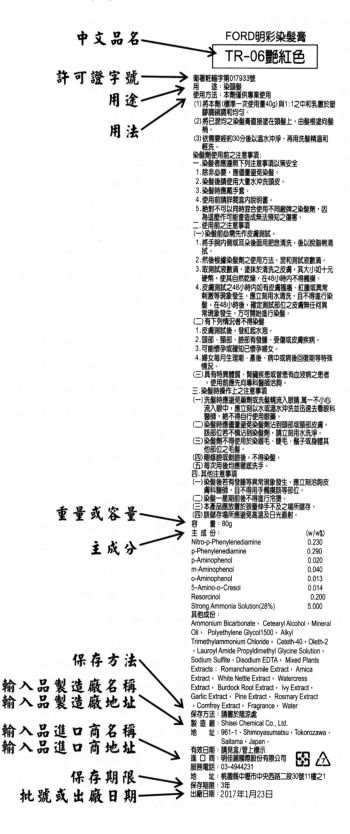

化粧品安全衛生之辨識測試答案卷（總分 40 分）　　　　　　測試日期：＊年＊月＊日

題卡號碼	＊＊	姓　名	＊＊＊	測試編號	＊＊＊＊

測試時間：4 分鐘
說明：由應檢人依據化粧品外包裝題卡，以書面勾選填答下列內容，作答完畢後，交由監評人員評定，標示不全或錯誤，均視同未標示。（未填寫題卡號碼者，本項以零分計）

(一) 本化粧品標示內容

	項目及配分		有標示	未標示
1	中文品名（3 分）		☑	☐
2	(1) 國產品製造廠名稱	（3 分）本項須全對才給 3 分	☐	☐
	(2) 國產品製造廠地址		☐	☐
	(3) 輸入品進口商名稱		☑	☐
	(4) 輸入品進口商地址		☑	☐
	(5) 輸入品製造廠名稱		☑	☐
	(6) 輸入品製造廠地址		☑	☐
3	重量或容量（3 分）		☑	☐
4	批號或出廠日期（3 分）		☑	☐
5	全成分 (或成分)（3 分）		☑	☐
6	用法（3 分）		☑	☐
7	用途（3 分）		☑有標示且未涉及誇大療效	☐未標示，或有標示且涉及誇大療效
8	保存方法（3 分）		☑有標示　☐免標	☐
9	許可證字號（3 分）		☑有標示　☐免標	☐
10	保存期限（3 分）		☑未過期　☐已過期	☐無法辨識

(二) 上述十項判定本化粧品是否合格（10 分）
　　（若上述 1 到 10 項有任何一項答錯則本項不給分）

本化粧品判定結果	☑合格	☐不合格
得　　分		
監評人員簽名	（請勿於測試結束前先行簽名）	

1. 含藥化粧品如防曬劑、染髮劑、燙髮劑、止汗制臭劑、牙齒美白劑等，須於產品上市前辦理查驗登記，經核准發給許可證後，才能輸入、製造及販售。依產品產地的不同，國產、輸入及中國大陸製造的產品分別核定許可證字號為「衛署粧製字第○○○○○○號」、「衛署粧輸字第○○○○○○號」及「衛署粧陸輸字第○○○○○○號」。

2. 含藥化粧品除了一般化粧品應標示的項目外，還需另外標示包括：許可證字號、使用注意事項，以及產品主成分 (含藥化粧品成分) 的名稱及含量。

3-10-1-8　化粧品安全衛生之辨識—題卡範例 (5)

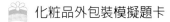 化粧品外包裝模擬題卡

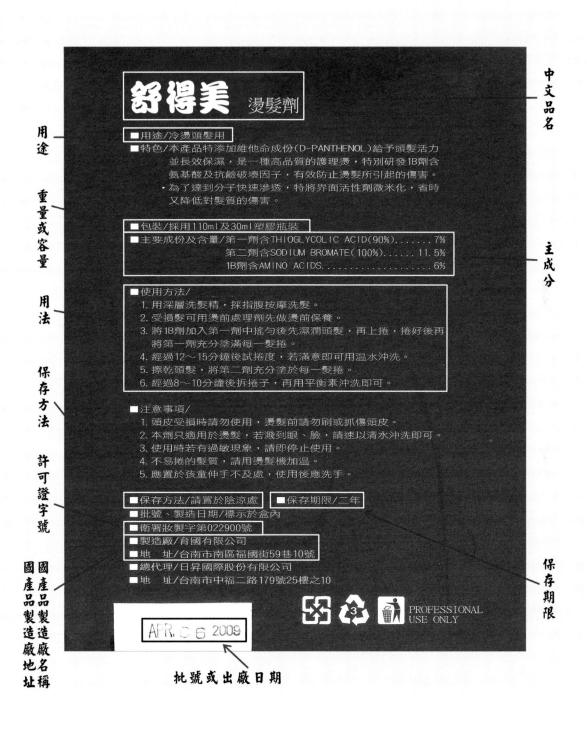

化粧品安全衛生之辨識測試答案卷（總分 40 分）　　　　測試日期：　* 年　* 月　* 日

題卡號碼	**	姓　名	***	測試編號	****

測試時間：4 分鐘

說明：由應檢人依據化粧品外包裝題卡，以書面勾選填答下列內容，作答完畢後，交由監評人員評定，標示不全或錯誤，均視同未標示。（未填寫題卡號碼者，本項以零分計）

（一）本化粧品標示內容

	項目及配分		有標示	未標示
1	中文品名（3 分）		☑	☐
2	(1) 國產品製造廠名稱	（3 分）本項須全對才給 3 分	☑	☐
	(2) 國產品製造廠地址		☑	☐
	(3) 輸入品進口商名稱		☐	☐
	(4) 輸入品進口商地址		☐	☐
	(5) 輸入品製造廠名稱		☐	☐
	(6) 輸入品製造廠地址		☐	☐
3	重量或容量（3 分）		☑	☐
4	批號或出廠日期（3 分）		☑	☐
5	全成分 (或成分)（3 分）		☑	☐
6	用法（3 分）		☑	☐
7	用途（3 分）		☑有標示 且未涉及誇大療效	☐未標示，或有標示且涉及誇大療效
8	保存方法（3 分）		☑有標示　☐免標	☐
9	許可證字號（3 分）		☑有標示　☐免標	☐
10	保存期限（3 分）		☐未過期　☑已過期	☐無法辨識

（二）上述十項判定本化粧品是否合格（10 分）
　　（若上述 1 到 10 項有任何一項答錯則本項不給分）

本化粧品判定結果	☐合格	☑不合格
得　　分		
監評人員簽名	（請勿於測試結束前先行簽名）	

依據我國化粧品管理相關規定，化粧品完整的標示應包括：

◎ **一般化粧品**：產品品名、製造廠的名稱及地址、輸入產品進口商的名稱及地址、內容物淨重或容量、全成分、用途、用法、出廠日期或批號、保存方法及保存期限。

◎ **含藥化粧品**：除了一般化粧品應標示的項目外，還需另外標示包括：許可證字號、使用注意事項，以及產品主成分 (含藥化粧品成分) 的名稱及含量。

3-10-2　消毒液和消毒方法之辨識及操作評審表 (二)

消毒液和消毒方法之辨識及操作答案卷（總分 45 分）　　　　測試日期：　　年　　月　　日

姓　　名		測試編號	

測試時間：8 分鐘
說明：試場備有各種不同的美髮器材及消毒設備，由應檢人當場抽出一種器材及消毒方法並進行下列程序。

一、化學消毒：（25 分）

　（一）　應檢人依抽籤器材寫出所有可適用之化學消毒方法有哪些？（未全部答對扣 15 分）

　　答：化學消毒抽籤器材：＿＿＿＿＿＿＿＿＿＿＿＿＿＿＿＿＿＿

　　　　□ 1. 氯液消毒法　　□ 2. 陽性肥皂液消毒法　　□ 3. 酒精消毒法

　　　　□ 4. 煤餾油酚肥皂溶液消毒法。

　（二）　承上題請選擇一項適用化學消毒方法進行該項消毒操作（由監評人員評審，配合評審表 1）（10 分）

　　　　分數：

二、物理消毒：（20 分）

　（一）　抽籤選出一種消毒方法並於下列勾選及正確找出適合該項消毒方法之器材（器材選錯扣 10 分）（10 分）

　　答：物理消毒方法：□ 1. 煮沸消毒法　　□ 2. 蒸氣消毒法　　□ 3. 紫外線消毒法

　　　　應檢人選出物理消毒器材：＿＿＿＿＿＿＿＿＿＿＿＿＿＿＿＿＿＿。

　（二）　應檢人依選出器材進行物理消毒操作（由監評人員評審，配合評審表 2）（10 分）

　　　　分數：＿＿＿＿＿＿＿＿＿＿＿＿＿＿＿＿

得　　分	
監評人員簽名	（請勿於測試結束前先行簽名）

辦理單位章戳：

3-10-2-1 消毒方法操作—化學消毒法評審表 (1)

消毒方法操作—化學消毒法評審表 (1) (10分) （發給監評人員）

測試日期：　　　年　　月　　日

測試項目	評審內容				配分	編號/姓名
	消毒法 器材與合適消毒法	1. 氯液消毒法	2. 陽性肥皂液消毒法	3. 酒精消毒法	4. 煤餾油酚肥皂溶液消毒法	
金屬類 剃刀				○	○	
金屬類 剪刀				○	○	
金屬類 剪髮機				○	○	
金屬類 梳子				○	○	
金屬類 髮夾				○	○	
塑膠類 梳子		○	○		○	
塑膠類 髮捲		○	○		○	
塑膠類 洗頭刷		○	○		○	
含金屬塑膠髮夾		○	○	○		
毛巾（白色）		○				
消毒方法之辨識及操作 前處理	清洗乾淨	清洗乾淨	清洗乾淨	清洗乾淨	1	
操作要領	完全浸泡	完全浸泡	1. 金屬類用擦拭（或完全浸泡）2. 塑膠及其它用完全浸泡	完全浸泡	3	
消毒條件	1. 餘氯量200ppm 2. 2分鐘以上	1. 含0.5%陽性肥皂液 2. 20分鐘以上	1. 75%酒精 2. 擦拭數次 3. 浸泡10分鐘以上	1. 含6%煤餾油酚肥皂溶液 2. 10分鐘以上	4	
後處理	1. 用水清洗 2. 瀝乾或烘乾 3. 置乾淨櫥櫃	1. 用水清洗 2. 瀝乾或烘乾 3. 置乾淨櫥櫃	1. 用水清洗（塑膠類）2. 瀝乾 3. 置乾淨櫥櫃	1. 用水清洗 2. 瀝乾或烘乾 3. 置乾淨櫥櫃	2	
合 計					10	
備 註						

監評人員簽名：　　　　　　　（請勿於測試結束前先行簽名）　　　　辦理單位章戳：

3-10-2-2 消毒方法操作一物理消毒法評審表 (2)

消毒方法操作一物理消毒法評審表 (2)（10分）（發給監評人員）

測試日期：　　　年　　月　　日

測試項目				評審內容			配分	編號/姓名									
	消毒法			物理消毒法													
				1 煮沸消毒法	2 蒸氣消毒法	3 紫外線消毒法											
器材與適消毒法	金屬類		剃刀	○													
			剪刀	○													
			剪髮機	○													
			梳子	○													
			髮夾	○													
	塑膠類		梳子														
			髮捲														
			洗頭刷														
消毒方法之辨識及操作	含金屬塑膠髮夾				○												
	毛巾（白色）					○											
	前處理			清洗乾淨	清洗乾淨	清洗乾淨	1										
	操作要領			1. 完全浸泡 2. 水量一次加足	1. 摺成弓字型直立置入 2. 切勿擁擠	1. 器材擦乾 2. 器材不可重疊 3. 刀剪類打開或拆開	4										
	消毒條件			1. 水溫100℃以上 2. 5分鐘以上	1. 蒸氣箱中心溫度達80℃以上 2. 10分鐘以上	1. 光度強度85微瓦特/平方公分 以上 2. 20分鐘以上	4										
	後處理			1. 瀝乾或烘乾 2. 置乾淨櫥櫃	暫存蒸氣消毒箱	暫存紫外線消毒箱	1										
	合　計						10										
	備　註																

監評人員簽名：　　　　　　　（請勿於測試結束前先行簽名）　　　辦理單位章職：

3-10-2-3　消毒液和消毒方法之辨識及操作─範例1

消毒液和消毒方法之辨識及操作答案卷（總分45分）　　　　　　測試日期：＊＊＊年＊＊月＊＊日

姓　名	＊＊＊	測試編號	＊＊＊

測試時間：8分鐘
說明：試場備有各種不同的美髮器材及消毒設備，由應檢人當場抽出一種器材及消毒方法並進行下列程序。

一、化學消毒：（25分）

　（一）　應檢人依抽籤器材寫出所有可適用之化學消毒方法有哪些？（未全部答對扣15分）

　　　答：化學消毒抽籤器材：　　金屬類─剪刀　　（寫上抽籤抽中的器材名稱）

　　　　　□ 1. 氯液消毒法　□ 2. 陽性肥皂液消毒法　☑ 3. 酒精消毒法　☑ 4. 煤餾油酚肥皂溶液消毒法。

　（二）　承上題請選擇一項適用化學消毒方法進行該項消毒操作（由監評人員評審，配合評審表1）（10分）

　　　　　分數：＿＿＿＿＿＿＿＿＿＿＿＿＿＿＿＿＿＿

二、物理消毒：（20分）

　（一）　抽籤選出一種消毒方法並於下列勾選及正確找出適合該項消毒方法之器材（器材選錯扣10分）（10分）

　　　答：物理消毒方法：☑ 1. 煮沸消毒法　□ 2. 蒸氣消毒法　□ 3. 紫外線消毒法

　　　　　應檢人選出物理消毒器材：　　白色毛巾　　。

　（二）　應檢人依選出器材進行物理消毒操作（由監評人員評審，配合評審表2）（10分）

　　　　　分數：＿＿＿＿＿＿＿＿＿＿＿＿＿＿＿＿＿＿

得　　分	
監評人員簽名	（請勿於測試結束前先行簽名）

　　　　辦理單位章戳：

【辨識及操作說明】

　　　此次測試模式已修改為試場備有30套題(請參考技術士技能檢定女子美髮職類乙級術科測試試題使用說明，第二項、衛生技能試題抽題規定)，由各組術科測試編號最小之應檢人代表抽1套題應試(每一套題化學消毒器材已固定對應一項物理消毒方法)，其餘應檢人依套題號碼順序測試書面作答及實際操作。例如：1號應檢人抽中【套題4】，化學消毒器材為【金屬類─剪刀】，物理消毒方法即為【煮沸消毒法】，下一位2號應檢人則測試【套題5】，化學消毒器材為【金屬類─剪刀】，物理消毒方法即為【蒸氣消毒法】，因此本編輯提供4種範例，作為測試靈活應用的參考模式。

【範例1　辨識及操作說明】

......1. 金屬類─剪刀：適用之化學消毒方法有【酒精消毒法】及【煤餾油酚肥皂溶液消毒法】，本範例操作示範從中自選一項消毒方法【酒精消毒法】。

......2. 套題對應物理消毒方法為【煮沸消毒法】，本範例操作示範選出物理消毒器材【白色毛巾】。

金屬類—剪刀—酒精消毒法操作步驟解析

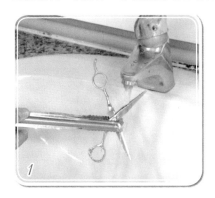

前處理：器材用水清洗乾淨

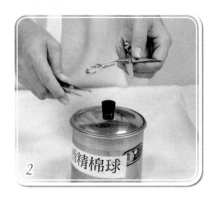

操作要領：金屬類用擦拭，選取
75% 酒精溶液棉球

打開消毒液蓋子，將蓋子朝上

用鑷子挾取消毒棉球

將蓋子蓋好，鑷子置於瓶蓋上

消毒條件：以同方向擦拭數次

後處理：將器材置入乾淨櫥櫃

將器材置入乾淨櫥櫃

關閉櫥櫃等待下次使用

備註：
    1. 其它金屬類之器材，採用酒精消毒法都以此操作步驟處理。
    2. 以上操作說明，紅色字體為操作過程同時必須口述的內容，黑色字體為本書操作介紹不必口述。

白色毛巾—煮沸消毒法操作步驟解析

前處理：器材用水清洗乾淨

用鑷子挾取器材

將器材放入煮沸鍋

操作要領：完全浸泡，水量一次加足

消毒條件：水溫 100℃以上煮沸 5 分鐘以上

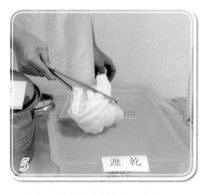

用鑷子從煮沸鍋挾出器材

後處理：將器材瀝乾或烘乾

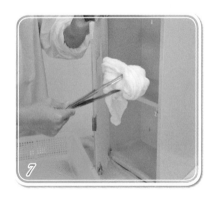

然後用鑷子挾取器材

置入乾淨櫥櫃

關閉櫥櫃等待下次使用

備註：

　　1. 金屬類之器材，採用煮沸消毒法都以此操作步驟處理

　　2. 以上操作說明，紅色字體為操作過程同時必須口述的內容，黑色字體為本書操作介紹不必口述。

3-10-2-4　消毒液和消毒方法之辨識及操作—範例 2

消毒液和消毒方法之辨識及操作答案卷（總分 45 分）　　　　　測試日期：＊＊＊ 年 ＊＊ 月 ＊＊ 日

姓　　名	＊＊＊	測試編號	＊＊＊
測試時間：8 分鐘 說明：試場備有各種不同的美髮器材及消毒設備，由應檢人當場抽出一種器材及消毒方法並進行下列程序。				
一、化學消毒：（25 分） 　（一）　應檢人依抽籤器材寫出所有可適用之化學消毒方法有哪些？（未全部答對扣 15 分） 　　答：化學消毒抽籤器材：＿＿＿＿白色毛巾＿＿＿＿（寫上抽籤抽中的器材名稱） 　　☑ 1. 氯液消毒法　☑ 2. 陽性肥皂液消毒法　☐ 3. 酒精消毒法　☐ 4. 煤餾油酚肥皂溶液消毒法。 　（二）　承上題請選擇一項適用化學消毒方法進行該項消毒操作（由監評人員評審，配合評審表 1）（10 分） 　　　分數：＿＿＿＿＿＿＿＿＿＿＿＿＿＿＿＿＿＿＿ 二、物理消毒：（20 分） 　（一）　抽籤選出一種消毒方法並於下列勾選及正確找出適合該項消毒方法之器材（器材選錯扣 10 分）（10 分） 　　答：物理消毒方法：☐ 1. 煮沸消毒法　☐ 2. 蒸氣消毒法　☑ 3. 紫外線消毒法 　　應檢人選出物理消毒器材：＿＿＿＿金屬類—剪刀＿＿＿＿。 　（二）　應檢人依選出器材進行物理消毒操作（由監評人員評審，配合評審表 2）（10 分） 　　　分數：＿＿＿＿＿＿＿＿＿＿＿＿＿＿＿＿＿＿＿				
得　　分			
監評人員簽名	（請勿於測試結束前先行簽名）		

辦理單位章戳：

【辨識及操作說明】

　　　　此次測試模式已修改為試場備有 30 套題（請參考技術士技能檢定女子美髮職類乙級術科測試試題使用說明，第二項、衛生技能試題抽題規定），由各組術科測試編號最小之應檢人代表抽 1 套題應試（每一套題化學消毒器材已固定對應一項物理消毒方法），其餘應檢人依套題號碼順序測試書面作答及實際操作。例如：1 號應檢人抽中【套題 30】，化學消毒器材為【白色毛巾】，物理消毒方法即為【紫外線消毒法】，下一位 2 號應檢人則測試【套題 1】，化學消毒器材為【金屬類—剃刀】，物理消毒方法即為【煮沸消毒法】，因此本編輯提供 4 種範例，作為測試靈活應用的參考模式。

【範例 2 辨識及操作說明】

.......1. 白色毛巾：適用之化學消毒方法有【氯液消毒法】及【陽性肥皂液消毒法】，本範例操作示範從中自選一項消毒方法【氯液消毒法】。

.......2. 套題對應物理消毒方法為【紫外線消毒法】，本範例操作示範選出物理消毒器材【金屬類—剪刀】。

白色毛巾—氯液消毒法操作步驟解析

前處理：器材用水清洗乾淨

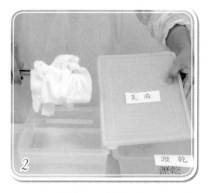

用鑷子挾取器材放入氯液消毒液容器內

操作要領：完全浸泡

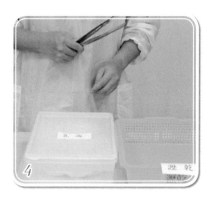

消毒條件：餘氯量 200ppm，消毒時間 2 分鐘以上

用鑷子從消毒液挾出器材

後處理：用水清洗

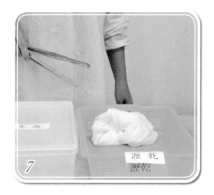

將器材瀝乾或烘乾

用鑷子挾取器材

置入乾淨櫥櫃

備註：

　　1. 塑膠類之器材如梳子、髮捲、洗頭刷，採用氯液消毒法都以此操作步驟處理。

　　2. 以上操作說明，紅色字體為操作過程同時必須口述的內容，黑色字體為本書操作介紹不必口述。

金屬類—剪刀—紫外線消毒法操作步驟解析

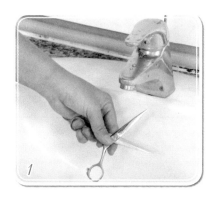
前處理：器材打開或拆開

用水清洗乾淨

操作要領：器材擦乾

用鑷子挾取器材置入紫外線消毒

器材不可重疊，刀剪類打開或拆開

消毒條件：光度強度 85 微瓦特 / 平方公分以上，消毒時間 20 分鐘以上
後處理：暫存紫外線消毒箱

備註：

1. 金屬類之器材如剃刀剪刀、剪髮機、梳子、髮夾，採用紫外線消毒法都以此操作步驟處理
2. 以上操作說明，紅色字體為操作過程同時必須口述的內容，黑色字體為本書操作介紹不必口述。

3-10-2-5　消毒液和消毒方法之辨識及操作—範例 3

消毒液和消毒方法之辨識及操作答案卷（總分 45 分）　　　　　測試日期：＊＊ 年 ＊＊ 月 ＊＊ 日

姓　　名	＊＊＊	測試編號	＊＊＊

測試時間：8 分鐘

說明：試場備有各種不同的美髮器材及消毒設備，由應檢人當場抽出一種器材及消毒方法並進行下列程序。

一、化學消毒：（25 分）

（一）應檢人依抽籤器材寫出所有可適用之化學消毒方法有哪些？（未全部答對扣 15 分）

答：化學消毒抽籤器材：　　塑膠類—洗頭刷　　（寫上抽籤抽中的器材名稱）

☑ 1. 氯液消毒法　☑ 2. 陽性肥皂液消毒法　☑ 3. 酒精消毒法　☑ 4. 煤餾油酚肥皂溶液消毒法。

（二）承上題請選擇一項適用化學消毒方法進行該項消毒操作（由監評人員評審，配合評審表 1）（10 分）

分數：＿＿＿＿＿＿＿＿＿＿＿＿＿＿＿＿＿＿

二、物理消毒：（20 分）

（一）抽籤選出一種消毒方法並於下列勾選及正確找出適合該項消毒方法之器材（器材選錯扣 10 分）（10 分）

答：物理消毒方法：□ 1. 煮沸消毒法　☑ 2. 蒸氣消毒法　□ 3. 紫外線消毒法

應檢人選出物理消毒器材：　　白色毛巾　　。

（二）應檢人依選出器材進行物理消毒操作（由監評人員評審，配合評審表 2）（10 分）

分數：＿＿＿＿＿＿＿＿＿＿＿＿＿＿＿＿＿＿

得　　分	
監評人員簽名	（請勿於測試結束前先行簽名）

辦理單位章戳：

【辨識及操作說明】

　　此次測試模式已修改為試場備有 30 套題 (請參考技術士技能檢定女子美髮職類乙級術科測試試題使用說明，第二項、衛生技能試題抽籤規定)，由各組術科測試編號最小之應檢人代表抽 1 套題應試 (每一套題化學消毒器材已固定對應一項物理消毒方法)，其餘應檢人依套題號碼順序測試書面作答及實際操作。例如：1 號應檢人抽中【套題 23】，化學消毒器材為【塑膠類—洗頭刷】，物理消毒方法即為【蒸氣消毒法】，下一位 2 號應檢人則測試【套題 24】，化學消毒器材為【塑膠類—洗頭刷】，物理消毒方法即為【紫外線消毒法】，因此本編輯提供 4 種範例，作為測試靈活應用的參考模式。

【範例 3　辨識及操作說明】

……1. 塑膠類—洗頭刷：適用之化學消毒方法有【氯液消毒法】【陽性肥皂液消毒法】【酒精消毒法】【煤餾油酚肥皂溶液消毒法】，本範例操作示範從中自選一項消毒方法【陽性肥皂液消毒法】。

……2. 套題對應物理消毒方法為【蒸氣消毒法】，本範例操作示範選出物理消毒器材【白色毛巾】。

塑膠類—洗頭刷—陽性肥皂液消毒法操作步驟解析

前處理：器材用水清洗乾淨

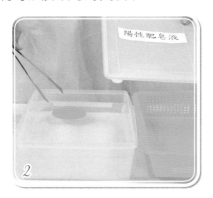

用鑷子挾取器材放入陽性肥皂
液容器內
操作要領：完全浸泡

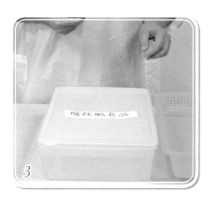

消毒條件：含 0.5% 陽性肥皂液，
消毒時間 20 分鐘以上

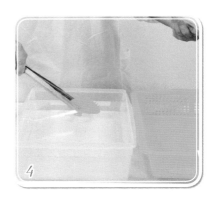

用鑷子挾出消毒器材

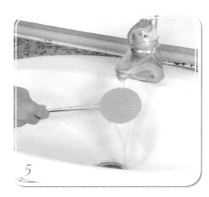

後處理：用水清洗

將器材瀝乾或烘乾

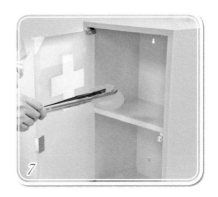

用鑷子挾取器材

置入乾淨櫥櫃

關閉櫥櫃等待下次使用

備註：
　　1. 白色毛巾及塑膠類如梳子、髮捲、洗頭刷之器材，採用陽性肥皂液消毒法都以此操作步驟處。
　　2. 以上操作說明，紅色字體為操作過程同時必須口述的內容，黑色字體為本書操作介紹不必口述。

白色毛巾—蒸氣消毒法操作步驟解析

前處理：用水清洗乾淨

操作要領：毛巾摺成弓字型，用鑷子挾取毛巾

直立置入，切勿擁擠

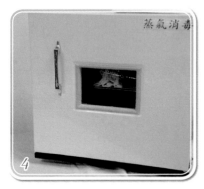

消毒條件：蒸氣箱中心溫度達80℃以上，消毒時間 10 分鐘以上

後處理：暫存蒸氣消毒箱等待下次使用

備註：以上操作說明，紅色字體為操作過程同時必須口述的內容，黑色字體為本書操作介紹不必口述。

3-10-2-6　消毒液和消毒方法之辨識及操作─範例 4

消毒液和消毒方法之辨識及操作答案卷（總分 45 分）　　　　　　測試日期：＊＊ 年 ＊＊ 月 ＊＊ 日

姓　　名	＊＊＊	測試編號	＊＊＊

測試時間：8 分鐘
說明：試場備有各種不同的美髮器材及消毒設備，由應檢人當場抽出一種器材及消毒方法並進行下列程序。

一、化學消毒：（25 分）

　（一）　應檢人依抽籤器材寫出所有可適用之化學消毒方法有哪些？（未全部答對扣 15 分）

　　答：化學消毒抽籤器材：＿＿＿含金屬塑膠髮夾＿＿＿（寫上抽籤抽中的器材名稱）

　　　　□ 1. 氯液消毒法　□ 2. 陽性肥皂液消毒法　☑ 3. 酒精消毒法　☑ 4. 煤餾油酚肥皂溶液消毒法。

　（二）　承上題請選擇一項適用化學消毒方法進行該項消毒操作（由監評人員評審，配合評審表 1）（10 分）

　　　　分數：＿＿＿＿＿＿＿＿＿＿＿

二、物理消毒：（20 分）

　（一）　抽籤選出一種消毒方法並於下列勾選及正確找出適合該項消毒方法之器材（器材選錯扣 10 分）（10 分）

　　答：物理消毒方法：☑ 1. 煮沸消毒法　□ 2. 蒸氣消毒法　□ 3. 紫外線消毒法

　　　　應檢人選出物理消毒器材：＿＿＿金屬類─剃刀＿＿＿。

　（二）　應檢人依選出器材進行物理消毒操作（由監評人員評審，配合評審表 2）（10 分）

　　　　分數：＿＿＿＿＿＿＿＿＿＿＿

得　　分	
監評人員簽名	（請勿於測試結束前先行簽名）

辦理單位章戳：

【辨識及操作說明】
　　此次測試模式已修改為試場備有 30 套題 (請參考技術士技能檢定女子美髮職類乙級術科測試試題使用說明，第二項、衛生技能試題抽題規定)，由各組術科測試編號最小之應檢人代表抽 1 套題應試 (每一套題化學消毒器材已固定對應一項物理消毒方法)，其餘應檢人依套題號碼順序測試書面作答及實際操作。例如：1 號應檢人抽中【套題 25】，化學消毒器材為【含金屬塑膠髮夾】，物理消毒方法即為【煮沸消毒法】，下一位 2 號應檢人則測試【套題 26】，化學消毒器材為【含金屬塑膠髮夾】，物理消毒方法即為【煮沸消毒法】，因此本編輯提供 4 種範例，作為測試靈活應用的參考模式。

【範例 4　辨識及操作說明】
1. 含金屬塑膠髮夾：適用之化學消毒方法有【酒精消毒法】及【煤餾油酚肥皂溶液消毒法】，本範例操作示範從中自選一項消毒方法【煤餾油酚肥皂溶液消毒法】。
2. 套題對應物理消毒方法為【煮沸消毒法】，本範例操作示範選出物理消毒器材【金屬類─剃刀】。

含金屬塑膠髮夾—煤餾油酚肥皂溶液消毒法操作步驟解析

前處理：器材用水清洗乾淨

用鑷子挾取器材放入煤餾油酚肥皂溶液容器內

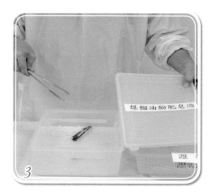

操作要領：完全浸泡

消毒條件：含 6% 煤餾油酚肥皂溶液，消毒時間 10 分鐘以上

用鑷子挾出消毒器材

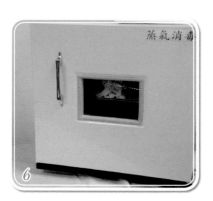

後處理：用水清洗

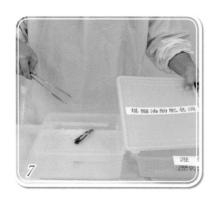

將器材瀝乾或烘乾

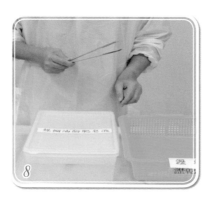

用鑷子挾取器材

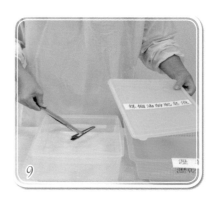

置入乾淨櫥櫃等待下次使用

備註：

1. 含金屬塑膠髮夾，金屬類之器材如剃刀、剪刀、剪髮機、梳子、髮夾，塑膠類之器材如梳子、髮捲、洗頭刷，採用煤餾油酚肥皂溶液消毒法都以此操作步驟處理。

2. 以上操作說明，紅色字體為操作過程同時必須口述的內容，黑色字體為本書操作介紹不必口述。

金屬類—剃刀—煮沸消毒法操作步驟解析

前處理：器材用水清洗乾淨

用鑷子挾取器材

將器材放入煮沸鍋

操作要領：完全浸泡，水量一次
加足水溫 100℃以上
消毒條件：煮沸 5 分鐘以上

用鑷子從煮沸鍋挾出器材

後處理：將器材瀝乾或烘乾

然後用鑷子挾取器材

置入乾淨櫥櫃

置入乾淨櫥櫃等待下次使用

備註：

　　1. 白色毛巾及金屬類之器材如剃刀、剪刀、剪髮機、梳子、髮夾，採用煮沸消毒法都以此操作步驟處理。

　　2. 以上操作說明，紅色字體為操作過程同時必須口述的內容，黑色字體為本書操作介紹不必口述。

3-10-3　洗手與手部消毒操作測試評審表 (三)

洗手與手部消毒操作測試答案卷（總分 15 分）　　　　　　測試日期：　　　年　　　月　　　日

姓　名		測試編號	

測試時間：4 分鐘（書面作答 2 分鐘，洗手及消毒操作 2 分鐘）
說明：
1. 由應檢人寫出在營業場所為顧客健康何時應洗手？何時應作手部消毒？
2. 勾選出將使用消毒試劑名稱及濃度，進行洗手操作並選用消毒試劑進行消毒（未能選用適當消毒試劑，手部消毒操作不予計分）。

一、為維護顧客健康請寫出在營業場所中洗手的時機為何？（至少二項，每項 1 分）（2 分）

　　　答：1. _____ 。

　　　　　2. _____ 。

二、進行洗手操作（8 分）（本項為實際操作）

三、為維護顧客健康請寫出在營業場所手部何時做消毒？（述明一項即可）(2 分)

　　　答：　　　　　　　。

四、勾選出一種正確手部消毒試劑名稱及濃度（1 分）

　　　答：□ 1.　75% 酒精溶液　　　　　　□ 2.　200ppm 氯液

　　　　　□ 3.　6% 煤餾油酚肥皂溶液　　　□ 4.　0.1% 陽性肥皂液

五、進行手部消毒操作（2 分）（本項為實際操作）

得　分	
監評人員簽名	（請勿於測試結束前先行簽名）

3-10-3-1　洗手與手部消毒操作測試—範例

洗手與手部消毒操作測試答案卷（總分 15 分）　　　　　測試日期：＊＊ 年 ＊＊ 月 ＊＊ 日

姓　名	＊＊＊	測試編號	＊＊＊

測試時間：4 分鐘（書面作答 2 分鐘，洗手及消毒操作 2 分鐘）
說明：
1. 由應檢人寫出在營業場所為顧客健康何時應洗手？何時應作手部消毒？
2. 勾選出將使用消毒試劑名稱及濃度，進行洗手操作並選用消毒試劑進行消毒（未能選用適當消毒試劑，手部消毒操作不予計分）。

一、為維護顧客健康請寫出在營業場所中洗手的時機為何？（至少二項，每項 1 分）（2 分）

　　答：1.　　工作前、後　　。

　　　　2.　　處理垃圾後　　。

二、進行洗手操作（8 分）（本項為實際操作）

三、為維護顧客健康請寫出在營業場所手部何時做消毒？（述明一項即可）(2 分)

　　答：　　服務顧客後，疑似顧客有傳染性皮膚病　　。

四、勾選出一種正確手部消毒試劑名稱及濃度（1 分）

　　答：☑ 1.　75% 酒精溶液　　　　　□ 2.　200ppm 氯液

　　　　□ 3.　6% 煤餾油酚肥皂溶液　　□ 4.　0.1% 陽性肥皂液

五、進行手部消毒操作（2 分）（本項為實際操作）

得　分	
監評人員簽名	（請勿於測試結束前先行簽名）

3-10-3-2　洗手與手部消毒操作評審表

說明：以自己的雙手進行洗手或手部消毒之實際操作

時間：2分鐘　　　　　　　　　　　　　　　　測試日期：　　　年　　　月　　　日

評審內容		一、進行洗手操作	（一）沖手	（二）塗抹清潔劑並搓手	（三）清潔劑清洗水龍頭	（四）沖水手部及水龍頭	二、以自己的手做消毒操作（未能選擇適用消毒試劑本項以零分計）	合　計	未計分原因說明
配分									
測試編號	姓名								
監評人員簽名							（請勿於測試結束前先行簽名）		

辦理單位章戳：

3-10-3-3　洗手操作步驟解析

　　以下洗手操作說明，紅色字體為操作過程同時必須口述的內容，黑色字體為本書操作介紹不必口述。

進行洗手操作總共有四個步驟
步驟 (一) 沖手 (配分 2 分) —
打開水龍頭

將手淋濕

關上水龍頭

步驟 (二) 塗抹清潔劑並搓手 (配
分 2 分) —塗抹清潔劑

兩手心互相搓揉起泡

搓揉手背

搓揉手指

搓揉手指尖

步驟 (三) 清潔劑清洗水龍頭 (配
分 2 分) —以手上清潔劑清洗水
龍頭手把

步驟(四)沖水手部及水龍頭(配分2分)—打開水龍頭

兩手心互相搓揉

搓揉手背

搓揉手背

搓揉手指尖

搓揉手指（做拉手姿勢）

雙手捧取清水，沖洗水龍頭

關閉水龍頭

用乾淨紙巾擦乾，將用過紙巾放入拉圾桶

3-10-3-4　手部消毒操作步驟解析

以下洗手操作說明，紅色字體為操作過程同時必須口述的內容，黑色字體為本書操作介紹不必口述。

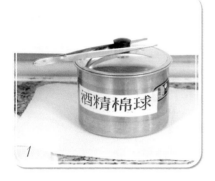

選取與書面作答相同的消毒劑—選取 75% 酒精溶液棉球

打開消毒液蓋子，將蓋子朝上

用鑷子挾取消毒棉球

挾取 2 顆棉球置於手心 (一手使用 1 顆消毒)

將蓋子蓋好，鑷子置於瓶蓋上

以單一方向將手掌各個手指做擦拭消毒

以單一方向將手背各個手指做擦拭消毒

以單一方向將各個指縫做擦拭消毒

以單一方向將各個指尖做擦拭消毒，(再以另一顆棉球以相同的消毒過程操作於另一隻手，不再重述)

第四章

女子美髮乙級技術士
技能檢定學科公告試題

工作項目 01：頭髮生理

單選題

（ 2 ） 1. 最有益於補充頭髮營養的是　①蛋白質、維生素 A　②蛋白質、維生素 B　③蛋白質、維生素 C　④蛋白質、維生素 D。

（ 2 ） 2. 毛髮養分來自　①皮脂腺　②毛乳頭　③毛母細胞　④細胞核。

（ 2 ） 3. ①女性荷爾蒙　②男性荷爾蒙　③維生素　④酸性潤髮劑　有抑制頭髮生長作用。

（ 3 ） 4. 一般頭髮的平均壽命約為　①二～三個月　②六個月～一年　③二～六年　④七～八年。

（ 1 ） 5. 毛髮的活動期，不易受下列何者的影響？　①毛髮長度　②毛髮健康　③食物　④內分泌。

（ 1 ） 6. (本題刪題) 人體最薄的皮膚是位於　①眼瞼　②手掌　③腿側　④額。

（ 2 ） 7. 皮膚的附屬構造包含毛髮、汗腺、皮脂及　①血管　②指甲　③運動神經纖維　④淋巴腺。

（ 1 ） 8. 頭髮的營養來自頭髮的毛乳頭，因為它含有　①微血管　②肌肉　③腺體　④脂肪　組織。

（ 3 ） 9. 頭髮具有　①使頭皮保持油滑　②使頭皮保持乾燥　③保護頭部　④使頭皮屑增加　的功能。

（ 2 ） 10. 毛髮開始生長於人體的時期，可溯至胎兒　①一個月　②三個月　③五個月　④七個月。

（ 3 ） 11. 對毛髮的顏色與髮質影響最大的是　①情緒　②食物　③遺傳　④健康。

（ 2 ） 12. 促進毛髮生長的荷爾蒙是　①黃體荷爾蒙　②女性荷爾蒙　③甲狀腺荷爾蒙　④男性荷爾蒙。

（ 3 ） 13. 皮脂腺的分泌主要是受　①自律神經　②肌肉　③男性荷爾蒙　④甲狀腺荷爾蒙　的影響。

（ 2 ） 14. 婦女在妊娠的前半期，毛髮的發育特別旺盛，是因　①男性荷爾蒙　②女性荷爾蒙　③甲狀腺荷爾蒙　④皮質荷爾蒙　所致。

（ 1 ） 15. 影響毛髮的健康最大的維生素　①B 群　②D 群　③E　④F。

（ 3 ） 16. 保持頭皮健康的基本要素就是　①按摩　②梳刷　③清潔　④整髮。

（ 2 ） 17. 毛髮的組成主要是　①軟蛋白質　②角蛋白質　③鈣質　④磷質。

（ 4 ） 18. 波浪形自然捲曲髮的橫斷面是　①圓形　②方形　③扁平形　④橢圓形。

（ 1 ） 19. 頭髮的　①表皮層　②皮質層　③髓質層　④基底層可防止其水分過分流失。

（ 1 ） 20. 毛髮從毛乳頭的血管吸取　①氨基酸　②蛋白質　③角蛋白質　④脂肪。

（ 2 ） 21. 頭髮髓質層的角化細胞呈　①三角形　②多角形　③紡錘形　④橢圓形。

（ 3 ） 22. 一般頭髮的直徑為　①0～30 毫米　②30～60 毫米　③60～90 毫米　④90～120 毫米。

（ 1 ） 23. 毛髮的粗細與　①剪　②燙　③染　④漂　無關。

（ 2 ） 24. 通常健康毛髮的含水量約為　①5%　②10%　③15%　④20%。

（ 4 ） 25. 毛髮鏈鍵組織中　①氫鍵　②氨基鍵　③鹽鍵　④二硫化鍵　最結實。

（ 4 ） 26. 濕毛髮中　①氫鍵與鹽鍵　②鹽鍵與氨基鍵　③氨基鍵與二硫化鍵　④氫鍵與氨基鍵　最脆弱。

（ 1 ） 27. 頭皮屑是頭皮　①角質層　②顆粒層　③有棘層　④基底層　不斷剝落所造成。

（ 4 ） 28. 毛髮的壽命相當於　①毛根　②毛囊　③皮質層　④毛母細胞　的活動期　。

（ 1 ） 29. 通常判斷頭髮的量感主要在於其　①密度　②硬度　③長度　④色彩。

（ 3 ） 30. 毛髮的組成元素中所佔比例最高的是　①硫　②氫　③碳　④氧。

（ 2 ） 31. 頭髮的色素粒子，大都存在於頭髮的　①表皮層　②皮質層　③髓質層　④毛根梢。

（ 1 ） 32. 毛髮的水份，大都存留在毛髮的　①間充物質　②角質纖維　③表皮層　④髓質層。

（ 2 ） 33. 頭髮的間充物質若流失過多時，與下列何者無關？　①頭髮的乾濕　②生長的快慢　③多孔性毛髮　④分叉或斷落。

（ 4 ） 34. 頭髮的組成胺基酸中，最重要的是　①精胺酸　②甘胺酸　③絲胺酸　④胱胺酸。

（ 2 ） 35. 毛囊的內皮根鞘有明顯的三層組織，下列中非屬於其組織的是　①亨利氏層　②馬爾丕基層　③赫胥黎氏層　④根鞘衣。

（ 1 ） 36. 毛髮的張力和彈性來自　①皮質層　②色素層　③表皮層　④髓質層。

（ 2 ） 37. 毛髮的生長速度每天約　① 0.03 ～ 0.04 毫米　② 0.3 ～ 0.4 毫米　③ 3 ～ 4 毫米　④ 30 ～ 40 毫米。

（ 3 ） 38. 一般而言，毛髮在一年當中的成長速度　①四季都無差別　②秋冬比春夏快　③春夏比秋冬快　④夏天最慢。

（ 2 ） 39. 正常情況下，每日脫落的頭髮數約　① 20 根以下　② 50 ～ 100 根　③ 100 ～ 200 根　④ 200 根以上。

（ 2 ） 40. 毛髮中，含有最多色素的爲　①毛乳頭　②皮質層　③髓質層　④表皮層。

（ 3 ） 41. 頭髮結構，由外層至內層依序是：　①表皮、髓質、皮質　②皮質、髓質、表皮　③表皮、皮質、髓質　④皮質、表皮、髓質。

（ 4 ） 42. 頭髮表皮層中含有保護毛髮內部的細胞呈　①纖維狀　②圓形狀　③長形狀　④鱗形狀。

（ 1 ） 43. 直髮、波浪髮、糾結小捲髮（如黑人捲髮）的橫切面，依序是　①圓形、橢圓形、扁形　②橢圓形、扁形、圓形　③扁形、方形、橢圓形　④方形、橢圓形、圓形。

（ 4 ） 44. ①高溫烘乾　②用力拉梳　③多食油脂食物　④避免照射紫外線　可防止頭髮分叉。

（ 1 ） 45. 頭髮受損者保養時應選用　①護髮油　②酒精　③面霜　④膠水。

（ 2 ） 46. 因毛囊基部發炎所形成的脫髮症是　①圓形脫髮　②脂漏性脫髮　③粃糠性脫髮　④雄性禿。

（ 4 ） 47. 男性荷爾蒙過多時，易引起　①自然脫髮　②圓形脫髮　③粃糠性脫髮　④脂漏性脫髮。

（ 3 ） 48. 頭皮屑多且會癢的脫髮現象爲　①自然脫髮　②圓形脫髮　③粃糠性脫髮　④脂漏性脫髮。

（ 2 ） 49. 脫髮部位頭皮平滑、沒有發紅或頭皮屑現象的是　①自然脫髮　②圓形脫髮　③粃糠性脫髮　④脂漏性脫髮。

（ 4 ） 50. 乾性頭皮宜使用　①礦物性髮油　②高酒精護髮液　③鹼性洗髮精　④維生素 B 美髮霜。

（ 1 ） 51. 頭髮內的間充物質流失，易使頭髮造成　①多孔性　②撥水性　③中性　④油性。

（ 2 ） 52. 健康毛髮周圍的 pH 值爲　① 3.0 ～ 4.5　② 4.0 ～ 5.5　③ 5.0 ～ 6.5　④ 6.0 ～ 7.5。

（ 2 ） 53. 在頭髮上不會移動的連續性白色斑點爲　①鏈珠髮　②白輪髮　③髮卵髮　④枝髮。

（ 3 ） 54. ①無髮症　②圓形禿髮症　③老人性脫髮症　④乏髮症　非屬先天性脫髮症。

（ 3 ） 55. 脫髮症患者防止惡化的方法應　①自行服用中藥　②自行塗抹藥物　③求助於皮膚科醫師　④以 80℃的溫水按摩。

（ 2 ） 56. 粃糠性脫髮是缺乏　①維生素 A、B　②維生素 A、D　③維生素 B 2、B 6　④維生素 C、D 所引起。

（ 3 ） 57. 下列何者是由於角質層細胞過度脫落累積在頭皮上所引起的　①禿頭症　②皮脂瘤　③頭皮屑　④疥癬。

（ 4 ） 58. 在頭皮及頭髮上經常出現白色細小的鱗片是下列何者的徵兆？　①頭皮　②濕疹　③禿頭症　④頭皮屑。

（ 3 ） 59. 呈一塊一塊的局部禿頭現象，稱爲　①早期禿頭　②老年禿頭　③塊狀禿頭　④壯年禿頭。

（ 4 ） 60. 造成頭皮屑多的原因，下列何者不正確？　①遺傳　②久未洗頭　③內分泌不正常　④洗髮時未用力搔抓。

（ 2 ） 61. 下列何者與脫髮無關　①外傷與感染　②太常洗髮　③藥物副作用　④年齡與遺傳。

（ 3 ） 62. 長期忽略頭皮屑會導致　①頭髮變直　②疥癬　③禿頭　④乾癬。

（ 4 ） 63. 眉毛的生長期約　① 2 ～ 3 個月　② 3 ～ 4 個月　③ 4 ～ 5 個月　④ 5 ～ 6 個月。

（ 3 ） 64. 睫毛及眉毛是屬於　①胎毛　②長毛　③短而硬之毛　④柔軟的毛。

複選題

（ 12 ） 65. 我們的身體除了　①掌心　②腳底　③眼皮　④胸部　無毛髮之外，幾乎全身都是有毛髮。

（ 34 ） 66. 毛囊組成是由哪幾個部分組成　①皮脂腺　②豎毛肌　③內毛根梢　④外毛根梢　所組成。

（ 23 ） 67. 皮質層包括下列哪些 ①扁平細胞 ②二硫化鍵 ③間充物質 ④輸送養分。

（ 13 ） 68. 毛髮的生命週期包括 ①成長期 ②長毛期 ③退化期 ④分叉期。

（ 23 ） 69. 毛髮分叉的主要原因 ①遺傳 ②物理因素 ③化學因素 ④年齡增長。

（ 14 ） 70. 頭髮的長硬毛包括 ①腋毛 ②眉毛 ③耳毛 ④腹毛。

（123） 71. 身體九大系統，包括下列那些： ①骨骼系統 ②肌肉系統 ③神經系統 ④管理系統。

（234） 72. 脂質含有哪些重要成分 ①水 ②脂肪酸 ③神經醯胺 ④膽固醇。

（123） 73. 皮膚內有哪些型式的神經纖維 ①運動 ②感覺 ③分泌 ④骨骼 神經纖維。

（123） 74. 皮膚的感覺神經纖維對哪些情形發生反應 ①熱 ②冷 ③觸摸 ④排泄。

（234） 75. 哪些是毛髮的化學成分 ①鉀 ②氫 ③氧 ④氮。

（ 12 ） 76. 毛乳頭含有哪些細胞 ①毛母角質細胞 ②毛母色素細胞 ③毛囊細胞 ④幹細胞。

（123） 77. 有關頭髮生長的階段及其生長期限，下列敘述何者正確 ①生長期 2 至 6 年 ②退化期 2 至 4 週 ③休止期 2 至 4 個月 ④加速期 3 至 8 個月。

（234） 78. 有關頭皮屑發生的原因，下列敘述何者正確？ ①維生素 K 不足 ②皮膚的角質層角化異常 ③飲食不當、睡眠不足、內分泌異常 ④皮脂分泌異常。

（134） 79. 關於頭髮的保養方法，下列敘述何者不正確？ ①髮尾有分叉情形，勤於洗髮，可達到最好的修護功效 ②多攝 取維他命 B 群以促進頭皮新陳代謝 ③每餐飯後一杯咖啡，有助於頭髮的保養 ④洗髮時要以指甲抓洗才能達 到最佳的洗淨效果。

（124） 80. 下列哪一種脫髮症，不是由於男性荷爾蒙分泌過多及交感神經失調，而使皮脂分泌過量所引起？ ①粃糠性脫 髮 ②自然脫髮 ③脂漏性脫髮 ④圓形脫髮。

（123） 81. 健康的頭髮需要內、外養護，所謂外者是指何種保養？ ①洗髮 ②護髮 ③潤絲 ④日常飲 食。

（234） 82. 下列有關毛髮表皮層的敘述，何者不正確？ ①表皮鱗片遇鹼張開，遇酸合攏 ②含有黑色素 （Mellnin） ③其功能在輸送養分 ④半透明的扁平細胞如鱗片狀重疊排列，約 3 ～ 5 層。

（123） 83. 下列敘述何者是頭髮分叉的可能原因？ ①紫外線曝曬 ②整髮或燙髮時，過熱的傷害 ③燙髮 液的傷害 ④髮油、髮蠟的傷害。

（124） 84. 下列何者是脫髮症的起因？ ①新陳代謝不均衡 ②血液循環不良 ③帽子尺寸太大 ④洗髮劑 使用不當。

（134） 85. 下列有關毛髮的敘述，何者正確？ ①毛髮的中心部分稱為髓質層 ②毛幹有專司毛髮營養的血 管 ③頭髮的主要成分為蛋白質 ④健康的毛髮其 pH 值應保持在 4.0 ～ 5.5 之間。

（134） 86. 下列有關毛髮之敘述，何者正確？ ①毛髮的成長會受荷爾蒙的影響 ②一般正常的毛髮含水量約 5% ③毛髮表皮層遇鹼時，鱗片會張開 ④較細的毛髮可能無髓質層。

（124） 87. 下列對於毛髮之敘述，何者為是？ ①由外而內，可分成表皮層、皮質層及髓質層 ②毛乳頭受 損後，毛髮便不再生長 ③毛幹受損，可由外在方式，給予細胞活化、復原 ④每天脫落髮量 50 ～ 100 根是正常現象。

（123） 88. 下列有關毛乳頭的敘述，何者正確？ ①含毛細血管 ②負責供給頭髮生長所需養分 ③製造毛 髮的工廠 ④決定髮質屬油、中或乾性。

（134） 89. 是毛髮本身構造的是 ①毛表皮 ②毛乳頭 ③皮質 ④髓質。

（134） 90. 有關毛髮生長情形之敘述何者為是？ ①毛髮到了退化期，毛球的部分會萎縮 ②一般而言，黑髮 髮絲數較金色髮細 ③精神上的緊張也會影響毛髮生長 ④自然退化的頭髮每天約 50 ～ 100 根。

（124） 91. 選出正確的敘述 ①皮脂腺與頭皮性質有關 ②美髮從業人員不應該為顧客植髮 ③正常頭髮的 pH 值是 7 ④每日掉髮的數目正常值是 50 ～ 100 根左右。

（124） 92. 選出正確的觀念 ①正常健康的頭髮具疏水性和吸水性 ②毛髮能吸收水分 ③毛髮上有神經， 所以有感覺 ④毛髮有彈性和張力。

（134） 93. 下列正確的敘述是 ①每根毛髮的生長期約 2 ～ 6 年 ②毛髮的退化期很短是 1 ～ 2 年 ③睫毛 和眉毛的生長期和休止期大致等長約為 5 ～ 6 個月 ④一般人的毛髮總數大約十萬根。

（134）94. 下列何者是造成毛髮斷裂的原因？ ①不當的剪髮、燙髮、洗髮方式 ②頭皮屑太多 ③紫外線過度照射、高熱吹風 ④太過用力梳頭。

（123）95. 頭髮分叉的原因是 ①利用高溫烘乾 ②用力拉梳 ③紫外線照射 ④多吃海帶。

（134）96. 下列何者與脫髮有關？ ①外傷與感染 ②太常護髮 ③藥物副作用 ④年齡與遺傳。

（124）97. 防止頭髮分叉應注意的要點，下列何者是對？ ①不可直接在大太陽下曝曬太久 ②手持吹風機不可在極接近頭髮處長時間烘吹 ③應常用名貴護髮品 ④梳髮時千萬不可用力拉梳。

（123）98. 毛髮生長的速率與下列何者因素有關？ ①性別 ②年齡 ③季節 ④理髮次數的多寡。

（123）99. 下列敘述何者是頭髮分叉的可能原因？ ①紫外線曝曬 ②整髮或燙髮時，過熱的傷害 ③燙髮液的傷害 ④髮油、髮蠟的傷害。

（234）100. 男性荷爾蒙若過剩不易產生 ①脂漏性脫髮 ②頭髮分叉斷裂 ③前頂髮茂盛 ④乾性頭皮屑。

（234）101. 毛髮中的蛋白質由胺基酸構成，而胺基酸不是由 ①碳、氫、氮、氧、硫 ②碳、氮、磷、氧、硫 ③碳、氫、氧、鐵、硫 ④氫、氧、鈷、鋅、硫構成。

（134）102. 人類頭髮的粗硬、細軟決定不在於 ①表皮層 ②皮質層 ③髓質層 ④毛乳頭。

（234）103. 頭髮的彈性和力量不是在於頭髮的 ①皮質層 ②表皮層 ③毛囊 ④髓質層。

（124）104. 捲曲型頭髮在顯微鏡下觀察外形不是 ①圓形 ②橢圓形 ③扁平形 ④三角形。

（134）105. 人類頭髮的粗硬、細軟決定不在於 ①表皮層 ②皮質層 ③髓質層 ④毛乳頭。

（24）106. 毛表皮剝離的預防之道為 ①經常吹燙整 ②使用豬鬃梳 ③經常曝曬於陽光下 ④整理前用保護劑。

（12）107. 健康的頭髮需內、外養護，所謂外者是指何種 ①健康洗髮 ②護髮 ③多吃含有礦物質及維他命食物 ④日常飲食如海帶、芝麻等。

（14）108. 女性荷爾蒙若過剩會造成 ①促進毛髮生長 ②側頭部頭髮多 ③脂漏性脫髮 ④前髮茂盛。

（123）109. 毛髮斷裂、分叉的原因與下列何者有關 ①營養失調 ②使用不良美髮品 ③整、燙、染髮技術不良 ④經常保養。

（12）110. 髮尾分叉主要是頭髮結構中哪個部位受損所形成的現象 ①表皮層 ②皮質層 ③內髮根鞘 ④外髮根鞘。

（124）111. 頭皮的病菌感染不是藉由 ①空氣 ②飛沫 ③接觸 ④經口傳染。

（12）112. 一般毛髮接觸美髮品的酸鹼值為 ①潤絲精 pH2.8-3.5 ②燙髮液 pH8.8-9.6 ③染髮膏 pH7.2-8.5 ④髮油 pH8.4-9.8。

（24）113. 圓形脫髮其原因 ①不良洗髮精造成 ②自律神經失調 ③頭皮角化不正常 ④消化器官潰傷。

（13）114. 毛乳頭含有 ①毛細血管 ②毛母細胞 ③自律神經 ④皮脂腺。

（12）115. 毛髮皮質層的物理現象為 ①張力、彈性、柔軟度、生長方向和行為 ②大小或直徑、組織構造和性質、顏色、遺傳性髮質 ③張力、堅硬感、膨脹度、生長方向和行為 ④大小或直徑、鱗狀和厚度顏色、纖維生長。

（23）116. 對毛髮表皮層的敘述何者正確 ①酸性傷害會造成鱗片的脫落 ②一般為 7-9 層 ③毛鱗片層數越多頭髮越粗硬 ④遇鹼和水，毛鱗片會縮收。

（234）117. 頭髮的直徑正確可分為 ①細髮在 40micron 以下 ②細髮在 60micron 以下 ③一般髮 60~90micron 之間 ④粗髮 90micron 以上。

（12）118. 所謂的 pH 值是表示 ①水溶劑內的酸鹼值 ②從 0 到 14 酸鹼值的數字 ③水溶劑內有多少程度溶氧量 ④從 1 到 10 的頭髮的色度數字。

（34）119. 健康頭髮要燙成較鬈的鬈度，使用燙髮劑 pH 值應選擇在 ①pH 值偏酸 ②pH 值 7 以下 ③pH 值 8～10 ④pH 值偏弱鹼較容易燙鬈及達到效果。

（23）120. 不會造成頭髮分叉的原因是 ①常常漂染 ②常常護髮 ③常常剪髮 ④過度使用吹風機吹頭髮。

（124）121. 不正常的大量脫髮的原因包含下列 ①皮膚病引起 ②細菌感染 ③時常剪髮 ④營養不良。

工作項目 02：美髮用劑

單選題

(3) 1. ①溴酸鉀 ②溴酸鈉 ③單乙醇胺 ④雙氧水　　　不可做為冷燙第二劑的主劑。

(3) 2. 冷燙液中具有膨脹頭髮、打開毛表皮功能的是 ①溴酸鉀 ②溴酸鈉 ③阿摩尼亞 ④乙硫醇酸。

(2) 3. 冷燙液中具有切斷雙硫鍵功能的是 ①溴酸鈉 ②乙硫醇酸 ③單乙醇銨 ④阿摩尼亞。

(1) 4. 酸性燙髮藥水是利用下列何者使其達到催化作用？ ①熱 ②氨 ③阿摩尼亞 ④單乙醇銨。

(3) 5. 香水中常有違法業者摻入有害人體而禁用的是： ①乙醇 ②乙酸 ③甲醇 ④檸檬酸。

(1) 6. 製造使用在黏膜上的化粧品之色素，應採用： ①第一類 ②第二類 ③第三類 ④第四類。

(2) 7. 因有毒性而被很多國家禁止使用在染髮劑的礦物質是： ①鐵 ②銀 ③錳 ④鉍。

(2) 8. 不良化粧品可能導致婦女在面頰或額頭產生 ①肝斑 ②黑斑 ③雀斑 ④老人斑。

(3) 9. 摻汞的化粧品在短期內雖可使皮膚變白，但使用久了毒性會侵襲 ①肝臟 ②肺部 ③腎臟 ④心臟　，而有礙健康。

(1) 10. 當油和水混合在一起時，其結果會呈 ①分離 ②混合 ③氣體 ④固體。

(3) 11. 護髮霜是屬於 ①固體 ②溶液 ③乳劑 ④氣體。

(2) 12. 燙前處理用護髮油，宜選用 ①中性 ②水性 ③油性 ④鹼性。

(4) 13. pH 值檢測的化學性是 ①氟離子 ②氨離子 ③鈉離子 ④氫氧離子與氫離子　　指數。

(2) 14. 潤絲精中因含有 ①中性離子 ②陽性離子 ③陰性離子 ④負性離子　　能使頭髮之電性平衡，防止頭髮打結。

(4) 15. 下列何者對於染髮劑的存放是正確的？ ①年度用量應一次進庫，以保品質穩定 ②全部展示在櫥窗中，供顧客 選用及方便拿取 ③任意放置無所謂 ④置乾燥陰涼處所。

(3) 16. 化粧品中加香料會引起過敏性皮膚炎，係因部分香料含 ①乙醇 ②乙酸 ③光敏感劑 ④苯 所致。

(2) 17. 非水溶性的易燃化學物品之處理應 ①倒入水溝沖掉 ②用抹布吸起再燒掉 ③應在密閉式的空間 ④用水沖洗。

(4) 18. 調配或稀釋化學藥水，不宜使用 ①有刻度的量筒 ②有刻度的尖嘴瓶 ③有刻度的調色碗 ④普通水杯。

(3) 19. 金屬用具的保養可在消毒後塗抹 ①汽油 ②髮油 ③潤滑油 ④石油。

(3) 20. 冷燙過程在添加氧化劑中和後呈 ①酸性 ②中性 ③鹼性 ④油性。

(3) 21. 整髮後若頭髮產生靜電現象，則可用 ①噴水 ②吹風 ③保養油 ④慕絲 來控制。

(4) 22. 下列過氧化氫的敘述何者為正確？ ①濃度愈高，鹼性愈強 ②濃度愈高，染得愈深 ③濃度愈低，造成髮質吸水性愈強 ④兼具漂淡及軟化作用。

(1) 23. 燙髮用還原劑為使成型較快，宜塗佈後： ①蓋塑膠帽 ②包毛巾 ③上蒸氣 ④用熱水泡熱再塗佈於髮捲。

(3) 24. 比較不傷髮質的是 ①鹼性髮品 ②中性髮品 ③弱酸性髮品 ④強酸性髮品。

複選題

(12) 25. 洗髮劑的成分包括幾種 ①起泡劑 ②保濕劑 ③粉末劑 ④軟膏劑。

(12) 26. 選用洗髮劑重點需選用下列何項 ①操作容易順手 ②接近頭皮酸鹼度 ③調整頭髮 pH 值 ④增加光澤柔軟。

(14) 27. 潤絲劑選用種類有幾種需求 ①油性潤絲劑 ②石蠟潤絲劑 ③正電潤絲劑 ④酸性潤絲劑。

(12) 28. 酸性平衡洗髮劑通常用於當 ①染 ②燙 ③剪 ④洗時用。

（34）29. 洗髮劑的選擇　①價格便宜　②香味強的　③不刺激頭皮　④起泡力良好的洗髮劑。

（124）30. 下列哪些髮妝品作用在頭髮上之機轉為吸附　①洗髮精　②潤絲精　③護髮乳　④造型液。

（123）31. 頭髮調理產品常見有哪些成分　①陽離子型界面活性劑　②聚季胺鹽　③矽靈　④膠原蛋白。

（234）32. 護髮處理劑的事前處理目的為何　①切斷雙硫鍵　②防止過剩反應　③讓藥劑平均的作用　④防止損傷的進行。

（124）33. 護髮處理劑的中間處理目的為何　①中和鹼性　②防止損傷的進行　③讓藥劑平均的作用　④為了酸化所營造的基底。

（123）34. 常用的水性護髮成分有哪些　①甘油　②氨基酸　③玻尿酸　④植物油脂。

（123）35. 陽離子型界面活性劑具有哪些功效　①柔軟　②殺菌　③抗靜電　④刺激皮膚。

（124）36. 下列有關美髮用具消毒方式的敘述，何者正確？　①清潔消毒法是最普遍而方便的消毒法　②加熱消毒法是殺滅細菌等微生物最徹底的方法　③用 6％的煤餾油酚肥皂液沾以棉花棒，即可消毒刀類製品，不需完全浸泡　④昇汞水消毒，會使金屬生鏽，只適用於陶製品。

（124）37. 泡沫幕斯之使用，下列何者正確？　①在手捲整髮前使用　②使用後要蓋好瓶蓋口　③在髮筒吹乾後使用　④使用前要均勻搖動幾下。

（24）38. 可經常洗髮的頭皮是　①中性　②油性　③乾性　④混合性頭皮。

（23）39. 洗髮後選用潤絲精潤髮，以達　①洗淨效果　②中和作用　③預防靜電　④去除油脂作用。

（13）40. 洗髮精的主要成分　①鹼性去汙劑：溶解油汙、去汙；添加物：香料、色素、油脂等　②陽離子界面活性劑：中和頭髮的帶電值；酸性物質：調整頭髮的 pH 值　③增黏劑：使去汙劑易附著於頭髮；起泡劑：使汙物易脫離 頭髮　④鹼基：溶於水中可帶入負離子；礦物劑：維持頭髮酸鹼值。

（14）41. 對波浪電棒的敘述，下列哪些正確　①是一種美髮造型電器用品亦稱為鬈髮夾，屬於整髮器之一　②以自動方式 全部一分次夾取所有髮量完成造型　③可將毛鱗片打開，使頭髮變得又亮又順　④其原理為透過電力加熱面板，使毛髮變得像波浪般的捲髮。

（12）42. 滲透型永久性染髮劑是經由　①表皮層　②皮質層　③角質層　④髓質層　經氧化作用與原來的色素粒子結合。

（23）43. 阿摩尼亞 (NH3) 作用會　①保養頭髮　②打開頭髮毛鱗片　③造成頭髮水份流失　④防止頭髮麥拉寧色素流失。

（123）44. 界面活性劑在化妝品中之效用有　①濕潤與起泡　②助溶與乳化　③分散與清潔　④防腐與殺菌的作用。

工作項目 03：髮型設計

單選題

(1)　1.　髮型設計的離心動向是指　①臉中心線　②頭中心線　③頸中心線　④耳中心線　向外方向的髮流。

(3)　2.　向心動向的髮型是指髮流向著　①頭　②頸　③臉　④耳　中心的設計。

(4)　3.　髮型設計上　①統一　②調和　③均衡　④律動　的技法可表現反覆連續井然有序的美感。

(4)　4.　直線分法具有　①離心感　②向心感　③立體感　④強而有力感。

(1)　5.　渦線的髮流是屬於　①自由曲線　②幾何曲線　③三角曲線　④立體曲線。

(3)　6.　造型設計原則，除了律動、調和、統一之外還有　①長度　②寬度　③均衡　④高度。

(1)　7.　自然曲線中的渦線設計表現　①浪漫　②輕快　③輕巧　④清爽。

(3)　8.　S 線的髮型設計表現　①帥氣　②浪漫　③典雅　④嫵媚。

(2)　9.　C 線的髮型設計表現　①復古　②青春　③華麗　④柔媚。

(2)　10.　在髮型造型上使形、色、量互相達到靜止安定的設計稱為　①律動　②均衡　③調和　④統一。

(1)　11.　倒 V 線的髮型是　①向心　②離心　③外心　④中心　式的髮型設計。

(2)　12.　黛安娜的髮型是　①向心　②離心　③外心　④中心　式的髮型設計。

(1)　13.　連續波浪髮型最易表現　①律動　②均衡　③調和　④統一。

(3)　14.　識別理髮院的三色燈是一種　①水平式　②階梯式　③移轉式　④跳躍式　的律動。

(3)　15.　二股扭轉編髮是　①水平式　②階梯式　③移轉式　④跳躍式　的律動。

(2)　16.　指推波紋是　①水平式　②階梯式　③移轉式　④跳躍式　的律動。

(3)　17.　側分線直髮髮型是　①同形同量　②不同形同量　③同形不同量　④不同形不同量　的不對稱均衡。

(3)　18.　左右同形、同量的髮型，宜採用　①不分髮線　②側分髮線　③中分髮線　④橫分髮線。

(2)　19.　人體頭頂至腰線和腰線至腳底的黃金比例為　①1：2　②2：3　③3：4　④4：5。

(3)　20.　倒 V 線的瀏海，使臉型呈　①短而窄　②短而寬　③長而窄　④長而寬　的效果。

(1)　21.　頭髮側面採直線造型時，易使臉型呈　①長而窄　②短而窄　③長而寬　④短而寬　的效果。

(4)　22.　髮型正面造型的最大範圍，是以眉間為圓心至　①眼　②鼻　③嘴　④下巴　為半徑，所畫的圓周內。

(3)　23.　髮型正面造型的最小範圍，是以眉間為圓心至　①眼睛　②鼻子　③上唇　④下巴　為半徑，所畫的圓周內。

(3)　24.　髮型側面造型的最大範圍是以太陽穴為圓心至　①鼻子　②嘴角　③下巴　④頸部　為半徑，所畫的圓周內。

(2)　25.　髮型側面造型的最小範圍是以太陽穴為圓心至　①鼻子　②嘴角　③下巴　④頸部　為半徑，所畫的圓周內。

(1)　26.　後頸線為尖毛髮者，要剪短髮時，其輪廓線宜設計　①V 字形　②波浪形　③圓弧形　④方形。

(1)　27.　短分髮線適用於額頭　①高　②中　③矮　④極矮　者。

(4)　28.　側長分髮線適用於額頭　①窄矮　②窄高　③寬高　④寬矮　者。

(1)　29.　設計正面頭髮髮流和造型，宜以　①額頭　②眼睛　③鼻子　④下巴　為主體。

(3)　30.　設計側面頭髮髮流和造型，宜以　①眉尾　②耳朵　③太陽穴　④頸部　為中心。

(1)　31.　S 型波紋線條具有　①古典高雅　②浪漫頹廢　③活潑健康　④新潮摩登　之感。

(2)　32.　短的黑人捲髮表現　①直線　②渦線　③S 線　④C 線　的髮流。

(1)　33.　眼距過窄的情形，常出現在　①長形臉　②方形臉　③圓形臉　④心形臉。

（ 1 ） 34. 圓型臉髮型的前面設計宜加高　①頂部　②黃金點　③側部　④側角點。

（ 1 ） 35. 水平瀏海設計呈現　①寬闊　②圓闊　③豐滿　④狹窄　的效果。

（ 4 ） 36. 四方型臉的臉頰兩側宜用　①外心　②中心　③離心　④向心　式的髮型設計。

（ 4 ） 37. 正三角型臉的額頭具有　①外心　②中心　③離心　④向心　感。

（ 1 ） 38. 古埃及貴族的假髮設計是使用　①人髮　②細　③絹　④麻。

（ 1 ） 39. 廿世紀後半，女性髮型受到工業文明的衝擊，髮型的特點是　①短髮　②長髮　③半長頭　④平頭。

（ 1 ） 40. 我國梳椎髮的習俗是在　①春秋戰國　②唐朝　③秦朝　④隋朝　時代開始。

（ 4 ） 41. 南朝時由於受佛教影響婦女髮型作成　①朝天髻　②隨馬髻　③靈蛇髻　④飛天髻。

（ 1 ） 42. 五代時（紅妝）盛行（以）高髮，梳成　①朝天髻　②隨馬髻　③靈蛇髻　④飛天髻。

（ 1 ） 43. 羽毛式髮型是　①向心　②離心　③中心　④外心　性的髮型設計。

（ 1 ） 44. 身材嬌小者，髮型的重點宜置於　①頂部　②後頭部　③後頸部　④頸側部。

（ 3 ） 45. 盤垣髻流行於　①春秋戰國　②秦漢　③晉朝　④三國　時期。

（ 1 ） 46. 婦女眉目間飾有金銀五彩花子珠的是　①花鈿　②妝靨　③勒子　④步搖。

（ 2 ） 47. 婦女在面頰面旁用朱紅點出各種形象稱爲　①花鈿　②妝靨　③勒子　④步搖。

（ 1 ） 48. 髮簪 (步搖) 流行於　①唐朝　②宋朝　③元朝　④明朝。

（ 4 ） 49. 短髮層次髮型最適合　①文靜　②內向　③害羞　④好動　的孩童。

（ 1 ） 50. 表現清純、活潑便於梳理的是　①少女髮型　②嬉皮髮型　③訂婚髮型　④新娘髮型。

（ 4 ） 51. 嬉皮式造型較有　①端莊　②高雅　③活潑　④頹廢 之感。

（ 2 ） 52. 具有清新、自然感的髮飾爲　①珍珠　②鮮花　③緞帶　④帽子。

（ 3 ） 53. 可表現高貴、華麗感的髮飾爲　①鮮花　②緞帶　③珍珠　④帽子。

（ 4 ） 54. ①化粧　②服裝　③耳環　④髮飾　對髮型能達到畫龍點睛的效果。

（ 2 ） 55. 圓型臉屬　①離心型　②向心型　③成熟型　④理智型。

（ 2 ） 56. 髮型設計是以人爲對象，以　①假髮　②頭髮　③髮飾　④髮竿　爲素材形成的創作藝術。

（ 2 ） 57. 臉大而扁的圓形臉髮型設計應加高　①瀏海　②頭頂　③兩側　④鬢角　部分達到修正臉型的效果。

（ 2 ） 58. 在平面上左右有大小兩點，在視覺上會由右邊移向左邊，則兩點爲　①左邊大右邊小　②右邊大左邊小　③一樣大　④一樣小。

（ 3 ） 59. 髮型設計向心運動給人　①開放寬闊感　②不安全感　③含蓄感　④柔弱感。

（ 1 ） 60. 在一平面上大小相同的兩點　①成水平動向較有安定感　②成斜線動向較有安定感　③成曲線動向較有安定感　④成垂直動向。

（ 2 ） 61. 分髮線以曲線分法可強調　①平面安定感　②圓潤立體感　③平滑感　④向心感。

（ 3 ） 62. 圓臉型較不適合　①中分　②旁分　③厚重瀏海　④龐克的髮型。

（ 2 ） 63. 細線較能表現出　①活潑感　②女性般柔弱感　③男性般粗獷感　④堅定感。

複選題

（ 23 ） 64. 曲線所表現的視覺效果，下列何者正確　①刺激　②溫柔　③優雅　④俐落。

（ 134 ） 65. 圓弧線條組成的是　① S 線　②粗線　③自由曲線　④幾何弧線。

（ 134 ） 66. 關於梳髮時傳統式髮夾的使用敘述，何者正確？　①髮夾使用不可露出梳理表面　②髮夾使用以 90 度角插入　③髮夾的操作有交叉式、水平式及縫針式　④髮夾除了固定，還有支撐及按壓的功能。

（ 13 ） 67. 髮型設計的原則是　①律動、調合　②原理、調合　③均衡、統一　④均勻、美學。

（ 14 ） 68. 設計菱形臉時　①上部宜以向心性的瀏海蓋住額頭　②宜以水平與離心設計　③頭頂髮量宜壓低並加寬　④臉頰凸出處髮量不宜過多過長並呈現圓形曲線和輪廓。

（ 14 ） 69. 方形臉屬於　①有角度具有男性剛強感　②髮型宜使用中分　③髮型表現在二側與下襬的重量感　④屬於離心型，宜使用向心性設計。

（ 23 ） 70. 有關髮型設計的敘述，下列哪些正確　①護髮是其中一種髮型設計的表達方式　②通常是審美、宗教、社交、職業或顯示社會地位的原因　③指頭髮的修剪、造型，或是戴上飾品所設計的髮型　④一般人最常設計的髮型有黑 人頭、爆炸頭、法拉頭等。

（123） 71. 所謂的八大藝術包含下列的　①電影　②繪畫　③雕塑　④待客禮儀。

（123） 72. 髮型設計主要目的包括　①展現優點　②展現時尚　③展現創意　④表現缺點。

（ 12 ） 73. 髮型與眾不同的設計或作品具有獨特的作風或創意等可稱為　①髮型格調　②髮型風格　③髮型操作　④髮型梳理。

（124） 74. 造型要素的對照設計，下列哪些是符合對立的　①大 - 小　②長 - 短　③快 - 速　④高 - 低。

（123） 75. 編髮注意事項包括　①髮束的取法　②手指與髮束的分配　③依髮型設計需要將頭髮分區　④右手力道要夠，才能表現出紋路之美感。

工作項目 04：剪髮

單選題

（ 2 ） 1. 若將一公分厚六公分寬髮片的髮尾集中在髮片中間裁剪時，其展開的效果是　①一直線　②內凹形　③尖錐形　④波浪形。

（ 3 ） 2. 剪髮時由後往前的漸增長度，可使髮型外輪廓線呈　①水平線　②Ｖ字形　③倒Ｖ形　④圓形。

（ 3 ） 3. 若頭髮要由前往後梳時，頭髮應剪為　①上長下短　②前長後短　③前短後長　④上短下長。

（ 2 ） 4. 前額部分要留瀏海或要往後梳其剪髮差異在於　①分線　②拉髮角度　③髮量的多少　④裁剪線。

（ 3 ） 5. 向右斜長的瀏海，頭髮應拉往　①右前方　②右側方　③左前方　④左側方　修剪。

（ 3 ） 6. 香菇頭的豐厚感在於　①整個頭部　②頭頂部　③後頭部　④左右兩側。

（ 2 ） 7. 以削刀內削髮尾，則髮尾會　①向外　②向內　③向左　④向右　　彎曲。

（ 1 ） 8. 採用上持髮修剪，髮長呈現　①上短下長　②上長下短　③上、下等長　④上下不一樣長。

（ 3 ） 9. 若要剪成中心點 10 公分頂部點 5 公分的髮型，頭髮應拉向　①頸部點　②後部點　③頂部點　④中心點。

（ 3 ） 10. 兩側髮流往後時，持髮角度宜　①往上　②往下　③往前　④往後　拉剪。

（ 2 ） 11. 將削刀放在髮片內側，由髮根至髮尾削薄髮量，是　①外斜削法　②內斜削法　③右斜削法　④大斜削法。

（ 1 ） 12. 將削刀放在髮片的表面，由髮根至髮尾削薄髮量，是　①外斜削法　②內斜削法　③右斜削法　④大斜削法。

（ 4 ） 13. 將削刀放在髮片的左側，來削薄髮尾左側的髮量，是　①外斜削法　②內斜削法　③右斜削法　④左斜削法。

（ 1 ） 14. 將削刀壓放在夾有髮片的中指上，整齊切斷髮尾的是　①直削法　②斜削法　③橫削法　④縱削法。

（ 1 ） 15. 取橫髮片用削刀打薄右邊邊緣時，髮稍會偏向　①右邊　②左邊　③中間　④向下垂落。

（ 4 ） 16. 剪髮時，定引導線的位置　①在頭頂部　②在頸背部　③在耳側部　④不一定。

（ 3 ） 17. 剪一直線髮型時　①用力拉緊　②提高角度　③放鬆梳順　④降低角度　　才不致使耳下部分產生缺角。

（ 1 ） 18. 髮型不易乾或不易梳理的主要原因是　①髮量過多　②剪髮精密　③頭髮太細　④頭髮太軟。

（ 1 ） 19. 扁型頭要剪上長下短髮型時，兩側邊的分線應是　①耳上直線　②耳前線　③耳後線　④無所謂。

（ 3 ） 20. 削刀的使用主要以　①出力的大小　②肩膀的移動　③手腕的移動　④刀刃的利度　來控制。

（ 2 ） 21. 依靠整髮或燙髮來求量感者，剪髮時應剪成比預定長度為　①短　②長　③可長可短　④一樣。

（ 3 ） 22. 剪短髮時，中心線上的最容易造成修剪缺失的是　①中心點　②頂部點　③黃金點　④後部點　部位。

（ 3 ） 23. 剪側面短髮應注意　①側部點　②側角點　③耳後點　④頸側點　部位的修剪。

（ 1 ） 24. 剪前面時要連接順暢髮片要往　①臉中心　②向上　③向下　④向後　拉剪。

（ 4 ） 25. 將頭髮拉梳至頭頂，水平剪髮，其頭髮最長的部位為　①頂部點　②耳點　③後部點　④頸部點。

（ 1 ） 26. 水平無層次髮型，其頭髮最長的部位為　①頂部點　②黃金點　③後部點　④頸部部。

（ 2 ） 27. 均等式剪髮較適合　①圓形　②橢圓形　③扁平形　④方形　頭型。

（ 4 ） 28. 具有往內蓬鬆效果的設計剪法是　①高層次　②中層次　③低層次　④無層次。

（ 4 ） 29. 剪髮時首要做的是　①分髮線　②導線　③基準線　④分區。

（ 4 ） 30. 前側點的英文簡寫是　①N.S.P.　②E.B.P.　③S.C.P.　④F.S.P.。

（ 3 ） 31. 黃金後部間基準點的英文簡寫是　①C.T.M.P.　②T.G.M.P.　③G.B.M.P.　④N.B.M.P.。

（ 1 ） 32. 側角點的英文簡寫是　①S.C.P.　②F.S.P.　③N.S.P.　④E.B.P.。

（ 1 ） 33. 左側側角點至右側側角點的連接線是　①臉際線　②頸側線　③後頸線　④正中線。

（ 4 ） 34. 包覆式剪法是指　①高層次　②中層次　③低層次　④無層次　剪法。

（ 2 ） 35. 使用疏剪刀修剪粗硬髮質，應離髮根　①2公分　②5公分　③8公分　④11公分　處剪。

（ 4 ） 36. ①垂直線　②水平線　③修剪線　④引導線　是髮型修剪的標準依據。

（ 3 ） 37. 把頭髮集中頂部點剪會成　①低層次　②中層次　③高層次　④無層次　的髮型。

（ 1 ） 38. 推剪時剪刀與梳子宜成　①0°　②45°　③60°　④90°。

（ 2 ） 39. 以扭轉髮片剪法可剪出　①凸狀　②凹狀　③齒狀　④斜狀。

（ 2 ） 40. 香菇髮型髮量的重點在　①中心線　②水平線　③側中線　④後頸線。

（ 4 ） 41. 等長剪法最容易有缺失的是　①臉際線　②中心線　③側中線　④頸側線。

（ 3 ） 42. 連續扭轉髮束可剪出　①凸狀　②凹狀　③不規則狀　④斜狀。

（ 1 ） 43. 推剪時，剪刀的刀口與髮片宜呈　①90°　②60°　③45°　④0°。

（ 4 ） 44. 不適合打薄的頭髮區域是　①頭頂部　②頭冠部　③U型區　④髮際周圍。

（ 4 ） 45. 頭頂部髮量豐厚的髮型宜採用　①正斜　②水平　③圓弧　④逆斜　剪法。

（ 1 ） 46. 邊緣前短後長層次剪髮宜採　①正斜　②水平　③圓弧　④逆斜　剪法。

（ 4 ） 47. 推剪短髮最好　①中心點　②頂部點　③黃金點　④頸部點　開剪。

（ 4 ） 48. 造型效果較佳的剪法是採用　①等長　②水平　③高層次　④綜合　的剪法。

（ 2 ） 49. ①電剪　②打薄剪　③水平剪　④推剪　可使髮量減少、髮型膨鬆，並改變平坦、呆板的外型之效果。

（ 4 ） 50. 圓型臉的髮型宜以　①無層次　②低層次　③中層次　④高層次　剪髮。

（ 1 ） 51. 頸形細長者，後面的髮緣宜剪成　①圓形　②方形　③尖形　④三角形。

（ 2 ） 52. 通常運用於髮尾打薄的是　①電剪　②齒剪　③點剪　④推剪。

（ 4 ） 53. 要讓後頭部髮量豐厚宜採　①等長　②水平　③凹形　④凸型　剪法。

（ 2 ） 54. 欲剪娃娃頭髮型時，宜持　①縱髮片　②正斜髮片　③逆斜髮片　④水平髮片　操作。

（ 4 ） 55. 欲剪均等式髮型時，宜持　①正斜髮片　②逆斜髮片　③水平髮片　④縱髮片　操作。

（ 2 ） 56. 修剪富波浪變化的髮型，宜用　①直削法　②斜削法　③方形剪法　④漸長剪法。

（ 2 ） 57. 剪瀏海時不需考慮　①移位至正前方操作　②調整圍巾的位置　③測驗頭髮的彈性張力　④觀察眼睛鼻樑作長度的參考。

（ 2 ） 58. 剪髮梳與剪刀的刀刃成平行的剪髮稱為　①滑剪　②推剪　③電剪　④削剪。

（ 2 ） 59. 一次操作剪下髮量最少的工具是　①長剪刀　②短小剪刀　③雙面打薄剪　④單面打薄剪。

（ 4 ） 60. 持頂部區域髮片的手指與地面平行，而其他區域髮片手指與地面垂直的髮型是　①方型剪法　②邊緣層次剪法　③均等層次剪法　④高層次剪法。

（ 1 ） 61. 運用量最多重設計樣的髮型是　①高層次　②低層次　③邊緣層次　④一層次。

複選題

（12） 62. 無層次髮型除了一直線之外還有　①正斜線　②逆斜線　③垂直線　④方形線　等剪法。

（13） 63. 持髮角度30°～45°又叫　①小層次剪法　②中層次剪法　③邊緣層次剪法　④等長層次剪法。

（12） 64. 均等層次在頭上展開角度90°除用垂直分線之外，亦可用　①正斜分線　②逆斜分線　③齒狀分線　④弧型分線　方法剪法。

（12） 65. 推剪法梳子的角度可分為　①30°　②45°　③60°　④70°　剪出斜度效果。

（12）66. 大層次剪髮持髮角度以90°以上或　①110°　②130°　③80°　④60°　剪髮都可以。

（13）67. 具有空氣感、打薄處理的髮型，在成型時會用到的技巧為　①用手捉塑　②髮尾豐厚　③用手塑形整吹　④不使用削刀。

（134）68. 臉小者不適合下列何者方式的髮型設計　①向心運動　②離心運動　③斜線設計　④幾何弧形。

（13）69. 可愛的鮑勃式髮型以低層次　45°角拉髮片剪髮，是屬於　①正斜　②逆斜　③前短後長　④前長後短。

（14）70. 中國娃娃式的瀏海設計適合　①前額寬大　②臉上下較短　③成熟女士　④上寬的臉型。

（13）71. 有關小層次的敘述，下列何者正確？　①又稱低層次　②又叫邊緣層次　③剪髮結構是上短下長　④剪髮效果是等長。

（124）72. 直線髮型包含下列？　①直接　②明確　③浪漫　④單純　的視覺效果。

（23）73. 有關大層次髮型之敘述，下列何者正確？　①呈現上長下短代表髮型如法拉頭　②剪髮角度超過90°以上具有浪漫氣息　③剪出效果為上短下長為大層次髮型　④呈現髮量多且厚重感在前面的效果。

（14）74. 下列對剪髮的敘述，哪些正確　①四大分區是指正中線與側中線交叉在頭頂的分區　②頭部共有四條基準線　③頭部分佈共有18個點　④分髮線有水平、正斜、逆斜、垂直、放射分線。

（13）75. 下列對剪髮的敘述，哪些正確？　①將髮片集中挾剪，形成的效果是中心短，兩邊長　②將髮片往前拉剪形成效果為前短後長　③將髮片往後拉剪形成效果為前長後短　④將髮片往上拉剪形成效果為上長下短。

（13）76. 剪髮時須考慮　①頭髮髮量、毛流、髮性、髮質等　②容易產生缺角的部位在後頭部　③精細的分線與取髮片角度　④手指高低與剪刀切口不會影響層次。

（13）77. 依模特兒的髮質、臉型等條件考量的剪髮，可稱為　①剪髮設計　②工業設計　③髮型設計　④高階設計。

（24）78. 剪髮最後的交叉檢查操作是　①橫剪水平查　②橫剪縱查　③縱剪直查　④縱剪橫查。

（134）79. 將全部頭髮都剪成15公分的長度，不正確持髮片的角度是　①45°　②90°　③120°　④180°　的圓剪法。

（14）80. 頭部七條線不包含　①基準線　②正中線　③側中線　④剪髮線。

（34）81. 將全部頭髮集中一束在頸部點(NP)的剪髮，其頭髮長度會產生　①前短後長　②上短下長　③上長下短　④前長後短。

（34）82. 較能產生頭髮動感的層次剪法是　①內層次剪法　②零層次剪法　③大層次剪法　④高層次剪法。

（234）83. 左側的側角點至右側的側角點不稱為　①臉際線　②後頸線　③頸側線　④側頭線。

（23）84. 頭部七條基準線中，下列何者是以耳點為中心？　①正中線　②側中線　③水平線　④側頭線。

（123）85. (本題刪題) 有關小層次的敘述何者為是？　①又叫邊緣層次　②剪髮效果是上短下長　③又稱低層次　④又稱大層次。

（123）86. 等長層次不可歸屬於　①零層次　②小層次　③厚重層次　④大層次的髮型。

工作項目 05：燙髮

單選題

(4) 1. 使用輕、柔軟、可任意彎曲燙髮用具的是　①拐子燙　②螺絲燙　③車輪燙　④萬能燙。

(4) 2. 燙髮時要使毛髮根部產生膨鬆或服貼的主要因素是　①藥劑　②捲棒　③髮片厚度　④髮片角度。

(1) 3. 在基本冷燙中，若頸背部要造成服貼的效果，則髮片的角度最好在　① 30°　② 60°　③ 90°　④ 120°。

(1) 4. 燙髮用的冷燙紙，最好是使用具有　①滲透性　②無孔　③防水　④中性　的紙。

(4) 5. 燙髮時若橡皮筋儘量接近頭皮內緊外鬆掛法，則易造成　①均勻的鬈度　②有彈性的鬈度　③有張力的鬈度　④壓痕或斷髮。

(1) 6. 冷燙時，為預防藥劑傷害臉部肌膚的錯誤處理是　①於髮緣四週先塗上中和水　②於接近髮緣的皮膚塗抹凡士林　③於髮際邊的皮膚塗上護髮霜　④於髮緣四周圍毛巾。

(2) 7. 燙髮前最重要之步驟是　①用力梳刷頭髮　②分析顧客髮質　③染髮　④洗直。

(2) 8. 頭型大且頭髮短少者較適合採用　①標準式　②疊磚式　③扇形式　④雨傘式　燙髮。

(4) 9. 嚴重受損髮燙髮時宜用　①先塗藥捲法　②塗藥捲法　③水捲法　④護髮捲法。

(1) 10. ①粽子燙　②雨傘燙　③挑燙　④扇形燙　可控制髮根不鬈曲的距離。

(2) 11. 設髮長為 10 公分、捲棒直徑為 1 公分，則上捲後的圈數約有　①二圈　②三圈　③四圈　④五圈。

(1) 12. 燙易捲的頭髮適合用　①水捲法　②護髮捲法　③先塗藥捲法　④塗藥捲法。

(4) 13. 較適合平板燙的頭髮是：　①病髮　②細少髮　③分叉髮　④豐厚髮。

(4) 14. 短髮，若欲燙出自然的波紋可用　①螺絲燙　②拐子燙　③龍鳳燙　④夾捲燙。

(2) 15. 頭髮表皮鱗片愈張開，則燙髮所需時間　①較長　②較短　③不受影響　④依髮長而定。

(3) 16. 欲使頭髮流向往後，燙髮時宜採　①粽子燙　②雨傘燙　③扇形燙　④挑燙。

(1) 17. 僅求髮中及髮尾捲曲時宜採　①粽子燙　②扇形燙　③挑燙　④疊磚燙。

(3) 18. 燙髮時鬈度的波紋大小決定於　①時間的長短　②藥劑的強弱　③捲棒的大小　④角度的高低。

(2) 19. 冷燙液中的乙硫醇酸與　①角質纖維　②間充物質　③表皮層　④髓質層　中的二硫化鍵發生反應，而達到燙髮的目的。

(3) 20. 燙髮時第一劑若停置在頭髮的時間愈久，則會產生　①較持久的鬈度　②均勻的波浪　③過度的膨脹　④亮麗的髮質。

(3) 21. 冷燙劑第一劑中之 pH 值的強弱，決定頭髮　①鬈度　②收縮度　③膨鬆度　④軟硬度　的大小。

(4) 22. 在燙完頭髮後需要　① 12 小時　② 24 小時　③ 36 小時　④ 72 小時後　才能使頭髮的組織穩定。

(3) 23. 在冷燙時第一劑上完後用浴帽套在頭髮上，其目的之一是隔絕空氣中的　①二氧化碳　②氫　③氧　④氮。

(2) 24. 燙髮時，上完第一劑後，用浴帽套在頭髮上，除了有隔絕空氣的作用外還有　①防止捲心掉落　②使體熱不致散失　③防止藥劑滴到衣服　④美觀作用。

(3) 25. 與燙髮劑的第二劑無關的是　①氧化作用　②散熱現象　③吸熱現象　④胱胺酸鍵的結合。

(2) 26. 不適用於染色過的頭髮之冷燙劑是　① pH 值低的　② pH 值高的　③含油性成分　④不具膨鬆性的。

(2) 27. 頭髮經過冷燙液的第一劑濕潤 10 分鐘後，會使其　①萎縮　②膨脹　③彎曲　④融化。

(4) 28. 燙髮時氧化劑可以終止燙髮藥水的作用及頭髮的　①鬆弛鬈度　②柔軟鬈度　③恢復鬈度　④固定鬈度。

(2) 29. ①多孔性頭髮　②抗拒性頭髮　③染色過頭髮　④漂淡過頭髮　　在燙髮時需要較久的時間。

（ 3 ） 30. 在使用化學性的洗直劑前，必須先瞭解頭髮的　①密度及長度　②密度及髮流　③髮質及彈性　④髮色及長度。

（ 1 ） 31. 燙髮液氧化劑會　①放熱　②吸熱　③凝固　④溶解促使頭髮中的胱胺酸鍵再結合。

（ 1 ） 32. 酸性燙髮劑要利用　①熱　②氨　③阿摩尼亞　④單乙醇銨　來達到催化作用。

（ 3 ） 33. 比較三種髮質由快至慢的燙髮速度，正確的是：　①抗拒、受損、正常　②受損、抗拒、正常　③受損、正常、抗拒　④正常、受損、抗拒。

（ 1 ） 34. 使用酸性燙髮劑時，無任何刺激味道是因為　①不含氨　②加入香料　③化學反應過程快速　④蒸氣影響。

（ 1 ） 35. 燙髮完成後，發覺頭髮溼時很鬆，乾時鬆弛且毛毛，此現象顯示　①使用藥劑時間過久　②燙髮不完全　③使用過多藥水　④使用過多髮油。

（ 4 ） 36. 冷燙第一劑主要是切斷　①鹽鍵　②氨基鍵　③氫鍵　④二硫化鍵。

（ 2 ） 37. 燙髮劑進入右眼時，右眼應在　①上　②下　③左　④右　沖洗。

（ 4 ） 38. 冷燙第一劑的功能是切斷頭髮的二硫化鍵，使其膨脹、軟化而失去彈性，稱為　①生化作用　②氧化作用　③物理作用　④還原作用。

（ 3 ） 39. 鹼性冷燙液通常 pH 值必須達到　① 6.5　② 7.5　③ 8.5　④ 10　以上，才能有較好的效果。

（ 4 ） 40. ①溴酸鈉　②溴酸鉀　③過硼酸鈉　④乙硫醇酸　並非冷燙液第二劑的成份。

（ 3 ） 41. ①溴酸鈉　②溴酸鉀　③乙硫醇酸　④硼砂　是冷燙液第一劑的主要成份。

（ 1 ） 42. 冷燙試捲若稍為不夠鬈時，則可在沖水時　①調高水溫　②加還原劑　③加氧化劑　④加第一劑。

（ 1 ） 43. 粗硬而不易鬈曲的頭髮在冷燙捲前可先用　①還原劑　②氧化劑　③熱水　④護髮油　處理。

（ 4 ） 44. 燙後護理頭髮，用力搓揉拉扯會使捲度　①變強　②效果持久　③彈力佳　④變弱。

（ 2 ） 45. 親水性髮質在燙髮時較為　①慢捲　②快捲　③一樣　④不一定。

（ 2 ） 46. 捲髮排列的技巧最好以　①標準捲法　②髮型設計排列　③隨顧客意見　④自由發揮。

（ 1 ） 47. 不分區的燙髮有　①疊磚燙　②雨傘燙　③標準燙　④辮子燙。

（ 1 ） 48. ①髮根燙　②髮中燙　③螺絲燙　④辮子燙　可使頭頂頭髮膨鬆。

（ 1 ） 49. 短髮時欲燙出自然的波紋可用　①夾捲　②螺絲　③拐子　④龍鳳　燙。

（ 2 ） 50. 頭型愈大的人，其冷燙排列宜採　①標準燙　②疊磚燙　③辮子燙　④螺絲燙。

（ 4 ） 51. 燙鬈後之頭髮再燙平板燙時　①保護頭髮　②不傷害頭髮　③造成柔軟　④易傷害髮質。

（ 3 ） 52. 較適合髮根燙的頭髮是　①病變髮　②豐厚髮　③細少髮　④分叉髮。

（ 2 ） 53. 在燙髮時間上較迅速卻較易傷害髮質是　①平板燙　②熱燙　③冷燙　④花式燙。

複選題

（13）54. 燙髮第一劑是軟化屬　①鹼性　②酸性　③還原劑　④氧化劑　可使頭髮表皮鬆開膨脹柔軟。

（12）55. 燙髮過程，由原髮經過　①還原作用　②氧化作用　③酸化作用　④固定作用 重新組合等過程才能完全燙髮完成。

（12）56. 燙髮第一劑還原作用是屬　①鹼性　②切斷雙硫鍵　③酸性氧化作用　④成型固定重新組合。

（34）57. 燙髮捲棒的髮尾不可反折並且不可　①均勻　②光滑　③集中　④重疊或歪斜。

（13）58. 燙髮第二劑主要成分為　①溴酸鈉　②還原劑　③過氧化氫　④含強鹼性　等。

（234）59. 下列何者是造成燙髮後水分保持降低及毛髮彈力降低的因素　①毛髮健康　②毛髮水分的流失　③毛髮成分的流失　④氨基酸的流失。

（14）60. 燙髮劑使微纖維束間及小纖維束間的雙硫鍵如何　①斷鍵　②分解　③強壯　④ NMF(保濕因子) 流失。

(234) 61. 下列哪些因素會引起燙髮後捲度降低　①乾濕　②毛髮損傷　③毛髮保養製品的物理性負荷　④吹乾毛髮的重量感。

(14) 62. 燙髮使用藥捲髮適合哪些髮質　①健康粗硬髮　②受損髮　③乾燥髮　④油性髮。

(23) 63. 燙髮使用水捲髮適合哪些髮質　①健康粗硬髮　②受損髮　③乾燥髮　④油性髮。

(12) 64. 冷燙藥水之第二劑上二次的優點是　①能讓全毛髮顏色均勻　②滲透底層酸化原本還原的毛髮　③讓水分流失　④加強護髮。

(234) 65. 花式燙操作時不要用　①尖尾梳　②大板梳　③刮梳　④剪髮梳。

(124) 66. 燙染髮時為避免傷及皮膚，不可在髮緣四周塗抹　①酒精　②碘酒　③凡士林　④氨水。

(23) 67. 中間沖洗時應注意　①用溫水沖洗10分鐘以上　②沖水後要用毛巾吸乾水分　③要將頭髮上的第一劑完全沖淨　④用熱水沖洗七分鐘。

(12) 68. 冷燙紙的操作方法有　①單包法　②雙包法　③三包法　④多層包法。

(124) 69. ①髮尾燙　②髮中燙　③髮根燙　④辮子燙　不能使頭髮蓬鬆。

(234) 70. 冷燙劑主要目的不是切斷髮中的　①二硫化鍵　②纖維　③角質層　④色素。

(34) 71. 燙髮時中間沖水，應注意　①不用注意時間　②隨自己意思沖即可　③要將頭髮上的第一劑完全沖淨　④沖水後要用毛巾吸乾水分。

(12) 72. 關於冷燙氧化劑的敘述，何者正確　①具氧化、固定作用　②其氧化作用不完全，則導致頭髮彈性不佳　③上完第二劑應戴上浴帽保溫　④又稱為還原劑。

(124) 73. 冷燙液主要目的不是切斷頭髮中的　①纖維　②角質層　③二硫化鍵　④蛋白質鏈鍵。

(24) 74. 花式燙髮操作進行時　①隨便捲　②要分區　③不用分區　④依設計所需要做捲髮操作。

(23) 75. 燙髮時正確的操作方法　①標準式分區的兩前側與臉部髮緣線呈垂直　②髮片須梳直捲緊，才能達到理想捲度　③剛燙髮完不要拉直頭髮，否則會使捲度變弱及不持久　④橡皮圈要內緊外鬆。

(34) 76. 正確燙髮時　①應先使用酸性洗髮精軟化頭髮　②頭皮有傷口只要塗藥膏即可燙髮　③第一劑是還原劑可切斷雙硫鍵　④要先診斷髮質以便選擇藥水與控制時間。

(24) 77. 引起頭髮因燙髮後毛燥原因　①燙髮時間過短　②髮尾部分未捲好　③藥水用量太少　④不適合的藥水。

(12) 78. 上完冷燙液的第一劑為何要帶塑膠帽　①防止與空氣接觸產生氧化作用　②防止藥水乾燥並保持溫度　③防止水分流失保護頭皮　④促進新陳代謝減少頭皮刺激。

(23) 79. 對於洗髮觀念何者正確？　①天天洗頭才能保護頭髮　②頭皮乾燥每週應洗1～3次為宜　③脫髮較為嚴重的人，洗頭次數過多會加重脫髮　④洗髮時，大力抓搓並按摩，這能保持頭皮清潔。

(13) 80. 為何原生髮不易燙捲　①未受到任何化學藥品如染燙之傷害　②表皮層之鱗片較為開放　③皮質層的鏈鍵組織緊密　④藥水滲透較快。

(234) 81. 不是燙髮原理一般程式的是　①軟化＞固定＞成形　②成形＞固定＞軟化　③固定＞成形＞軟化　④氧化＞還原＞固定。

(124) 82. 燙髮時，無法切斷皮質層之二硫化物鍵的是　①氧化劑　②乳化劑　③還原劑　④界面活性劑。

(23) 83. 燙髮前主要的工作應包括　①將顧客頭皮徹底抓洗乾淨　②顧客的髮質診斷　③顧客的頭皮健康診斷　④分析顧客的消費能力。

(23) 84. 燙髮時採用水捲法的頭髮性質大部分屬於　①抗拒性　②多孔性　③乾燥性　④撥水性　的髮質。

(123) 85. 染髮及燙髮等用的過氧化氫(雙氧水)不正確的分子式為　①H_2　②H_2O　③CO_2　④H_2O_2。

工作項目 06：染髮

單選題

（ 2 ）1. 染髮後要洗去多餘的染劑，且日後為了減緩褪色，應使用 ①強酸性 ②弱酸性 ③強鹼性 ④弱鹼性 的洗髮精。

（ 4 ）2. 染髮劑的局部皮膚試驗觀察的時間應是 ① 1 小時～ 5 小時 ② 6 小時～ 10 小時 ③ 12 小時～ 20 小時 ④ 24 小時～ 48 小時。

（ 3 ）3. 染髮前除了要檢查髮質外還要觀察 ①頭髮長度 ②頭髮粗細 ③頭皮是否損傷 ④頭髮是否自然捲。

（ 1 ）4. 染髮不當而造成皮膚過敏的現象是屬於 ①接觸性皮膚炎 ②變態反應性皮膚炎 ③潰爛性皮膚炎 ④痤瘡性皮膚炎。

（ 2 ）5. 頭髮染色在於使頭髮 ①減少自然色素 ②增加人工色素 ③除去大部分色素 ④增加自然色素。

（ 1 ）6. 染髮前應選用 ①弱鹼性 ②弱酸性 ③強酸性 ④強鹼性 洗髮精去除污垢。

（ 2 ）7. 深褐色髮的色素粒子中，黑色粒子佔 ① 30% ② 50% ③ 70% ④ 90%。

（ 4 ）8. 金色髮的色素粒子中，其黃色粒子佔 ① 20% ② 40% ③ 60% ④ 80%。

（ 2 ）9. 金屬性染髮劑的鉛色素氧化後，原白髮部分會變成不雅觀的 ①紅色 ②綠色 ③黃色 ④藍色。

（ 4 ）10. 頭髮中色素粒子較小的是 ①黑色 ②褐色 ③紅色 ④黃色。

（ 1 ）11. ①金屬 ②植物 ③氧化 ④非氧化 性染髮劑，使用後髮色較無光澤。

（ 3 ）12. 最早的植物性染劑是 ①甘菊 ②鼠尾草 ③指甲花 ④大黃。

（ 2 ）13. 染髮劑的色度，其數值愈小，顏色愈 ①淺 ②深 ③適中 ④好。

（ 3 ）14. 永久性染劑與過氧化氫混合時，會產生的化學反應是 ①軟化 ②吸熱 ③氧化 ④中和。

（ 3 ）15. 一般來說 ①歐洲人 ②美洲人 ③亞洲人 ④澳洲人 的頭髮，染髮劑較難滲入皮質層內與麥拉寧色素粒子結合。

（ 2 ）16. 漂淡頭髮，宜先漂 ①髮根 ②髮中 ③髮幹 ④髮尾。

（ 3 ）17. 欲將頭髮漂淡 2 ～ 3 度，宜使用 ① 3% ② 6% ③ 9% ④ 12% 的過氧化氫。

（ 2 ）18. 一般染髮，宜使用 ① 3% ② 6% ③ 9% ④ 12% 的過氧化氫。

（ 2 ）19. 護髮染是屬 ①暫時性 ②半永久性 ③永久性 ④機動性 的染髮劑。

（ 3 ）20. ①植物性 ②動物性 ③礦物性 ④暫時性 染髮劑是含毒性，故染前應做皮膚試驗。

（ 2 ）21. 皮膚試驗呈現紅腫與癢的現象是 ①陰性反應 ②陽性反應 ③中性反應 ④不確定反應。

（ 2 ）22. 染前以一小撮頭髮先測試顯象時間及色度的實驗稱為 ①皮膚試驗 ②髮束試驗 ③頭皮試驗 ④鬆度試驗。

（ 2 ）23. 頭髮漂淡劑可使頭髮 ①增加色素 ②去除色素 ③增加亮度 ④減少亮度。

（ 3 ）24. 膚色較白者可選用 ①偏褐色 ②較深顏色 ③較淡色 ④任何顏色 的染劑。

（ 3 ）25. 補染過程中當顏色接近原染髮色時，可用洗髮精或 ①氨水 ②酒精 ③水 ④護髮劑 使髮色更均勻。

（ 1 ）26. 染髮時，所取髮束厚度約為 ① 1 公分 ② 2 公分 ③ 3 公分 ④ 4 公分。

（ 4 ）27. 灰髮或白髮在使用染色劑前需要預先軟化以便： ①防止刺激頭皮 ②防止頭髮斷裂 ③防止褪色 ④使髮孔張開吸收染劑。

（ 4 ）28. ①具有 25% 的灰髮 ②頭皮屑太多 ③髮尾枯黃 ④頭皮有紅疹、擦傷時 不可使用永久性染劑。

（ 3 ）29. 噴霧型染劑是屬 ①永久性染劑 ②半永久性染劑 ③暫時性染劑 ④金屬性染劑。

（ 1 ） 30. 補染新生的白髮宜從　①前頭部　②後頭部　③側頭部　④後頸部　　開始染。

（ 3 ） 31. 頭髮漂染宜從　①前頭部　②頭頂部　③後頭部　④側頭部　開始染。

（ 3 ） 32. 永久性染髮時間不宜超過　① 25　② 35　③ 45　④ 55　　　分鐘。

（ 1 ） 33. 金屬性染劑色素粒子附著在頭髮的　①表皮層　②皮質層　③髓質層　④角質層。

（ 3 ） 34. 黑髮染咖啡色，經三、四個月後須補染，其髮色之情況為　①新生髮變淡，髮尾變深　②新生髮及髮尾仍是咖啡色　③新生髮黑色，髮尾變淡　④新生髮及髮尾都是黑色。

（ 2 ） 35. 頭髮漂淡劑不可用於下列何種顧客　①洗過髮　②頭皮發疹子　③染過髮　④剪過髮。

（ 1 ） 36. 漂淡劑可使頭髮　①去除色素　②增加人工色素　③增加彈性　④防止斷裂分叉。

（ 4 ） 37. 苯胺導引染劑可　①使髮幹鮮明　②覆蓋髮幹　③柔軟髮幹　④滲透髮幹。

（ 2 ） 38. 漂髮由黑髮到白髮的顏色變化過程中第七步驟的顏色變化為　①黑色　②黃白色　③黃色　④褐（棕）色。

複選題

（ 12 ） 39. 一等色有三種顏色除紅色之外，包括　①黃色　②藍色　③紫色　④金色　　　等三原色。

（ 12 ） 40. 染髮理論包含色相明度彩度色環與　①色度　②色相　③色調　④明暗等。

（ 12 ） 41. 染劑第一劑包含染料、界面活性染劑、護髮劑、還原蛋白與　①安定劑　②調色劑　③髮色劑　④乳化劑。

（ 34 ） 42. 膚色與髮色搭配春季以紅咖啡　①黑咖啡　②灰褐色　③栗褐色　④黑棕色較為適合。

（ 12 ） 43. 染髮後會造成麥拉寧色素粒子分解之因素為　①殘留二氧化氫　②下水道水的鐵　③吃太多辣油　④抹太多造型品。

（ 123 ） 44. 有哪些因素會引起染髮後頭髮之退色　①殘留之二氧化氫　②毛髮損傷　③毛髮保養品　④剪髮。

（ 123 ） 45. 染髮劑停留時間過長，會有何影響　①混濁　②暗沈　③受損嚴重　④顏色太淡。

（ 124 ） 46. 漂染劑之主要成分為　①過硫酸鹽　②二氧化氫　③護髮素　④鹼劑。

（ 134 ） 47. 下列關於永久性染劑的敘述，何者不正確？　①洗髮後顏色即不留存　②染劑是經由表皮層滲入皮質層　③染後不會損傷毛髮　④顏色停留於毛髮上的時間比暫時性染劑短。

（ 124 ） 48. 根據歷史記載，第一個使用植物染髮劑的不是　①美國人　②英國人　③埃及人　④希臘人。

（ 124 ） 49. 下列有關染髮前皮膚試驗的敘述，何者正確？　①每次染髮前都必須做皮膚試驗　②染髮前 24 小時須先測試顧客皮膚　③如果顧客一直使用同種染劑，僅須在第一次做皮膚試驗　④可將染劑與雙氧水混合均勻，施測於手肘、手腕內側或耳後部位的皮膚。

（ 123 ） 50. 最早被使用來製成染劑的植物不是　①鼠尾草　②大黃　③甘菊　④指甲花。

（ 234 ） 51. 專業染髮設計師除了具備染髮的基本知識，還要觀察顧客的　①身高體型　②髮色等級、色調　③膚色、眼球顏色　④頭髮長度、密度、質地以染出適合的髮色。

（ 134 ） 52. 染髮普遍被接受的原因為　①染髮新產品的研發　②染髮可改變髮長　③染後可變的年輕　④愛美的天性及注重自我形象。

（ 24 ） 53. 色彩基礎色是指　①橘綠紫　②紅黃藍　③調和色　④三原色。

（ 23 ） 54. 調和色是指　①所有顏色的混合　②一等色和二等色混合之後的顏色　③一等色和橙綠紫混合之後的顏色　④一等色互相調出來的顏色。

（ 124 ） 55. 染髮混色結果，是以色料混合原理來混色，下列何種混色結果不正確？　①黃＋紅→白　②黃＋藍→橙　③藍＋紅→紫　④紅＋黃→綠。

（ 234 ） 56. 染髮色彩的流行變化，下列何者敘述較正確？　①六〇年代色彩以鮮紅色、紫紅色為主　②七〇年代色彩，以咖啡色、棕色為主　③八〇年代後期，以金黃色、亞麻色為主　④近年來，哈日風流行，有以銀灰色來表現個人風格。

（124）57. 色相對比的狀況，下列何者正確？　①橙色在紅色上，感覺有黃色味　②橙色在黃色上，感覺有紅色味　③橙色在藍色（補色）上，感覺偏黃　④橙色在綠色上，感覺有紅色味。

（124）58. 有關色彩的心理感覺，下列敘述何者正確？　①暖色較熱，具膨脹性　②暖色給人開朗、溫馨的感覺　③寒色較輕，具前進性　④寒色給人堅硬、寒冷的感覺。

（134）59. 下列關於染髮後的頭髮處理，何者為正確的方法？　①選擇染髮專用洗髮精　②洗髮時用冷水，並搓揉頭皮　③使用酸性潤絲精　④使用高蛋白質護髮劑護髮。

（13）60. 染髮劑的敘述，何者正確　①化學染髮劑，其成分多含有苯類、雙氧水和化學色素　②指甲花常被用來做為衣服染料使用　③染髮劑可分為暫時性、半永久性及永久性　④染髮是利用黑色素改變毛髮的色彩。

（24）61. 正確雙氧水的百分比與容量分辨　① 3%=30vol　② 12%=40vol　③ 6%=60vol　④ 6%=20vol。

（34）62. 下列對染髮的敘述，何者正確　①染髮前不宜剪髮　②要染成淡髮色頭髮應先護髮　③暫時性染髮劑易於清洗且能增加變化感，但易污染枕頭與衣服　④要染彩色全染時，應先從後頸線開始染。

（13）63. 永久性染髮前何者正確　①不用洗髮，頭皮上的油脂分泌物，可以保護頭皮　②洗髮後毛髮才有足夠水分吸收染劑　③洗後頭髮含有 30—35% 的水份，會降低那雙氧水的作用，影響著色的效果　④不必分區隨意從髮根至髮尾 一次塗抹。

（12）64. 染白髮時何者正確　①必須使用 6% 的雙氧水　②氧化時間不夠，會造成大量的褪色　③染膏調配的比例：1 份染膏 +1 份 9% 的雙氧乳　④白髮有色素，不需足夠的色素離子來滲透達到飽和。

工作項目 07：整髮與梳理

單選題

(3) 1. 以電棒將髮尾平整夾緊後，往外翻轉定型後的效果爲　①波浪型　②捲捲型　③外翹型　④內彎型。

(1) 2. 離子夾操作時正確的是　①從髮根移至髮尾　②直接髮莖中間　③直接髮根部　④直接從髮尾部開始捲起。

(4) 3. 操作電棒爲免燙傷頭皮，在頭皮與電棒間宜置入　①排骨梳　②九排梳　③S梳　④電木梳。

(2) 4. 在做指推波紋前應先找出　①髮緣線　②毛流　③客人資料　④捲髮的痕跡。

(2) 5. 可以使指推波紋更易於達到效果的頭髮是　①直髮　②彈性波浪鬢髮　③洗直的頭髮　④糾結狀鬢髮。

(3) 6. 側分的髮型，指推波紋應從　①頭頂部份　②頭部後側　③較大的一邊　④較小的一邊　著手。

(4) 7. 完成指推波紋後，過長烘乾的時間將會　①破壞波紋　②使波紋較持久　③增加頭髮及頭皮的油脂　④造成頭髮的乾燥。

(3) 8. 指推波紋的波紋走向，基本上可分爲水平、垂直及　①逆毛流　②順毛流　③對角　④交替。

(4) 9. 隔層波紋（脈形捲法）是　①夾捲與夾捲　②指推波紋與指推波紋　③髮筒捲法與指推波紋　④指推波紋與平捲的組合設計。

(4) 10. ①髮筒捲　②直立捲　③夾捲　④指推波紋　最能表現出連續S形律動感。

(3) 11. 成型波紋的紋峰高低，決定於髮片所提的　①髮長　②髮量　③角度　④寬度。

(2) 12. 指推波紋呈現　①移轉性　②階梯式　③漸層式　④自由式　的律動。

(2) 13. 整髮時，塗抹髮膠的最主要功用是在　①增加髮量　②定型持久　③保養髮質　④柔軟作用。

(3) 14. 爲使頭髮較易成型且不易在頭頂上造成彎曲或分開，梳髮及分髮時應　①增加髮膠的用量　②逆毛流梳理　③依毛流生長的方向梳理　④視髮型需要梳理。

(4) 15. 指推波紋下面第一層的夾捲，應採用　①抬高捲　②螺旋捲　③雕刻捲　④平捲。

(1) 16. 梳開糾纏結的頭髮，應先從　①髮尾梳開再梳髮根　②髮根梳開再梳髮尾　③髮中梳開再梳髮尾　④髮中梳開再梳髮根。

(2) 17. 常用的短髮型逆梳技巧有　①2種　②3種　③4種　④5種。

(4) 18. 爲了防止側頭部的頭髮分裂，在做夾捲時應使用　①方形　②三角形　③長方形　④弧形　底盤。

(2) 19. 夾捲的三個主要結構是：底盤、圓環及　①髮孔　②髮幹　③支軸　④髮束。

(3) 20. 以夾捲作出波紋時，髮圈直徑的長度應是波紋寬的　①1/2　②1/3　③2/3　④同長。

(4) 21. 不適合髮筒整髮的髮型是　①蓬鬆髮型　②波浪髮型　③柔和髮型　④服貼髮型。

(3) 22. 夾捲的圓環之　①寬度　②長度　③直徑　④方向　可決定頭髮波浪的寬度。

(4) 23. 整髮時若髮筒正落在底盤上，則其膨度　①平滑　②最小　③中等　④最大。

(2) 24. 整髮時決定夾捲方向及長度的是　①底盤　②髮幹　③圓環　④髮筒。

(4) 25. 夾捲底盤的形狀有　①1種　②2種　③3種　④4種以上。

(2) 26. ①下捲法　②上捲法　③直立捲法　④側捲法　可形成外翹的效果。

(1) 27. 髮片提120度捲入髮筒時，其量感爲　①大　②中　③小　④不變。

(4) 28. 髮片提　①180°　②120°　③90°　④45°　捲成的髮筒其髮幹最長。

(3) 29. 髮片提45°捲入髮筒時，髮筒落在底盤的　①內方　②上方　③下方　④內外各半。

(3) 30. 常用於髮緣變化髮型款式的夾捲底盤是　①長方型　②方型　③弧型　④三角型。

(1) 31. 夾捲在頭皮上固定的部份稱爲　①底盤　②髮幹　③圓環　④髮束。

(2) 32. 夾捲的方向及可動性主要來自　①底盤　②髮幹　③圓環　④髮束。

(3) 33. 頭髮波浪的寬度主要決定於　①底盤　②髮幹　③圓環　④髮束。

（ 3 ） 34. 髮片提拉 45° 捲入髮筒時，其量感為 ①大 ②中 ③小 ④不變。

（ 1 ） 35. 欲形成水平式波紋時，順時鐘方向的平捲應從 ①左方 ②右方 ③上方 ④下方 開始操作。

（ 2 ） 36. 欲形成水平式波紋時，逆時鐘方向的平捲應從 ①左方 ②右方 ③上方 ④下方 開始操作。

（ 2 ） 37. 為形成水平式波紋，而做順時鐘方向平捲時，髮流宜先梳成呈 ①正 C ②反 C ③斜 C ④一直線。

（ 1 ） 38. 為形成水平式波紋，做逆時鐘方向平捲時，髮流宜先梳成呈 ①正 C ②反 C ③斜 C ④一直線。

（ 2 ） 39. 整髮時，決定夾捲波浪寬度和強度的是 ①底盤 ②圓環 ③髮幹 ④髮梢。

（ 1 ） 40. 指推波紋是將頭髮梳成 ①S 型 ②8 字型 ③M型 ④C型。

（ 1 ） 41. 梳髮時應以 ①45° ②90° ③120° ④180° 握住刷柄方便操作。

（ 2 ） 42. 電鉗夾髮處，捲轉時電鉗與 ①頭髮 ②頭皮 ③梳子 ④電源 始終保持一定距離。

（ 4 ） 43. 使用指推波浪 (Finger Wave) 時不須考慮 ①毛流生長方向 ②頭髮多少 ③底盤分線 ④髮尾分叉與否。

（ 4 ） 44. 電棒整髮使它有波紋稱為 ①空氣 ②動力 ③定型 ④熱力 波浪。

（ 1 ） 45. 使用電鉗時，電鉗夾髮處離頭皮至少要有 ①2.5 公分 ②4 公分 ③6 公分 ④8 公分。

（ 3 ） 46. 用電鉗整髮，應以 ①刷子 ②布條 ③梳子 ④捲子 抵住電鉗以免燙傷皮膚。

（ 4 ） 47. 經常使用電鉗整髮易使 ①髮質變好 ②髮質變粗 ③髮質變細 ④髮質容易乾燥。

（ 1 ） 48. 逆梳時靠髮尾處力道應 ①弱 ②強 ③一樣 ④均勻。

（ 4 ） 49. 測試電棒的熱度可用 ①假髮 ②指頭 ③手心 ④薄紙。

（ 4 ） 50. 逆梳的主要目的，何者不正確 ①增加量感 ②髮型持久 ③隨意變新髮型 ④髮型不服貼。

（ 2 ） 51. 圓型臉若要分髮線，其髮線適合 ①短分線 ②長分線 ③斜分線 ④短分線、長分線、斜分線均可。

（ 2 ） 52. 使用電鉗整髮時頭髮應是 ①半濕 ②乾的 ③濕的 ④不一定。

複選題

（ 12 ） 53. 吹風時可用下列五種技巧，除推式、提式、拉式還包括 ①轉式 ②固定 ③穿式 ④吹式。

（ 34 ） 54. 吹風要內髮時，吹風的角度要 ①90° ②135° ③180° ④360°。

（ 12 ） 55. 髮筒的基本捲髮有 ①上捲法 ②下捲法 ③空心捲 ④螺捲法。

（ 12 ） 56. 梳髮髮夾固定方式有縫針式、十字固定式與 ①交叉式 ②水平式 ③U 型式 ④美式 等方法。

（ 34 ） 57. 梳髮應用可分成 ①上梳 ②下梳 ③短髮梳法 ④長髮梳法。

（ 14 ） 58. 脈形捲髮是利用 ①平捲 ②螺捲 ③冷燙捲 ④指推波紋 所設計出來的作品。

（ 124 ） 59. 整髮的技法，經常使用哪些技巧 ①平捲 ②螺捲 ③針捲 ④空心捲。

（ 124 ） 60. 吹風成敗的最主要因素不是 ①梳子品質的好壞 ②吹風機的體積大小 ③吹風經驗的累積 ④美髮產品的優劣。

（ 124 ） 61. 在整髮技巧中最常使用的是 ①手捲 ②吹風 ③燙髮 ④髮筒捲法技術。

（ 124 ） 62. 整髮時適於烘乾頭髮的機具是 ①大吹風機 ②吹風機 ③蒸氣機 ④手提罩燈。

（ 123 ） 63. 整髮時適於固定髮捲的是 ①髮夾 ②小單夾 ③U型夾 ④鯊魚夾。

（ 13 ） 64. 適合將燙捲的頭髮自然烘乾，並達到整髮造型的效果，可使用下列何者器具 ①ET ②大吹 ③罩燈 ④蒸氣護髮機。

（ 12 ） 65. 長髮梳理時，可利用 ①扭轉 ②編髮 ③沾溼 ④染色的操作。

（ 123 ） 66. 髮型梳理時的髮夾使用方法包括 ①水平式 ②交叉式 ③縫針式 ④開放式 的髮夾固定法。

（ 12 ） 67. 龐克髮型風格與哪一國相關 ①英國 ②倫敦 ③法國 ④巴黎。

工作項目 08：假髮應用

單選題

（ 1 ）1. 假髮自古在　①埃及　②羅馬　③希臘　④雅典　就已被戴用。

（ 1 ）2. 人髮的燃燒速度與合成之假髮比較　①慢　②快　③相同　④視髮質而定。

（ 1 ）3. 我國婦女使用假髮最早始於　①春秋戰國　②明朝　③漢朝　④民初。

（ 2 ）4. 假髮套在假頭殼後　①隨便固定　②必須在邊緣固定　③只需一個地方固定　④不必要固定。

（ 2 ）5. 假髮套在假頭殼上，至少要固定　①三個點　②六個點　③十個點　④十二個點。

（ 2 ）6. 假髮戴在真人頭上為了避免有分線最好的方法是，從真人的前頭部髮緣線挑出　①半公分　②1公分　③2公分　④3公分　寬的頭髮與假髮混合，再梳理成型。

（ 3 ）7. 選購髮笠時，以適合於使用者的　①髮質　②髮色　③頭寸　④鬈曲度　為第一要件。

（ 2 ）8. ①小髮髻　②髮條　③髮片　④半頂髮笠　可以折成曲狀或圓型來修飾頭髮用。

（ 3 ）9. 選購半頂髮笠時應最注意　①顏色　②髮質、髮量　③顏色、髮質　④尺寸大小。

（ 3 ）10. 選購全頂髮笠應最注重　①顏色　②髮質　③尺寸大小　④價格。

（ 2 ）11. 將假髮用 T 字針固定於假頭殼時，臉際線除了側角點外，至少應在　①側部點　②中心點　③前側點　④側角點　固定。

（ 2 ）12. 若假髮正中線太長，應在正中線打　①斜褶　②橫褶　③直褶　④角度褶　以縮短長度。

（ 1 ）13. ①半頂髮笠　②全頂髮笠　③小髮笠　④髮條　通常使用於顯露自己前髮，接上長髮型或特殊髮型時戴用。

（ 3 ）14. 禿頭男人使用假髮，除了半頂髮笠以外，也可戴上　①髮片　②髮條　③全頂髮笠　④小髮髻以期改變髮型。

（ 3 ）15. 測量頭圍，應從前額中央髮際開始，繞過耳上及　①頂部點　②黃金點　③後部點　④頸部點再回原點。

（ 4 ）16. 為增加某部份重感時，最常用的假髮為　①髮笠　②半髮笠　③髮片　④小髮髻。

（ 4 ）17. 欲配成彩色瀏海頭髮，宜以　①髮條　②小髮髻　③半髮笠　④髮片　貼用。

（ 1 ）18. ①髮笠　②髮片　③小髮髻　④馬尾　能遮掩大部分的頭髮。

（ 4 ）19. 小髮髻之用途最多，尤為增加某部份的　①質感　②形狀　③紋理　④量感　時使用。

（ 2 ）20. ①髮條　②髮片　③半頂髮笠　④全頂髮笠　是在小部貼用或以不同的顏色配成花色頭髮時使用。

複選題

（ 14 ）21. 假髮的製造可分為　①人髮　②馬毛　③狐狸毛　④合成纖維　製造。

（ 12 ）22. 全頂假髮除了配合膚色、髮質選擇、頭圍尺寸等之外，還需有　①髮色　②髮長　③髮相　④髮高。

（ 14 ）23. 有關假髮起源的敘述，下列何者錯誤　①在四千多年前世界上最早使用假髮的是希臘人　②朝鮮半島在高麗王開始盛行戴假髻　③古埃及人重視假髮，會把不佩戴的假髮放在特製的盒子裡收藏，亦經常將花瓣、肉桂木屑、香膏等灑在假髮上　④中國在三國時期盛行假髮即有佩戴假髮的習慣。

（ 34 ）24. 對於全頂式假髮保養的敘述，何者正確　①戴完最好直接放到塑膠袋以免潮濕　②盡量用力扭搓才能洗乾淨再放 置陰涼處晾乾　③清洗時放在有少量洗潔液的臉盆浸泡五至十分鐘　④每次洗後吹乾再噴灑保養油以增加光澤。

（234）25. 下列敘述假髮何者正確？　①擦拭假髮可大力搓擦或扭絞　②若需要，在做髮型及設計前可乾洗假髮　③視需要經 常保養假髮，以防止毛髮乾燥或沒有光澤　④清洗或整理濕的假髮時，應架於與假髮尺寸相等的模子上，以免收縮變形。

（12）26. 下列有關假髮洗滌與保養的敘述，何者正確？　①約每 2 ～ 4 週清洗一次為宜　②每次清洗後皆須重新造型　③除非想改變髮型，否則清洗後不須重新造型　④合成纖維製品較易吸附灰塵，故可延長清洗時間。

（34）27. 假髮的毛髮有哪些主要的材質　①棉質　②鐵質　③動物毛　④纖維絲。

（12）28. 假髮用途很多，包含　①裝飾　②練習　③減少髮量　④頭部清潔的功能。

（123）29. 假髮的種類很多，基本形狀有　①全頂式　②半頂式　③局部式　④清潔式　等三大類。

（12）30. 假髮種類屬於局部式的是　①瀏海　②髮片　③全頂式　④半頂式　的假髮。

（14）31. 清洗合成假髮時得使用　①溫水　②冰水　③熱水　④自來水　因其不會使假髮之鬈曲消失。

工作項目 09：基本美顏

單選題

（ 2 ） 1. 更換期的表皮細胞有再生能力亦有剝落現象，其週期大約為　① 7～10 天　② 15～28 天　③ 20～30 天　④ 30～50 天。

（ 3 ） 2. 細胞的結構中，控制遺傳的是　①細胞膜　②細胞質　③細胞核　④中心體。

（ 4 ） 3. 環繞上、下唇的口輪匝肌與　①額頭　②臉　③下巴　④眼眶　的肌肉生長方向相似。

（ 3 ） 4. 皮膚的色素細胞存在於　①角質層　②粒狀層　③基底層　④顆粒層　之中。

（ 1 ） 5. 皮膚由血液中獲得營養，因此良好均衡的　①飲食　②睡眠　③戶外活動　④營養面霜　　是皮膚健康的最大保障。

（ 3 ） 6. 身體內荷爾蒙的變化會造成油脂與水分的不足，而使皮膚　①乾燥　②光滑與柔順　③乾燥與皺紋　④出現青春痘。

（ 4 ） 7. 狐臭是由於　①皮脂腺　②淋巴腺　③艾克蓮汗腺　④阿波克蓮汗腺　分泌異常所致。

（ 3 ） 8. ①顆粒層細胞　②纖維細胞　③黑素細胞　④脂肪細胞　　能防止黑色素侵入深層保護皮膚。

（ 4 ） 9. 臉部按摩應順著　①骨骼　②汗毛的生長方向　③毛孔的方向　④肌肉的紋理。

（ 4 ） 10. 皮膚最容易吸收養分的時段為　①上午　②中午　③下午　④夜間。

（ 4 ） 11. 保養敏感性皮膚宜　①多按摩　②多蒸臉　③常用拍打式的按摩　④以無酒精成分的化粧水輕輕拍打。

（ 1 ） 12. 面皰肌膚者宜多食用　①鹼性　②酸性　③中性　④刺激性　的食品。

（ 3 ） 13. 按摩可促進表皮中　①血液　②汗液　③淋巴液　④皮脂　的循環順暢。

（ 4 ） 14. 無刺激性、有安撫鎮靜作用的保養品較適用於　①乾性　②油性　③中性　④敏感性　皮膚。

（ 4 ） 15. 控制汗腺排汗的是　①血液循環系　②肌肉系統　③呼吸系統　④神經系統。

（ 4 ） 16. 色素細胞係由　①副腎皮脂腺　②性腺　③腦下垂體前葉　④腦下垂體後葉　分泌的。

（ 1 ） 17. 女性體內的男性荷爾蒙來自　①副腎皮質腺　②性腺　③腦下垂體後葉　④甲狀腺。

（ 4 ） 18. 與皮膚顏色無關的是　①胡蘿蔔素　②黑色素　③皮下血管的血液　④紅色素。

（ 1 ） 19. 皮膚的腺體不包括　①甲狀腺　②皮脂腺　③汗腺　④乳腺。

（ 2 ） 20. 口角炎係因缺乏維生素　① A　② B　③ C　④ D　所致。

（ 2 ） 21. 通常皮膚表面的皮脂呈　①弱鹼性　②弱酸性　③強酸性　④強鹼性　時，可抑制細菌在皮膚表面繁殖。

（ 2 ） 22. ①紫外線　②丙酮　③強酸　④高溫蒸氣　　與灼傷無關。

（ 3 ） 23. 黑色素細胞是以下列何種胺基酸作為原料　①麩胺酸　②離胺酸　③酪胺酸　④胱胺酸。

（ 1 ） 24. 關於香港腳之敘述何者為正確？　①由於皮癬菌所引起　②由鏈球菌所引起　③刺激性皮膚炎之俗稱　④過敏性皮膚炎之俗稱。

（ 1 ） 25. 皮膚的角質層是在　①表皮　②真皮　③皮脂腺　④脂肪層　中。

（ 4 ） 26. ①毛囊角化　②不當化粧品使用　③遺傳體質　④女性荷爾蒙分泌不足　　並不是引起青春痘的原因。

（ 4 ） 27. 潔膚的物理療法過程並不利用　①電流　②熱氣　③紫外線　④乳液。

（ 4 ） 28. 皮膚老化角質的脫落週期約為　① 7 天　② 14 天　③ 21 天　④ 28 天。

（ 3 ） 29. ①花露水　②古龍水　③香精　④化粧水　　的香味較能持久。

（ 4 ） 30. 表現青春活潑的眼部化粧，色彩宜用　①寶藍　②咖啡　③深紫　④橙色。

（ 3 ） 31. 卸粧時，應從　①雙頰　②額頭　③嘴唇　④下顎　部位先行卸粧。

（ 1 ） 32. 粉膏擦勻後，為固定化粧品宜再用　①蜜粉　②粉霜　③粉條　④腮紅　按勻。

（ 2 ） 33. 為使臉頰顯得豐滿，宜用　①暗色　②明色　③膚色　④基本色　的粉底。

（ 3 ）34. 簡易的補粧法宜採用　①粉霜　②粉條　③粉餅　④水粉餅。

（ 2 ）35. 初學化粧，宜從　①水化粧　②粉化粧　③油性化粧　④油性變型化粧　開始。

（ 2 ）36. 使用感覺較油、較厚而不透明的粉底是　①水粉餅　②粉條　③粉霜　④粉餅。

（ 4 ）37. 化粧前宜　①去角質　②按摩　③敷臉　④基礎保養 方能達到良好效果。

複選題

（12 ）38. 皮膚的色素細胞不存在於　①角質層　②粒狀層　③基底層　④髓質層。

（12 ）39. 上粉底不宜用　①化妝棉　②棉花棒　③粉撲　④海綿。

（24 ）40. 新娘化妝時　①眉毛要畫粗且濃以增加特色　②使用粉紅色色系腮紅增加臉部氣色　③香水噴的濃郁以顯現高雅氣質　④臉部有斑點應調整膚色以顯現好的膚質。

（13 ）41. 老人化妝時　①眼睛周圍粉底應透薄才不亦顯現皺紋　②要帶珍珠色澤以顯現明亮效果　③腮紅應選用淡色來表現年輕柔和的感覺　④粉底要順著汗毛方向並重覆擦拭。

（124）42. 對於化妝的敘述，何者正確　①眼影可修飾眼部增加眼部魅力　②眼影可達到改變及調整臉型的效果　③口紅成份有油、蠟、軟化劑，使口紅能夠凝固、持久　④睫毛膏是利用染髮的原理，讓睫毛伸展上色。

（13 ）43. 方型臉化妝應注意　①腮紅兩頰顏色刷深、刷高或刷長　②一字眉最標準且眉峰要明顯　③口紅上下嘴唇畫圓些　④腮和額頭兩邊加淺色粉底，下巴和額頭中間加深色粉底。

（124）44. 呈一塊一塊的局部禿頭現象，不是屬於　①早期禿頭　②老年禿頭　③塊狀禿頭　④壯年禿頭。

工作項目 10：指甲修護

單選題

（ 2 ） 1. 指甲的主要成分是　①醣類　②蛋白質　③脂肪　④維生素。

（ 2 ） 2. 健康的指甲是呈　①深紅色　②淡粉紅色　③紫色　④黃色。

（ 3 ） 3. 蛋殼形指甲可能是全身的慢性疾病或　①呼吸系統疾病　②循環系統疾病　③神經系統疾病　④肌肉組織疾病　所引起。

（ 4 ） 4. ①健康狀況　②營養的攝取　③年齡　④血液　並不影響指甲生長速度。

（ 1 ） 5. 維生素　①A　②B　③C　④E　能防止指甲脆裂。

（ 3 ） 6. 指甲的營養，經　①指甲根　②指甲體　③指甲床　④指甲尖　微血管之血液供應。

（ 4 ） 7. 慢性心肺病的指甲易成　①甲溝炎　②甲肥大　③甲脆裂　④杵狀指。

（ 2 ） 8. 指甲變成紫色表示　①缺營養　②缺氧　③感染　④發炎。

（ 2 ） 9. 指甲分離是因指甲床與　①指甲根　②指甲體　③指甲溝　④指甲尖　之間產生空隙所致。

（ 4 ） 10. 指甲變成白色點狀是由於　①缺血　②缺氧　③發炎　④空氣進入　所致。

（ 3 ） 11. 一般家庭主婦經常做家事，因此指甲的形狀較適合修剪成　①方形　②尖形　③短的圓形　④長的橢圓形。

（ 4 ） 12. 手指纖細者，指甲的形狀較適合修剪成　①方形　②圓形　③尖形　④橢圓形。

（ 4 ） 13. 修飾指甲時，宜將手指浸泡在　①酸性　②微酸性　③鹼性　④微鹼性　水溶液中。

（ 1 ） 14. 為了防止指甲四周的皮膚乾燥，可使用　①表皮膏　②祛光劑　③酒精　④防腐劑。

（ 1 ） 15. 改善乾燥的指甲根部表皮可使用　①表皮膏　②祛光劑　③研磨劑　④緩和劑。

（ 3 ） 16. 修指甲時輕微流血可用下列何者止血？　①酒精　②封膠　③止血粉　④消毒劑。

（ 1 ） 17. 若銼指甲兩側或剪除指甲倒刺不當，常會引起　①指甲內生　②指甲脫落　③指甲鬆離　④指甲腫大。

（ 3 ） 18. 壓貼式人工指甲不得連續戴用超過　① 12 小時　② 24 小時　③ 48 小時　④ 60 小時。

（ 4 ） 19. 指甲油宜用　①氨水　②雙氧水　③氯化鈉　④丙酮去除。

（ 3 ） 20. 使用修指甲工具前，應先　①以衛生紙擦拭　②以毛巾擦拭　③清潔及消毒　④浸在溫水中。

（ 1 ） 21. 修指甲工具應多久消毒一次？　①每次使用後　②一天　③每星期　④二星期。

（ 4 ） 22. 不適當的修剪指（趾）甲，不可能造成　①指（趾）甲之側緣擠入皮膚裡　②指甲嵌入症　③發炎、肉芽組織形成、疼痛　④指（趾）甲鉤彎症。

（ 4 ） 23. 修剪甲皮不會誘發　①甲床之急性感染　②腫脹、劇烈疼痛　③甲廓炎　④指（趾）甲鉤彎症。

（ 4 ） 24. 下列何者為正確　①指甲應剪去甲皮，並修成尖長形，以求美觀　②指甲應剪短些，讓甲床裸露在外，以求整潔衛生　③指甲應終年塗指甲油或戴假指甲，以保護真指甲並增加美觀　④指（趾）甲應修剪成正好覆蓋甲床的形狀，並保持清潔與乾燥。

複選題

（ 12 ） 25. 指甲的營養經　①微血管　②指甲床　③指甲尖　④指甲根　之血液供應。

（ 12 ） 26. 在修指甲時，外皮割傷不可用　①腐蝕劑　②防腐劑　③消毒劑　④碘酒消毒。

（ 134 ） 27. 下列有關指甲的敘述，何者正確　①健康人的指甲和趾甲一般呈現半透明突出的弧形，顏色略帶粉紅　②手指甲重新生長需要 1-2 個月　③腳趾甲重新生長需要 12-18 個月　④平均生長速度為每天 0.3125 公分。

（ 13 ） 28. 有關健康的指甲之敘述，下列何者正確　①指甲的反常形狀和色澤可能預示身體部位的疾病或營養不良　②指甲偏黑或藍色預示著貧血或血液缺氧　③指甲變黃除吸煙染色之外，可能是肺部的疾病　④指甲缺乏維他命可能造成指甲體上出現白色帶狀區域。

（ 13 ） 29. 指甲形狀可分為　①橢圓形、尖形　②凹凸形、斜角型　③方形、圓形　④菱形、六角形。

工作項目 13：化粧品的知識

單選題

(3) 1. 製造含藥化粧品，應向　①縣（市）衛生局　②經濟部　③衛生福利部　④縣（市）建設局　申請製造許可證。

(1) 2. 衛生福利部核准輸入之冷燙液字號爲　①衛署粧輸字第○○○○○○號　②北市衛粧字第○○○○○○號　③一般化粧品第○○○○○○號　④衛署粧製字第○○○○○○號。

(3) 3. 足以損害人體健康的化粧品，應禁止販賣或陳列，違者　①處一萬二仟元以下罰鍰　②警告處分　③處一年以下有期徒刑　④吊銷營業執照。

(1) 4. 理髮店、髮廊私自配製冷燙液，係違反化粧品衛生管理條例，會被處以　①一　②二　③三　④四　年以下有期徒刑。

(3) 5. 供應來源不明的染髮劑，處新台幣　①二十　②十五　③十　④五　萬元以下罰鍰。

(1) 6. 燙髮用劑中以硫醇基乙酸(Thioglycolic acid)爲主成分之冷燙劑其 pH 值不得低於　① 4.5　② 7　③ 9.6　④ 11。

(2) 7. 化粧品衛生管理主要由衛生福利部　①中央健康保險署　②食品藥物管理署　③社會及家庭署　④疾病管理署管理。

(1) 8. 未經領得含藥化粧品許可證而擅自輸入含藥化粧品者，可處　①一　②二　③三　④四　年以下有期徒刑。

(3) 9. 營業衛生管理之中央主管機關爲　①省(市)衛生處(局)　②行政院環境保護署　③衛生福利部　④內政部警政署。

(4) 10. 理燙髮業從業人員健康檢查　①每月　②每季　③每半年　④每年　檢查乙次。

(2) 11. 與理燙髮業建立證照制度無直接關係的是　①訂定營業衛生管理法　②參加高普考　③參加男子理髮或女子美髮技 術士技能檢定　④落實理燙髮業的稽查管理。

(4) 12. 從業人員健康檢查的目的，下列何者爲非　①有利於從業人員本身，及早發現病因，及早治療　②有利於顧客可減少被帶菌的從業人員傳染的機會　③可助於營業場所負責人了解其營業場所設備是否適當　④僅供應付衛生單位管理的目的，對從業人員及負責人無多大用處。

(2) 13. 母親感染淋病，未經妥善治療，其新生兒經產道受感染可能導致：　①耳聾　②眼炎　③喉嚨發炎　④疝氣。

(3) 14. 和顧客皮膚毛髮直接接觸的物品、器械及從業人員雙手，應如何處理方可避免感染，下列何者爲非　①器械應 經消毒方可重複使用　②從業人員工作前後洗手　③器械若未和皮膚傷口接觸不須消毒即可重複使用　④器械物品應區分使用前，使用後以利消毒進行。

(3) 15. 如何防治肺結核，何者爲非　①接種疫苗　②查痰、胸部X光檢查可幫助診斷　③痰液乾燥後結核菌就會死亡，失 去傳染力　④病患應長期服藥（六個月以上）。

(4) 16. 性接觸可能傳染何者錯誤：　①淋病　②梅毒　③愛滋病　④肺結核。

複選題

(123) 17. 下列哪些產品屬於我國化粧品管理範圍？　①眼線液　②睫毛膏　③睫毛膠　④假睫毛。

(123) 18. 下列哪些產品屬於我國化粧品管理範圍？　①髮麗香　②花露水　③香水　④室內薰香精油。

(12) 19. 下列哪些產品屬於「一般化粧品」？　①保濕乳液　②沐浴乳　③染髮劑　④燙髮劑。

(24) 20. 下列哪些成分可以添加在化粧品中？　①維他命A酸　②胺基酸　③類固醇　④果酸。

(124) 21. 下列哪些選項不是化粧品添加膠原蛋白的功效？　①進入眞皮層增加彈性　②進入眞皮層補充受損組織　③維持表皮的保濕　④提供皮膚抗氧化效果。

(34) 22. 下列哪些成分是化粧品可添加的美白成分？　①對苯二酚　②維他命E　③熊果素　④麴酸。

(13) 23. 下列哪些選項屬於物理性防曬成分？　①二氧化鈦　②桂皮酸鹽衍生物　③氧化鋅　④水楊酸鹽衍生物。

（123） 24. 化粧品應避免放置在何種環境之下以防變質？ ①強光 ②冰庫 ③浴室 ④陰涼。

（124） 25. 下列哪些產品會添加陰離子型界面活性劑？ ①洗面乳 ②洗髮精 ③潤絲精 ④沐浴乳。

（14） 26. 有關化粧品之敘述何者正確？ ①施於人體外部 ②其標示只要列出最主要或含藥成分即可 ③不添加防腐劑 ④口服膠原蛋白不屬於化粧品範圍。

（24） 27. 市售美白保養乳液中不得含有下列哪些成分？ ①香料 ②對苯二酚 ③傳明酸 ④類固醇。

（34） 28. 下列哪些成分屬於 α-氫氧基酸 (Alpha Hydroxy Acids)？ ①抗壞血酸 ②月桂酸 ③甘醇酸 ④乳酸。

（13） 29. 使用化粧品若發生過敏現象應如何處置？ ①立即停止使用 ②用大量化粧水冷敷 ③到皮膚科就診 ④熱敷安撫。

（234） 30. 有關油包水型乳化之敘述何者正確？ ①是 O/W 型乳化 ②水滴分散在油溶液當中 ③導電性差 ④滋潤的乳霜產品屬之。

（124） 31. 下列哪些選項常添加於化粧品中作為保濕成分？ ①尿素 ②甘油 ③水楊酸 ④玻尿酸。

（14） 32. 下列哪些成分屬於表皮的天然保濕因子（NMF）？ ①胺基酸 ②膠原蛋白 ③神經醯胺 ④尿素。

（234） 33. 香皂可添加哪些成分使其變成透明香皂？ ①脂肪酸 ②甘油 ③糖漿 ④酒精。

（134） 34. 哪些是使用化粧品常見的不良反應？ ①刺激反應 ②致畸反應 ③過敏反應 ④光毒反應。

（123） 35. 依化粧品標籤仿單之標示規定，下列那些製品需要標示『保存方法及保存期限』 ①燙髮劑 ②染髮劑 ③含酵素製品 ④安定性五年以下製品。

（134） 36. 下列哪些產品，依規定需要標示核准字號 ①化學性防曬乳液 ②沐浴乳 ③染髮液 ④止汗制臭產品。

（234） 37. 色素 D&C Red 5 依規定可應用於 ①食品 ②藥品 ③化粧品 ④外用藥品。

（34） 38. 下列哪些成分屬於化學性防曬劑 ① Titanium dioxide ② Zinc oxide ③ Avobenzone ④ Sodium salicylate。

（134） 39. 化粧品中添加下列哪些美白成分，依現行規定無須申請查驗登記 ① kojic acid ② Ascorbyl Tetraisopalmitate ③ Ascorbyl Glucoside ④ Arbutin。

（234） 40. 化粧品中添加下列哪些美白成分，依現行規定無須申請查驗登記 ① Ascorbyl Tetraisopalmitate ② Sodium Ascorbyl phosphate ③ Ascorbyl Glucoside ④ Magnesium Ascorbyl Phosphate。

（12） 41. 任何化粧品均應標示 ①廠名 ②廠址 ③出廠日期 ④許可證字號。

（123） 42. 業者於未經合法之工廠，私自調製化粧品販賣，屬違法行為可處以 ①一年以下有期徒刑 ②拘役 ③15 萬元以下罰金 ④10 萬元以下罰鍰。

（134） 43. 依化粧品中微生物容許量基準規定，不得檢出 ①大腸桿菌 ②沙門氏菌 ③綠膿桿菌 ④金黃色葡萄球菌。

（123） 44. 依法規規定，化粧品廣告之內容不得有下列何種情事 ①性能虛偽誇大者 ②保證其效用者 ③涉及疾病預防者 ④刺激嗅覺者。

（13） 45. 關於化粧品中重金屬限量規定下列何者正確？ ①鉛 (Pb)20ppm ②砷 (As)20ppm ③鎘 (Cd)20ppm ④汞 (Hg)10ppm 以下。

（124） 46. 關於化粧品中微生物生菌數容許量規定下列何者正確？ ①嬰兒用 100CFU/g 以下 ②接觸黏膜用 100CFU/g 以下 ③眼部周圍用 1000CFU/g 以下 ④其他類化粧品 1000CFU/g 以下。

（123） 47. 關於皮膚用化粧品類廣告，得宣稱詞句為 ①預防皮膚乾裂 ②減少肌膚脫屑 ③改善暗沉 ④預防暗瘡。

（134） 48. 關於頭髮用化粧品類廣告，得宣稱詞句為 ①強化滋養髮根 ②促進毛髮生長 ③防止髮絲分岔 ④維護頭皮健康。

（24） 49. 關於頭髮用化粧品類廣告，得宣稱詞句為 ①活化毛囊 ②強健髮根 ③減少落髮 ④滋養髮質。

（12） 50. 關於皮膚用化粧品類廣告，得宣稱詞句為 ①防止肌膚老化 ②撫平皺紋 ③平撫肌膚疤痕 ④消除黑眼圈。

工作項目 14：公共衛生

單選題

（ 4 ）1. 影響病原體生長的條件，下列何者是錯誤　①溫、濕度　②酸鹼度、滲透壓　③氧氣、光線　④蛋白質、脂肪。

（ 4 ）2. 物理消毒法係指運用物理學的原理達到消毒目的，以下何者為非　①光與熱　②輻射線　③超音波　④化學變化。

（ 2 ）3. 酒精的有效殺菌濃度，對病原體殺菌機轉為　①氧化作用　②蛋白質凝固作用　③還原作用　④蛋白質溶解作用。

（ 3 ）4. 細菌之基本構造，在菌體最外層為　①細胞膜　②細胞質　③細胞壁　④細胞核。

（ 1 ）5. 氯液消毒法是運用氯下列何種能力？　①氧化作用　②蛋白質凝固作用　③蛋白質變化作用　④蛋白質溶解作用，破壞其新陳代謝，致病原體死亡。

（ 3 ）6. 陽性肥皂液與下列何種物質有相拮抗的特性，而降低殺菌效果　①酒精　②氯液　③肥皂　④煤餾油酚。

（ 1 ）7. 加熱會使病原體內蛋白質　①凝固作用　②氧化作用　③溶解作用　④還原作用，破壞其新陳代謝最後導致病原體的死亡。

（ 2 ）8. 陽性肥皂液屬於陽離子界面活性劑之一種，其有效殺菌濃度，對病原體的殺菌機轉為蛋白質會被　①氧化作用　②溶解作用　③凝固作用　④變質作用。

（ 2 ）9. 傳染病的發生，不必具備的條件為　①須有適當的傳染途徑　②須有疫苗來接種　③須有病原體的存在　④須有抵抗力較弱的身體。

（ 4 ）10. 傳染淋病、梅毒或後天免疫缺乏症候群(愛滋病)最可能共同的原因是　①手拉手　②共用刮鬍刀　③使用抽水馬桶　④不安全的性行為。

（ 1 ）11. 對於流行性感冒，上呼吸道感染及肺結核，我們對它的了解下列敘述何者正確　①咳嗽、打噴嚏可能傳播　②都是急性傳染病　③公共場所不易傳染　④可以共用毛巾。

（ 1 ）12. 砂眼和結膜炎的預防方法，下列敘述何者錯誤　①按規定接受預防接種　②不要共用毛巾或手帕　③洗臉盆要經常清洗乾淨　④公用毛巾要洗淨並經有效消毒。

（ 2 ）13. 不是預防傳染病的方法是　①消毒、隔離　②濫服抗生素　③預防接種使身體增強抵抗力　④改善環境衛生。

（ 4 ）14. 不能藉定期驗血，及早發現，防止散播的傳染病為　①梅毒　②後天免疫缺乏症候群（愛滋病）　③B型肝炎　④肺結核。

（ 1 ）15. 我國法律規定應行報告和嚴格管制的傳染病叫　①法定傳染病　②慢性傳染病　③性接觸傳染病　④寄生蟲傳染病。

（ 4 ）16. ①共用刮鬍刀　②共用針筒、針頭　③不安全的性行為　④蚊子叮咬 不會有得到愛滋病的危險。

（ 2 ）17. 哪一種場所不容易孳生登革熱病媒蚊？　①廢輪胎　②化糞池　③花瓶、水盤　④冰箱下之集水盤。

（ 3 ）18. 流行性感冒是由何種病原體所引起的　①細菌　②黴菌　③病毒　④原生蟲。

（ 2 ）19. 下列何者為「化粧品衛生管理條例」所稱來源不明之化粧品　①具有來源證明者且提出之來源經查證屬實者　②標籤、仿單未刊載製造或輸入廠商名稱或地址者　③國產化粧品之標籤、仿單刊載製造廠商名稱或地址者　④進口化粧品之標籤、說明書刊載輸入廠商名稱或地址者。

（ 3 ）20. 對於來源不明之化粧品之處理，何者錯誤？　①拒絕進貨　②不得販賣、供應　③當作促銷品，送給老顧客　④不得意圖販賣、供應而陳列。

（ 3 ）21. ①肺結核、癩病　②痲疹、淋病、梅毒　③高血壓、心臟病、糖尿病　④瘧疾、登革熱、日本腦炎 不是傳染病。

（ 1 ）22. 性病、皮膚病是藉由　①接觸傳染　②飛沫傳染　③昆蟲傳染　④食物傳染　的傳染病。

（ 2 ）23. 接種疫苗或類毒素，使人體產生　①抗原　②抗體　③病原體　④毒素，可免受某種傳染病的感染。

（ 3 ）24. 時常在路邊攤吃東西，喜食未經煮熟食物、生菜，可能感染　①B 型肝炎　②淋病　③A 型肝炎　④砂眼。

（ 2 ）25. 那一個敘述是錯誤的？　①孕婦如患有梅毒，會造成流產、死產或生出先天性梅毒兒　②打預防針可預防愛滋病　③埃及斑蚊會傳播登革熱　④共用刮鬍刀，可能傳染 B 型肝炎。

（ 2 ）26. 下列何者傳染病非經蚊蟲叮咬傳染　①日本腦炎　②愛滋病　③瘧疾　④登革熱。

（ 3 ）27. 從業人員的洗手在公共衛生上之意義　①目的僅為洗掉其上的髮屑、皮屑　②沖洗後身心覺得舒暢　③可減少傳播性病原體的機會　④飯前、便後洗手即可毋須每一顧客服務後逐一洗手。

（ 1 ）28. 營業場所注意空調及其冷卻水塔之定期清洗、消毒維護，可避免何種傳染病　①退伍軍人症　②破傷風　③鼠疫　④肝炎。

（ 4 ）29. 抽血檢驗，可幫助確定受檢人是否感染　①結核病　②癲病　③淋病　④梅毒。

（ 4 ）30. 下列何者傳染病到目前為止尚無疫苗，也無特效藥　①肺結核　②癲病　③梅毒　④愛滋病。

（ 1 ）31. 在營業場所，接觸傳染之途徑　①顧客和從業人員間可能雙向傳染　②僅可能由顧客傳給從業人員　③可能由從業人員傳給顧客　④必須經由未經消毒的器械，媒介始可能發生，人與人直接接觸不會傳染。

（ 4 ）32. 愛滋病不會經由下列何種途徑傳染？　①性行為　②血液　③母子垂直　④呼吸道。

（ 4 ）33. 愛滋病感染者之活動何者無傳染性？　①與人共用個人用品如牙刷、刮鬍刀台其他沾有血液、體液的用具針如針頭、針筒　②捐血　③性接觸　④與他人握手、擁抱。

（ 4 ）34. 明知自己感染愛滋病毒，隱瞞而與他人為猥褻之行為或姦淫，致傳染於人者，處　①死刑　②無期徒刑　③十年以上有期徒刑　④七年以下有期徒刑。

（ 1 ）35. 為避免懷孕之員工感染後導致流產或新生兒先天缺陷，應鼓勵女性員工及早完成何種疫苗接種　①德國麻疹　②B 型肝炎　③A 型肝炎　④卡介苗。

（ 2 ）36. 下列何者和預防傳染病無關？　①接種疫苗　②按時吃健康食品　③定期健康檢查　④作息正常、營養充足。

（ 3 ）37. 下列敘述何者正確　①各種傳染病並無一定的傳染途徑只要和病人接觸就有危險　②傳染病人出現症狀後，才會傳染別人　③完整的皮膚具有防衛細菌入侵體內的功能　④病原體進入人體就一定會發病。

（ 4 ）38. 對於結核病之描述，何者正確　①結核菌只侵害人體肺部　②結核病是一種叫結核球病毒所引起的疾病　③肺結核病是因為過勞、營養不良或者是「肺部受傷」所引起　④肺結核病最主要的原因是因為受到肺結核病人傳染，吸入結核菌所引起的疾病。

（ 2 ）39. 營業場所從業人員如發現顧客有皮膚病之傳染病　①仍可為其服務　②應拒絕提供服務　③先洗淨其受感染的皮膚再行服務　④事後始發現，雙手及器具洗淨即可。

（ 3 ）40. 登革熱防治最有效方法為何？　①塗抹防蚊液　②經常噴灑殺蟲劑　③清除病媒蚊孳生源　④清除臭水溝之積水。

（ 4 ）41. 重複使用未經消毒的毛巾，不可能傳染　①砂眼　②疱疹　③傳染性軟疣　④登革熱。

（ 1 ）42. 營業場所從業人員如有下列情況得繼續從事工作：　①懷孕　②精神病　③傳染性皮膚病　④活動性肺結核。

（ 3 ）43. 預防皮膚病傳染，下列何者為不妥：　①工作前後洗手　②器械消毒　③使用消炎藥膏　④保持皮膚完整勿產生傷口。

（ 3 ）44. 預防流行性感冒，下列何者無關　①工作人員戴口罩　②工作場所保持空氣清新　③撲滅病媒　④接種疫苗。

（ 4 ）45. 營業場所通風不良，可能傳染　①登革熱　②日本腦炎　③霍亂　④肺結核。

（ 1 ）46. 依傳染病防治條例，營業場所負責人發現顧客有疑似傳染病應於何時報告衛生單位　①24 小時內　②48 小時內　③一週內　④無須報告。

（ 2 ）47. 關於氯液消毒法之敘述，下列何者錯誤　①物品應於標準濃度氯液浸泡 2 分鐘　②配製法爲每 10 公升水加 10%漂白水 2cc　③自由有效餘氯量應達 200ppm 以上　④適用於玻璃、布巾、塑膠等物品。

（ 2 ）48. 化妝用刷類之消毒法宜用　①煮沸法　②酒精　③流動蒸氣法　④煤餾油酚肥皂溶液。

（ 3 ）49. 調配化學消毒劑時應注意事項敘述何者正確：　①先取原液，再加入蒸餾水稀釋　②量取溶液時眼與量筒刻度應成垂直位置　③若手、眼皮膚接觸具侵蝕性消毒水宜以大量清水沖清　④開啓瓶裝原液時瓶蓋應朝下放置。

（ 4 ）50. 白色毛巾、布類不宜以何法消毒　①煮沸　②漂白水　③流動蒸氣　④煤餾油酚肥皂液。

（ 1 ）51. 煮沸消毒法其水溫及時間、至少應達何種標準以上？　①100℃ 5 分鐘　②100 ℉ 5 分鐘　③100℃ 5 秒鐘　④100 ℉ 5 秒鐘。

（ 2 ）52. 紫外線在何種範圍內之波長，最具殺菌力？　①任何波長殺菌力均一樣　②240 ～ 280nm　③320 ～ 400nm　④420 ～ 820nm。

（ 3 ）53. 關於煤餾油酚肥皂液消毒法，何者爲錯誤？　①別名複方煤餾油酚肥皂液消毒法　②俗稱來蘇水消毒法　③其消毒液中含 6% 甲苯酚　④美髮器具，盥洗設備均適用此法。

（ 2 ）54. 有關氯液消毒方法及適用對象之敘述，何者爲正確　①每 10 公升水加 2cc 漂白水調製而成　②自由有效餘氯量 200ppm　③物品應於其中浸泡 200 秒　④除陶瓷品外，均適用。

（ 3 ）55. 酒精取用後，容器宜馬上密蓋，其主要目的爲防止　①變質　②變色　③濃度改變　④誤食中毒。

（ 3 ）56. 調製化學消毒劑時，應注意事項下列敘述何者正確　①眼與量筒刻度成 45°　②開啓消毒原液，瓶蓋口向下，以免污染　③藥品使用前，熟讀標籤，以免誤用　④量筒使用後，須以消毒水沖洗方可再用。

（ 3 ）57. 金屬物品如剪刀，剃刀等，宜以何種方法消毒　①蒸氣　②氯液　③酒精　④陽性肥皂液。

（ 2 ）58. 紫外線消毒法其有效光量應控制在每平方公分多少微瓦特以上方具消毒力　①58　②85　③580　④850。

（ 1 ）59. 乾毛巾以何種方法消毒最爲適當　①煮沸　②漂白水　③來蘇水　④蒸氣。

（ 2 ）60. 毛巾若以蒸氣消毒法消毒，應於 100℃流動蒸氣中容器中心點蒸氣溫度 80℃以上至少幾分鐘　①20　②10　③5　④2。

（ 4 ）61. 消毒的目的，下列何者爲錯誤？　①保障客人健康　②保障從業人員健康　③殺滅物體上病原體　④殺滅物體上所有生物。

（ 3 ）62. 下列何種消毒非屬於物理消毒法之一？　①紫外線消毒　②蒸氣消毒　③氯液消毒　④煮沸消毒。

（ 2 ）63. 有關紫外線消毒下列敘述何者爲錯誤　①可用來消毒金屬類美髮器具　②係屬游離輻射線　③其波長愈短殺菌能力愈強　④消毒條件爲光度強度 85 微瓦特／cm² 以上，至少需 20 分鐘。

（ 3 ）64. 下列何種器材不適用物理消毒法？　①剪刀　②毛巾類　③塑膠梳子　④玻璃杯。

（ 2 ）65. 在營業場所的地板，門把等應以何方法來做消毒處理　①煮沸消毒　②化學消毒　③蒸氣消毒　④紫外線消毒。

（ 4 ）66. 將清理乾淨之器材以氯液消毒，其自由有效餘氯濃度爲　①200/10³　②200/10⁴　③200/10⁵　④200/10⁶。

（ 3 ）67. 漂白水必須在使用前才稀釋係因　①其爲鹼性物質，具有腐蝕性　②與酸性溶液混合會產生氯氣　③自由有效餘氯濃度會隨時間而降低　④曝曬會受到破壞。

（ 2 ）68. 瘧疾是經何種方式傳染？　①飛沫傳染　②瘧蚊叮咬　③空氣傳播　④不潔飲食、飲水。

（ 3 ）69. 流感疫苗是用來預防何種疾病　①傷風　②感冒　③流行性感冒　④流行性感冒嗜血桿菌。

（ 2 ）70. 我們常用之「酒精」消毒係指何種物質之溶液　①甲醇　②乙醇　③丙醇　④丁醇。

（ 3 ）71. 煤餾油酚消毒液與何物質接觸後，殺菌力即失效　①水分　②空氣　③肥皂　④酒精。

（ 4 ） 72. 下列何者不會影響化學藥品殺菌力因素？ ①欲消毒器具表面的乾淨度 ②濃度正確與否 ③適當浸泡消毒時間 ④器材價值高低。

（ 2 ） 73. 有顏色之毛巾類以採何種消毒法爲宜？ ①紫外線 ②蒸氣消毒 ③氯液消毒 ④酒精消毒。

（ 1 ） 74. 欲配製 75%酒精溶液 95cc 需取 95%酒精原液多少 cc？ ① 75 ② 95 ③ 150 ④ 190。

（ 3 ） 75. 欲配製 0.5%陽性肥皂苯基氯卡銨溶液 1 公升需取 10%苯基氯卡銨原液多少 cc ① 0.5 ② 5 ③ 50 ④ 500。

（ 4 ） 76. 欲配製含有效餘氯 200ppm 消毒水溶液 4 公升需取 10%氯液原液多少 cc ① 2 ② 4 ③ 6 ④ 8。

（ 2 ） 77. 欲配製 6%煤餾油酚肥皂液 0.5 公升需取含 25%甲苯酚之煤餾油酚原液多少 cc？ ① 6 ② 60 ③ 25 ④ 250。

（ 2 ） 78. 下列何種器材均適合氯液消毒法、陽性肥皂液消毒法、酒精消毒法及煤餾油酚肥皂液消毒法？ ①金屬類 ②塑膠類 ③玻璃類 ④長毛刷子。

（ 1 ） 79. 下列何種消毒之機轉並不是使病原體之蛋白質發生凝固而致死之原理 ①氯液 ②煮沸 ③蒸氣 ④酒精。

（ 3 ） 80. 影響病原體生長的物理條件中，下列敘述何者正確 ①一般而言在溫度 0℃～ 38℃最適宜病原體生長 ② pH 值之變化不影響病原體正常之生長活動 ③氧氣對菌體成長需要性隨菌種而異，甚至有些菌株不需氧之狀態下亦 可活 ④日光照射對大部分菌體是有利的。

（ 2 ） 81. 欲配製 6%煤餾酒酚肥皂液 0.5 公升需取含 50%甲苯酚之煤餾油酚原液多少 cc？ ① 20 ② 30 ③ 40 ④ 50。

（ 2 ） 82. 蒸氣消毒係屬 ①乾熱殺菌 ②濕熱殺菌 ③化學殺菌 ④低溫殺菌。

（ 2 ） 83. 殺菌之穿透力易受外物影響而降低消毒效果之設備爲 ①高壓蒸汽滅菌鍋 ②紫外線消毒箱 ③煮沸鍋 ④蒸汽箱。

（ 3 ） 84. 如顧客皮膚有青春痘應如何處理 ①應使用消毒過的器械擠破消毒 ②可用洗淨的指尖擠破 ③應避免擠破 ④擠破後塗抹藥膏。

（ 3 ） 85. 雙手最容易帶菌，所以從業人員要經常洗手，尤其是 ①工作前、便後 ②工作前、便前 ③工作前後、便後 ④工作後、便前。

（ 4 ） 86. 雙手的那個部位最容易藏納污垢 ①手心 ②手掌 ③手腕 ④手指。

（ 4 ） 87. 咳嗽或打噴嚏應 ①順其自然 ②面對顧客 ③以手遮住口鼻 ④以手帕或衛生紙遮住口鼻。

（ 1 ） 88. 理燙髮營業場所之用水以何者爲佳 ①自來水 ②地下水 ③井水 ④泉水。

（ 2 ） 89. 營業場所剪下之毛髮宜 ①任意棄置 ②隨手投入垃圾桶或隨時清掃 ③打烊後一次清掃 ④每週清掃一次。

（ 1 ） 90. 鹽洗盆多久清洗一次 ①每次用後即行排水沖洗 ②每天打烊後沖洗 ③每週洗滌一次 ④公休日洗滌。

（ 3 ） 91. 下列洗手方法何者效果最好 ①用水盆洗手 ②用沖洗的方法洗手 ③先把手淋濕，再塗抹肥皂，然後再沖洗 ④三者效果一樣。

（ 1 ） 92. 住家或營業場所周圍至少 ①二公尺 ②二十公尺 ③一百公尺 ④二百公尺 範圍內之騎樓道路巷弄及排水溝，應由住家或商家負責清掃。

（ 3 ） 93. 使用空調系統，室內外溫度不要相差攝氏 ①五度 ②三度 ③十度 ④十五度 以上。

（ 4 ） 94. 從業人員應多久做一次胸部Ｘ光檢查 ①二年 ②半年 ③三年 ④一年。

（ 4 ） 95. 下列何項設備不是營業場所必備的 ①有蓋垃圾桶 ②急救箱 ③滅火器 ④煙灰缸。

（ 1 ） 96. 從業人員經健康檢查發現有 ①肺結核病 ②胃潰瘍 ③皮膚過敏 ④高血壓 者應立即停止執業。

（ 3 ） 97. 供應來源不明的染髮劑，處新台幣 ①二十 ②十五 ③十 ④五 萬元以下罰鍰。

（ 1 ） 98. 護髮霜的包裝可以無 ①備查字號 ②廠名 ③廠址 ④成分。

（ 1 ）　99. 鼻出血的止血法是捻緊鼻子軟組織部分，用口呼吸，患者位於坐姿，並使頭　①略向前傾　②向後仰　③抬高　④向左偏。

（ 2 ）　100. 大動脈出血　①5分鐘　②1分鐘　③10分鐘　④30分鐘　即會死亡。

（ 4 ）　101. 清洗傷口時，應由傷口的中央以　①上下直形　②左右橫形　③斜形　④環形方式向傷口四周清洗。

（ 3 ）　102. 下列何種物品會灼傷口腔及喉嚨　①阿斯匹靈　②煤油　③強酸、強鹼　④安眠藥品。

（ 2 ）　103. 口對口人工呼吸，成人應多久吹氣一次？　①3秒　②5秒　③7秒　④9秒。

（ 4 ）　104. 何者不是觀察患者有無呼吸的方法？　①用眼睛去看患者胸部有無起伏　②將耳朵貼近患者口鼻，去聽患者有無呼吸　③用臉頰去感覺有無呼出之氣流　④感覺頸動脈。

（ 3 ）　105. 無菌敷料的大小為　①不可超過傷口外圍　②與傷口大小一樣　③應超過傷口四周二‧五公分　④應超過傷口四周五公分。

（ 1 ）　106. 下列何者不是處理急性心臟病患者的適當方法　①使患者平臥腳部墊高　②如意識不清，採復甦姿勢　③如呼吸，心跳停止立刻作心肺復甦術　④如患者清醒採半臥坐姿勢。

（ 1 ）　107. 2%食鹽水的泡製法是　①250cc開水加5克食鹽　②100cc開水加15克食鹽　③500cc開水加5克食鹽　④50cc開水加15克。

（ 4 ）　108. 止血帶不可用　①領帶　②領巾　③長襪　④電線　來代替，以免不易解開，而傷及皮膚和組織。

（ 2 ）　109. 化學藥品灼傷的處理方法，下列何者錯誤　①用大量的清水沖洗受傷部位　②沖洗眼睛時，頭不應轉向傷側　③灼燒之部位沖洗後用乾淨紗布包紮　④迅速送醫。

（ 3 ）　110. 體溫高、皮膚乾而紅、脈博強而快是　①休克　②中風　③中暑　④中毒　的症狀。

（ 4 ）　111. 急救箱要放在　①高高的地方　②上鎖的櫃子　③隨便　④固定且方便取用的地方。

（ 3 ）　112. 急救箱內應備有　①氨水　②白花油　③優碘　④紅藥水　來消毒傷口。

（ 1 ）　113. 營業場所內，有顧客受傷應　①給予緊急處理後協助送醫　②立刻請他離開　③報警　④簡單處理後隨便他。

（ 3 ）　114. 空氣中含有21％的氧氣，但當空氣進入到人的肺中後，再吐出空氣裡，仍約還有　①5％　②20％　③16％　④7%的氧氣和一些二氧化碳。

（ 2 ）　115. 大腦細胞只要缺氧　①一分鐘　②四分鐘　③三分鐘　④卅秒　就開始會壞死。

（ 2 ）　116. 挫傷或扭傷後　①可加以揉搓以減少疼痛　②加壓並冷敷使血管收縮　③繼續活動　④熱敷。

（ 3 ）　117. 直接加壓止血至少要　①一分鐘　②三分鐘　③五到十分鐘　④二十分鐘以上。

（ 4 ）　118. 漢他病毒之傳播途徑為何？　①由病媒蚊叮咬　②經由蟑螂傳播　③由跳蚤叮咬傳播　④藉由鼠類排泄物傳播。

（ 1 ）　119. 臉色蒼白、皮膚濕冷、脈搏初時弱且慢，後來則速率加快、呼吸淺而不規則、兩眼瞳孔放大血壓降低，這是：　①休克　②一氧化碳中毒　③中暑　④心肌梗塞　的症狀。

（ 1 ）　120. 對於頭蝨之描述，何者錯誤　①隨著衛生環境改善，頭蝨感染已經在台灣消失　②頭蝨是一種體外寄生蟲，生活在擁擠且衛生條件較差的環境下　③頭蝨是一種棕灰色，6隻腳，沒有翅膀，類似芝麻大小的昆蟲　④使用感染 頭蝨者用過的梳子、毛巾、頭巾、髮帶、衣物、戴過的帽子、睡過的床鋪、枕頭等，有可能被傳染。

（ 2 ）　121. 檢查無意識成人患者有無脈搏的方法　①觸摸患者手腕內大拇指側　②摸頸動脈　③暢通呼吸道　④聽心跳聲。

（ 4 ）　122. 一人施救心肺復甦術胸外按壓的速度約　①每分鐘1～5下　②每分鐘15～30下　③每分鐘40～60下　④每分鐘100～120下。

（ 1 ）　123. 一人施救心肺復甦術開始後要　①做完四個週期後檢查脈搏五秒鐘　②做累了休息一下再做　③做五分鐘再檢查　④每三分鐘檢查一次。

（ 3 ）　124. 一般傷口應於　①二小時內　②六小時內　③八小時內　④一小時內　送醫。

（　3　）125. 嚴重灼燙傷引起深層組織被破壞的處裡情形　①用大量冷水沖至不痛，送醫　②把粘在傷處的衣物設法除去　③用消毒過的厚紗布敷蓋並固定敷料，送醫　④塗抹涼性藥膏。

（　3　）126. 暈倒的主要原因是因為腦部　①血管阻塞　②過度放電　③短時間缺血　④長時間缺氧。

複選題

（14　）127. 下列何種情況應做手部消毒？　①護膚前後　②如廁後　③打掃清潔後　④事後發現顧客疑似有傳染性皮膚病時。

（124）128. 個人衛生的基本內涵應涵蓋哪些層面？　①身體　②心理　③自然　④社會。

（134）129. 從事美容美髮理髮行業容易罹患的職業病為？　①皮膚病　②中風　③靜脈曲張　④肌腱炎。

（134）130. 關於營業場所環境衛生之敘述，下列何者正確？　①飲水機每週清洗一次　②水塔 1 年清洗一次　③廁所須保持通風　④二氧化碳濃度應在 0.15% 以下。

（123）131. 關於美容美髮理髮行業，可提供之服務項目為？　①護膚　②化粧　③修面　④挖耳　服務。

（134）132. 化學藥品灼傷時的處理方法，下列何者正確？　①用大量的清水沖洗受傷部位　②沖洗眼睛時，傷側在上　③灼燒之部位沖洗後用乾淨紗布覆蓋　④迅速送醫。

（134）133. 挫傷或扭傷後，不可　①加以揉搓以減少疼痛　②加壓並冷敷使血管收縮　③繼續活動　④熱敷。

（234）134. 下列何者是處理急性心臟病患者的適當方法　①使患者平臥腳部墊高　②如患者意識不清採復甦姿勢　③如患者呼吸、心跳停止立刻作心肺復甦術　④如患者清醒採半坐臥姿勢。

（13　）135. 有關心肺復甦術的描述何者正確？　①英文簡稱 C.P.R　②施救時讓傷者平躺，頭部需高於身體　③係合併人工呼吸與心外按摩的急救術　④若傷者有脈搏，則可停止心肺復甦術。

（134）136. 有關呼吸道完全阻塞之急救處理，何者正確？　①意識清醒的患者可用哈姆立克法急救　②肥胖者可用腹部推擠法急救　③孕婦可用胸部按壓法急救　④嬰兒可用背擊法急救。

（24　）137. 有關燒燙傷的描述何者正確？　①依受傷深度可分為五級　②傷及表皮與真皮者屬於第二度　③凡歷經燒燙傷必留下疤痕　④第三度燒燙傷可能需要植皮。

（124）138. 若顧客眼睛被化學藥品侵入，應該如何處理？　①立即以大量清水沖洗至少 10 分鐘以上　②沖洗時傷側眼睛在下　③沖洗傷眼時由外眼角往內眼角沖洗　④沖洗傷眼時由內眼角往外眼角沖洗。

（234）139. 如發生四肢大動脈的大量出血時，下列哪些選項可以充當止血帶來止血？　①細繩　②領帶　③衣袖　④長襪。

（134）140. 如何評估患者有無呼吸？　①看患者胸部有無起伏　②用手指感覺患者頸動脈有無跳動　③耳朵靠近患者口鼻去聽有無呼吸聲　④用臉頰感覺有無空氣自患者口鼻呼出。

（14　）141. 有關各種急症的處理何者正確？　①休克患者可抬高其下肢　②中風患者可抬高其下肢　③鼻子出血可在額部、頭部熱敷　④腐蝕性藥品中毒可提供牛奶且勿催吐。

（14　）142. 適合煮沸消毒法之器材？　①金屬類 (剪刀、鑷子)　②塑膠挖杓　③化粧用刷類　④毛巾類 (白色)。

（123）143. 不適合蒸氣消毒法之器材？　①金屬類 (剪刀、鑷子)　②塑膠挖杓　③化粧用刷類　④毛巾類 (白色)。

（234）144. 不適合紫外線消毒法之器材？　①金屬類 (剪刀、鑷子)　②塑膠挖杓　③化粧用刷類　④毛巾類 (白色)。

（34　）145. 金屬類 (例如：剪刀) 可適用之化學消毒方法有哪些？　①氯液消毒法　②陽性肥皂液消毒法　③酒精消毒法　④煤餾油酚肥皂溶液消毒法。

（124）146. 化粧用刷類不適用之化學消毒方法有哪些？　①氯液消毒法　②陽性肥皂液消毒法　③酒精消毒法　④煤餾油酚肥皂溶液消毒法。

（12　）147. 毛巾類適用之化學消毒方法有哪些？　①氯液消毒法　②陽性肥皂液消毒法　③酒精消毒法　④煤餾油酚肥皂溶液 消毒法。

（ 23 ） 148. 關於 0.5% 陽性肥皂消毒液 200cc 之配製方法，下列敘述何者正確？(原液濃度為 10%)　①所需原液量 1cc　②所需原液量 10cc　③所需蒸餾水量 190cc　④所需蒸餾水量 199cc。

（ 34 ） 149. 關於 75% 酒精 950cc 之配製方法，下列敘述何者正確？(原液酒精濃度為 95%)　①所需原液量 700cc　②所需蒸餾水量 250cc　③所需原液量 750cc　④所需蒸餾水量 200cc。

（ 12 ） 150. 關於 200ppm 氯液 1000cc 之配製方法，下列敘述何者正確？(原液濃度為 10%(100,000ppm))　①所需原液量 2cc　②所需蒸餾水量 998cc　③所需原液量 20cc　④所需蒸餾水量 980cc。

（134） 151. 關於煤餾油酚肥皂溶液之敘述，下列敘述何者正確？　①呈淡黃褐色　②無臭無味　③具刺激性　④俗稱來蘇水 (lysol)。

（123） 152. 下列哪些行為，有得到愛滋病的危險　①共用刮鬍刀　②共用針筒、針頭　③不安全的性行為　④蚊子叮咬。

（ 14 ） 153. 在營業場所接觸傳染之途徑　①顧客和從業人員間可能雙向傳染　②僅可能由顧客傳給從業人員　③僅可能由從業人員傳給顧客　④可能由未經消毒的器械傳染。

（ 24 ） 154. 營業場所從業人員如發現顧客有皮膚病之傳染病　①仍可為其服務　②應拒絕提供服務　③先洗淨其受感染的皮膚再行服務　④事後始發現，雙手及器具應馬上洗淨及消毒。

（123） 155. 重複使用未經消毒的毛巾，可能傳染　①皮膚病　②疥瘡　③傳染性軟疣　④登革熱。

（ 14 ） 156. 營業場所通風不良，可能傳染　①流行性感冒　②日本腦炎　③霍亂　④肺結核。

（124） 157. 對於來源不明之化粧品之處理，何者正確？　①拒絕進貨　②不得販賣、供應　③當作促銷品，送給老顧客　④不得意圖販賣、供應而陳列。

（ 34 ） 158. 從業人員服務顧客時，當咳嗽或打噴嚏應　①順其自然　②面對顧客　③身旁無遮住用物時，轉身背向顧客以手或衣袖遮住口鼻，隨即清洗乾淨　④以手帕或衛生紙遮住口鼻。

（123） 159. 白色毛巾宜以何方法消毒　①煮沸　②漂白水　③流動蒸氣　④煤餾油酚肥皂液。

（234） 160. 營業場所空調及其冷卻水塔之定期清洗、消毒維護，與預防下列哪些傳染病無關？　①退伍軍人症　②流行性感冒　③鼠疫　④肝炎。

（123） 161. 下列哪些因素會影響化學消毒劑的殺菌力？　①欲消毒器具表面的乾淨度　②濃度正確與否　③適當浸泡消毒時間　④器材價值高低。

90006 職業安全衛生共同科目

(2)　1.　對於核計勞工所得有無低於基本工資，下列敘述何者有誤？　①僅計入在正常工時內之報酬　②應計入加班費　③不計入休假日出勤加給之工資　④不計入競賽獎金。

(3)　2.　下列何者之工資日數得列入計算平均工資？　①請事假期間　②職災醫療期間　③發生計算事由之前 6 個月　④放無薪假期間。

(1)　3.　下列何者，非屬法定之勞工？　①委任之經理人　②被派遣之工作者　③部分工時之工作者　④受薪之工讀生。

(4)　4.　以下對於「例假」之敘述，何者有誤？　①每 7 日應休息 1 日　②工資照給　③出勤時，工資加倍及補休　④須給假，不必給工資。

(4)　5.　勞動基準法第 84 條之 1 規定之工作者，因工作性質特殊，就其工作時間，下列何者正確？　①完全不受限制　②無例假與休假　③不另給予延時工資　④勞雇間應有合理協商彈性。

(3)　6.　依勞動基準法規定，雇主應置備勞工工資清冊並應保存幾年？　①1 年　②2 年　③5 年　④10 年。

(4)　7.　事業單位僱用勞工多少人以上者，應依勞動基準法規定訂立工作規則？　①200 人　②100 人　③50 人　④30 人。

(3)　8.　依勞動基準法規定，雇主延長勞工之工作時間連同正常工作時間，每日不得超過多少小時？　①10　②11　③12　④15。

(4)　9.　依勞動基準法規定，下列何者屬不定期契約？　①臨時性或短期性的工作　②季節性的工作　③特定性的工作　④有繼續性的工作。

(1)　10.　事業單位勞動場所發生死亡職業災害時，雇主應於多少小時內通報勞動檢查機構？　①8　②12　③24　④48。

(1)　11.　事業單位之勞工代表如何產生？　①由企業工會推派之　②由產業工會推派之　③由勞資雙方協議推派之　④由勞工輪流擔任之。

(4)　12.　職業安全衛生法所稱有母性健康危害之虞之工作，不包括下列何種工作型態？　①長時間站立姿勢作業　②人力提舉、搬運及推拉重物　③輪班及夜間工作　④駕駛運輸車輛。

(1)　13.　職業安全衛生法之立法意旨為保障工作者安全與健康，防止下列何種災害？　①職業災害　②交通災害　③公共災害　④天然災害。

(3)　14.　依職業安全衛生法施行細則規定，下列何者非屬特別危害健康之作業？　①噪音作業　②游離輻射作業　③會計作業　④粉塵作業。

(3)　15.　從事輕質屋頂修繕作業時，應有何種作業主管在場執行主管業務？　①施工架組配　②擋土支撐組配　③屋頂　④模板支撐。

(1)　16.　對於職業災害之受領補償規定，下列敘述何者正確？　①受領補償權，自得受領之日起，因 2 年間不行使而消滅　②勞工若離職將喪失受領補償　③勞工得將受領補償權讓與、抵銷、扣押或擔保　④須視雇主確有過失責任，勞工方具有受領補償權。

(4)　17.　以下對於「工讀生」之敘述，何者正確？　①工資不得低於基本工資之 80%　②屬短期工作者，加班只能補休　③每日正常工作時間不得少於 8 小時　④國定假日出勤，工資加倍發給。

(3)　18.　經勞動部核定公告為勞動基準法第 84 條之 1 規定之工作者，得由勞雇雙方另行約定之勞動條件事業單位仍應報請下列哪個機關核備？　①勞動檢查機構　②勞動部　③當地主管機關　④法院公證處。

(3)　19.　勞工工作時右手嚴重受傷，住院醫療期間公司應按下列何者給予職業災害補償？　①前 6 個月平均工資　②前 1 年平均工資　③原領工資　④基本工資。

(2)　20.　勞工在何種情況下，雇主得不經預告終止勞動契約？　①確定被法院判刑 6 個月以內並諭知緩刑超過 1 年以上者　②不服指揮對雇主暴力相向者　③經常遲到早退者　④非連續曠工但一個月內累計達 3 日以上者。

(3)　21.　對於吹哨者保護規定，下列敘述何者有誤？　①事業單位不得對勞工申訴人終止勞動契約　②勞動檢查機構受理勞工申訴必須保密　③爲實施勞動檢查，必要時得告知事業單位有關勞工申訴人身分　④任何情況下，事業單位都不得有不利勞工申訴人之行爲。

(4)　22.　勞工發生死亡職業災害時，雇主應經以下何單位之許可，方得移動或破壞現場？　①保險公司　②調解委員會　③法律輔助機構　④勞動檢查機構。

(4)　23.　職業安全衛生法所稱有母性健康危害之虞之工作，係指對於具生育能力之女性勞工從事工作，可能會導致的一些影響。下列何者除外？　①胚胎發育　②妊娠期間之母體健康　③哺乳期間之幼兒健康　④經期紊亂。

(3)　24.　下列何者非屬職業安全衛生法規定之勞工法定義務？　①定期接受健康檢查　②參加安全衛生教育訓練　③實施自動檢查　④遵守工作守則。

(2)　25.　下列何者非屬應對在職勞工施行之健康檢查？　①一般健康檢查　②體格檢查　③特殊健康檢查　④特定對象及特定項目之檢查。

(4)　26.　下列何者非爲防範有害物食入之方法？　①有害物與食物隔離　②不在工作場所進食或飲水　③常洗手漱口　④穿工作服。

(1)　27.　有關承攬管理責任，下列敘述何者正確？　①原事業單位交付廠商承攬，如不幸發生承攬廠商所僱勞工墜落致死職業災害，原事業單位應與承攬廠商負連帶補償責任　②原事業單位交付承攬，不需負連帶補償責任　③承攬廠商應自負職業災害之賠償責任　④勞工投保單位即爲職業災害之賠償單位。

(1)　28.　依勞動檢查法規定，勞動檢查機構於受理勞工申訴後，應儘速就其申訴內容派勞動檢查員實施檢查，並應於幾日內將檢查結果通知申訴人？　① 14　② 20　③ 30　④ 60。

(4)　29.　依職業安全衛生教育訓練規則規定，新僱勞工所接受之一般安全衛生教育訓練，不得少於幾小時　① 0.5　② 1　③ 2　④ 3。

(2)　30.　職業災害勞工保護法之立法目的爲保障職業災害勞工之權益，以加強下列何者之預防？　①公害　②職業災害　③交通事故　④環境汙染。

(3)　31.　我國中央勞工行政主管機關爲下列何者？　①內政部　②勞工保險局　③勞動部　④經濟部。

(4)　32.　下列何者非屬於人員接觸之電氣性危害的原因？　①接觸到常態下帶電體　②接觸到絕緣破壞之導電體　③接近在高電壓電線範圍內　④接觸到 24 伏特電壓。

(4)　33.　對於墜落危險之預防措施，下列敘述何者正確？　①在外牆施工架等高處作業應盡量使用繫腰式安全帶　②安全帶應確實配掛在低於足下之堅固點　③高度 2m 以上之開口緣處應圍起警示帶　④高度 2m 以上之開口處應設護欄或安全網。

(3)　34.　下列對於感電電流流過人體的現象之敘述何者有誤？　①痛覺　②強烈痙攣　③血壓降低、呼吸急促、精神亢奮　④顏面、手腳燒傷。

(2)　35.　下列何者非屬於容易發生墜落災害的作業場所？　①施工架　②廚房　③屋頂　④梯子、合梯。

(1)　36.　下列何者非屬危險物儲存場所應採取之火災爆炸預防措施？　①使用工業用電風扇　②裝設可燃性氣體偵測裝置　③使用防爆電氣設備　④標示「嚴禁煙火」。

(3)　37.　雇主於臨時用電設備加裝漏電斷路器，可避免下列何種災害發生？　①墜落　②物體倒塌 ; 崩塌　③感電　④被撞。

(3)　38.　雇主要求確實管制人員不得進入吊舉物下方，可避免下列何種災害發生？　①感電　②墜落　③物體飛落　④被撞。

(1)　39.　職業上危害因子所引起的勞工疾病，稱爲何種疾病？　①職業疾病　②法定傳染病　③流行性疾病　④遺傳性疾病。

(4)　40.　事業招人承攬時，其承攬人就承攬部分負雇主之責任，原事業單位就職業災害補償部分之責任爲何？　①視職業災害原因判定是否補償　②依工程性質決定責任　③依承攬契約決定責任　④仍應與承攬人負連帶責任。

(2)　41.　預防職業病最根本的措施爲何？　①實施特殊健康檢查　②實施作業環境改善　③實施定期健康檢查　④實施僱用前體格檢查。

(1)　42. 以下為假設性情境：「在地下室作業，當通風換氣充分時，則不易發生一氧化碳中毒或缺氧危害」，請問「通風換氣充分」係此「一氧化碳中毒或缺氧危害」之何種描述？　①風險控制方法　②發生機率　③危害源　④風險。

(1)　43. 勞工為節省時間，在未斷電情況下清理機臺，易發生那些危害？　①捲夾感電　②缺氧　③墜落　④崩塌。

(2)　44. 工作場所化學性有害物進入人體最常見路徑為下列何者？　①口腔　②呼吸道　③皮膚　④眼睛。

(3)　45. 於營造工地潮濕場所中使用電動機具，為防止感電危害，應於該電路設置何種安全裝置？　①閉關箱　②自動電擊防止裝置　③高感度高速型漏電斷路器　④高容量保險絲。

(3)　46. 活線作業勞工應佩戴何種防護手套？　①棉紗手套　②耐熱手套　③絕緣手套　④防振手套。

(4)　47. 下列何者非屬電氣災害類型？　①電弧灼傷　②電氣火災　③靜電危害　④雷電閃爍。

(3)　48. 下列何者非屬電氣之絕緣材料？　①空氣　②氟氯烷　③漂白水　④絕緣油。

(3)　49. 下列何者非屬於工作場所作業會發生墜落災害的潛在危害因子？　①開口未設置護欄　②未設置安全之上下設備　③未確實戴安全帽　④屋頂開口下方未張掛安全網。

(4)　50. 我國職業災害勞工保護法，適用之對象為何？　①未投保健康保險之勞工　②未參加團體保險之勞工　③失業勞工　④未加入勞工保險而遭遇職業災害之勞工。

(2)　51. 在噪音防治之對策中，從下列哪一方面著手最為有效？　①偵測儀器　②噪音源　③傳播途徑　④個人防護具。

(4)　52. 勞工於室外高氣溫作業環境工作，可能對身體產生熱危害，以下何者為非？　①熱衰竭　②中暑　③熱痙攣　④痛風。

(2)　53. 勞動場所發生職業災害，災害搶救中第一要務為何？　①搶救材料減少損失　②搶救罹災勞工迅速送醫　③災害場所持續工作減少損失　④ 24 小時內通報勞動檢查機構。

(3)　54. 以下何者是消除職業病發生率之源頭管理對策？　①使用個人防護具　②健康檢查　③改善作業環境　④多運動。

(1)　55. 下列何者非為職業病預防之危害因子？　①遺傳性疾病　②物理性危害　③人因工程危害　④化學性危害。

(3)　56. 對於染有油污之破布、紙屑等應如何處置？　①與一般廢棄物一起處置　②應分類置於回收桶內　③應蓋藏於不燃性之容器內　④無特別規定，以方便丟棄即可。

(3)　57. 下列何者非屬使用合梯，應符合之規定？　①合梯應具有堅固之構造　②合梯材質不得有顯著之損傷、腐蝕等　③梯腳與地面之角度應在 80 度以上　④有安全之防滑梯面。

(4)　58. 下列何者非屬勞工從事電氣工作，應符合之規定？　①使其使用電工安全帽　②穿戴絕緣防護具　③停電作業應檢電掛接地　④穿戴棉質手套絕緣。

(3)　59. 為防止勞工感電，下列何者為非？　①使用防水插頭　②避免不當延長接線　③設備有接地即可免裝漏電斷路器　④電線架高或加以防護。

(3)　60. 電氣設備接地之目的為何？　①防止電弧產生　②防止短路發生　③防止人員感電　④防止電阻增加。

(2)　61. 不當抬舉導致肌肉骨骼傷害，或工作臺 / 椅高度不適導致肌肉疲勞之現象，可稱之為下列何者？　①感電事件　②不當動作　③不安全環境　④被撞事件。

(3)　62. 使用鑽孔機時，不應使用下列何護具？　①耳塞　②防塵口罩　③棉紗手套　④護目鏡。

(1)　63. 腕道症候群常發生於下列何種作業？　①電腦鍵盤作業　②潛水作業　③堆高機作業　④第一種壓力容器作業。

(3)　64. 若廢機油引起火災，最不應以下列何者滅火？　①厚棉被　②砂土　③水　④乾粉滅火器。

(1)　65. 對於化學燒傷傷患的一般處理原則，下列何者正確？　①立即用大量清水沖洗　②傷患必須臥下，而且頭、胸部須高於身體其他部位　③於燒傷處塗抹油膏、油脂或發酵粉　④使用酸鹼中和。

(2) 66. 下列何者屬不安全的行為？ ①不適當之支撐或防護 ②未使用防護具 ③不適當之警告裝置 ④有缺陷的設備。

(4) 67. 下列何者非屬防止搬運事故之一般原則？ ①以機械代替人力 ②以機動車輛搬運 ③採取適當 之搬運方法 ④儘量增加搬運距離。

(3) 68. 對於脊柱或頸部受傷患者，下列何者非為適當處理原則？ ①不輕易移動傷患 ②速請醫師 ③如無合用的器材，需 2 人作徒手搬運 ④向急救中心聯絡。

(3) 69. 防止噪音危害之治本對策為何？ ①使用耳塞、耳罩 ②實施職業安全衛生教育訓練 ③消除發 生源 ④實施特殊健康檢查。

(1) 70. 進出電梯時應以下列何者為宜？ ①裡面的人先出，外面的人再進入 ②外面的人先進去，裡面 的人才出來 ③可同時進出 ④爭先恐後無妨。

(1) 71. 安全帽承受巨大外力衝擊後，雖外觀良好，應採下列何種處理方式？ ①廢棄 ②繼續使用 ③送修 ④油漆保護。

(4) 72. 下列何者可做為電器線路過電流保護之用？ ①變壓器 ②電阻器 ③避雷器 ④熔絲斷路器。

(2) 73. 因舉重而扭腰係由於身體動作不自然姿勢，動作之反彈，引起扭筋、扭腰及形成類似狀態造成職 業災害，其災害類型為下列何者？ ①不當狀態 ②不當動作 ③不當方針 ④不當設備。

(3) 74. 下列有關工作場所安全衛生之敘述何者有誤？ ①對於勞工從事其身體或衣著有被污染之虞之特 殊作業時，應置備該勞工洗眼、洗澡、漱口、更衣、洗濯等設備 ②事業單位應備置足夠急救藥 品及器材 ③事業單位應備置足夠的零食自動販賣機 ④勞工應定期接受健康檢查。

(2) 75. 毒性物質進入人體的途徑，經由那個途徑影響人體健康最快且中毒效應最高？ ①吸入 ②食入 ③皮膚接觸 ④手指觸摸。

(3) 76. 安全門或緊急出口平時應維持何狀態？ ①門可上鎖但不可封死 ②保持開門狀態以保持逃生路 徑暢通 ③門應關上但不可上鎖 ④與一般進出門相同，視各樓層規定可開可關。

(3) 77. 下列何種防護具較能消減噪音對聽力的危害？ ①棉花球 ②耳塞 ③耳罩 ④碎布球。

(3) 78. 流行病學實證研究顯示，輪班、夜間及長時間工作與心肌梗塞、高血壓、睡眠障礙、憂鬱等的罹 病風險之相關性一般為何？ ①無 ②負 ③正 ④可正可負。

(2) 79. 勞工若面臨長期工作負荷壓力及工作疲勞累積，沒有獲得適當休息及充足睡眠，便可能影響體能 及精神狀態，甚而較易促發下列何種疾病？ ①皮膚癌 ②腦心血管疾病 ③多發性神經病變 ④肺水腫。

(2) 80. 「勞工腦心血管疾病發病的風險與年齡、抽菸、總膽固醇數值、家族病史、生活型態、心臟方面 疾病」之相關性為何？ ①無 ②正 ③負 ④可正可負。

(2) 81. 勞工常處於高溫及低溫間交替暴露的情況、或常在有明顯溫差之場所間出入，對勞工的生（心） 理工作負荷之影響一般為何？ ①無 ②增加 ③減少 ④不一定。

(3) 82. 「感覺心力交瘁，感覺挫折，而且上班時都很難熬」此現象與下列何者較不相關？ ①可能已經 快被工作累垮了 ②工作相關過勞程度可能嚴重 ③工作相關過勞程度輕微 ④可能需要尋找專 業人員諮詢。

(3) 83. 下列何者不屬於職場暴力？ ①肢體暴力 ②語言暴力 ③家庭暴力 ④性騷擾。

(4) 84. 職場內部常見之身體或精神不法侵害不包含下列何者？ ①脅迫、名譽損毀、侮辱、嚴重辱罵勞 工 ②強求勞工執行業務上明顯不必要或不可能之工作 ③過度介入勞工私人事宜 ④使勞工執 行與能力、經驗相符的工作。

(1) 85. 勞工服務對象若屬特殊高風險族群，如酗酒、藥癮、心理疾患或家暴者，則此勞工較易遭受下列 何種危害？ ①身體或心理不法侵害 ②中樞神經系統退化 ③聽力損失 ④白指症。

(3) 86. 下列何措施較可避免工作單調重複或負荷過重？ ①連續夜班 ②工時過長 ③排班保有規律性 ④經常性加班。

(3) 87. 一般而言下列何者不屬對孕婦有危害之作業或場所？ ①經常搬抬物件上下階梯或梯架 ②暴露 游離輻射 ③工作區域地面平坦、未濕滑且無未固定之線路 ④經常變換高低位之工作姿勢。

(3)　88. 長時間電腦終端機作業較不易產生下列何狀況？　①眼睛乾澀　②頸肩部僵硬不適　③體溫、心跳和血壓之變化幅度比較大　④腕道症候群。

(1)　89. 減輕皮膚燒傷程度之最重要步驟為何？　①儘速用清水沖洗　②立即刺破水泡　③立即在燒傷處塗抹油脂　④在燒傷處塗抹麵粉。

(3)　90. 眼內噴入化學物或其他異物，應立即使用下列何者沖洗眼睛？　①牛奶　②蘇打水　③清水　④稀釋的醋。

(3)　91. 石綿最可能引起下列何種疾病？　①白指症　②心臟病　③間皮細胞瘤　④巴金森氏症。

(2)　92. 作業場所高頻率噪音較易導致下列何種症狀？　①失眠　②聽力損失　③肺部疾病　④腕道症候群。

(2)　93. 下列何種患者不宜從事高溫作業？　①近視　②心臟病　③遠視　④重聽。

(2)　94. 廚房設置之排油煙機為下列何者？　①整體換氣裝置　②局部排氣裝置　③吹吸型換氣裝置　④排氣煙函。

(3)　95. 消除靜電的有效方法為下列何者？　①隔離　②摩擦　③接地　④絕緣。

(4)　96. 防塵口罩選用原則，下列敘述何者錯誤？　①捕集效率愈高愈好　②吸氣阻抗愈低愈好　③重量愈輕愈好　④視野愈小愈好。

(3)　97. 「勞工於職場上遭受主管或同事利用職務或地位上的優勢予以不當之對待，及遭受顧客、服務對象或其他相關人士之肢體攻擊、言語侮辱、恐嚇、威脅等霸凌或暴力事件，致發生精神或身體上的傷害」此等危害可歸類於下列何種職業危害？　①物理性　②化學性　③社會心理性　④生物性。

(1)　98. 有關高風險或高負荷、夜間工作之安排或防護措施，下列何者不恰當？　①若受威脅或加害時，在加害人離開前觸動警報系統，激怒加害人，使對方抓狂　②參照醫師之適性配工建議　③考量人力或性別之適任性　④獨自作業，宜考量潛在危害，如性暴力。

(2)　99. 若勞工工作性質需與陌生人接觸、工作中需處理不可預期的突發事件或工作場所治安狀況較差，較容易遭遇下列何種危害？　①組織內部不法侵害　②組織外部不法侵害　③多發性神經病變　④潛涵症。

(3)　100.以下何者不是發生電氣火災的主要原因？　①電器接點短路　②電氣火花電弧　③電纜線置於地上　④漏電。

90007 工作倫理與職業道德共同科目

(3)　1.　請問下列何者「不是」個人資料保護法所定義的個人資料？　①身分證號碼　②最高學歷　③綽號　④護照號碼。

(3)　2.　公司或個人於執行業務時對客戶個人資料之蒐集處理或利用原則，下列何者「正確」？　①可自由運用不受任何限制　②轉給其他人使用與自己無關　③應尊重當事人之權益，依誠實及信用方法爲之，不得逾越特定目的之必要範圍　④屬於「特種資料」才受限制。

(4)　3.　下列何者「違反」個人資料保護法？　①公司基於人事管理之特定目的，張貼榮譽榜揭示績優員工姓名　②縣市政府提供村里長轄區內符合資格之老人名冊供發放敬老金　③網路購物公司爲辦理退貨，將客戶之住家地址提供予宅配公司　④學校將應屆畢業生之住家地址提供補習班招生使用。

(2)　4.　下列何者應適用個人資料保護法之規定？　①自然人爲單純個人活動目的，而將其個人照片或電話，於臉書分享予其他友人等利用行爲　②與公司往來客戶資料庫之個人資料　③將家人或朋友的電話號碼抄寫整理成電話本或輸入至手機通訊錄　④自然人基於保障其自身或居家權益之個人或家庭活動目的，而公布大樓或宿舍監視錄影器中涉及個人資料畫面之行爲。

(4)　5.　公務機關或公司行號對於含有個資之廢棄書面文件資料，應如何處理？　①直接丟棄垃圾桶　②送給鄰居小孩當回收紙利用　③集中後賣予資源回收商　④統一集中保管銷毀。

(2)　6.　下列何者「並未」涉及蒐集、處理及利用個人資料？　①內政部警政署函請中央健康保險局提供失蹤人口之就醫時間及地點等個人資料　②學校要求學生於制服繡上姓名、學號　③金融機構運用所建置的客戶開戶資料行銷金融商品　④公司行號運用員工差勤系統之個人差勤資料，作爲年終考核或抽查員工差勤之用。

(2)　7.　下列何者非個人資料保護法所稱之「蒐集」？　①人資單位請新進員工填寫員工資料卡　②會計單位爲了發給員工薪資而向人資單位索取員工的帳戶資料　③在路上隨機請路人填寫問卷，並留下個人資料　④在網路上搜尋知名學者的學、經歷。

(2)　8.　請問下列何者非爲個人資料保護法第 3 條所規範之當事人權利？　①查詢或請求閱覽　②請求刪除他人之資料　③請求補充或更正　④請求停止蒐集、處理或利用。

(4)　9.　下列何者非安全使用電腦內的個人資料檔案的做法？　①利用帳號與密碼登入機制來管理可以存取個資者的人　②規範不同人員可讀取的個人資料檔案範圍　③個人資料檔案使用完畢後立即退出應用程式，不得留置於電腦中　④爲確保重要的個人資料可即時取得，將登入密碼標示在螢幕下方。

(2)　10.　非公務機關對個人資料之蒐集，下列敘述何者錯誤？　①符合特定目的且經當事人同意即可蒐集　②符合特定目的且取自一般可得來源，無論當事人是否禁止皆可蒐集　③符合特定目的且與公共利益有關　④符合特定目的且與當事人具有契約或類似契約之關係。

(2)　11.　公司爲國際傳輸個人資料，而有何種下列情形之一，中央目的事業主管機關得限制之？　①公司負責人有違反個人資料保護法前科　②接受之他國公司對於個人資料之保護未有完善之法規，致有損當事人權益之虞　③公司員工未受任何個人資料保護之教育訓練　④公司未建立任何個人資料保護管理制度。

(2)　12.　受雇人於職務上所完成之著作，如果沒有特別以契約約定，其著作人爲下列何者？　①雇用人　②受雇人　③雇用公司或機關法人代表　④由雇用人指定之自然人或法人。

(1)　13.　任職於某公司的程式設計工程師，因職務所編寫之電腦程式，如果沒有特別以契約約定，則該電腦程式重製之權利歸屬下列何者？　①公司　②編寫程式之工程師　③公司全體股東共有　④公司與編寫程式之工程師共有。

(1)　14.　請問以下何種智慧財產權，不需向主管或專責機關提出申請即可享有？　①著作權　②專利權　③商標權　④電路布局權。

(3)　15.　某公司員工因執行業務，擅自以重製之方法侵害他人之著作財產權，若被害人提起告訴，下列對於處罰對象的敘述，何者正確？　①僅處罰侵犯他人著作財產權之員工　②僅處罰雇用該名員工的公司　③該名員工及其雇主皆須受罰　④員工只要在從事侵犯他人著作財產權之行爲前請示雇主並獲同意，便可以不受處罰。

(1) 16. 某廠商之商標在我國已經獲准註冊，請問若希望將商品行銷販賣到國外，請問是否需在當地申請註冊才能受到保護？ ①是，因為商標權註冊採取屬地保護原則 ②否，因為我國申請註冊之商標權在國外也會受到承認 ③不一定，需視我國是否與商品希望行銷販賣的國家訂有相互商標承認之協定 ④不一定，需視商品希望行銷販賣的國家是否為 WTO 會員國。

(3) 17. 下列何者可以做為著作權之標的？ ①依法令舉行之各類考試試題 ②法律與命令 ③藝術作品 ④公務員於職務上草擬之新聞稿。

(4) 18. 下列使用重製行為，何者已超出「合理使用」範圍？ ①將著作權人之作品及資訊，下載供自己使用 ②直接轉貼高普考考古題在 FACEBOOK ③以分享網址的方式轉貼資訊分享於 BBS ④將講師的授 課內容錄音供分贈友人。

(1) 19. 有關專利權的敘述，何者正確？ ①專利有規定保護年限，當某商品、技術的專利保護年限屆滿，任何人皆可運用該項專利 ②我發明了某項商品，卻被他人率先申請專利權，我仍可主張擁有這項商品的專利權 ③專利權可涵蓋、保護抽象的概念性商品 ④專利權為世界所共有，在本國申請專利之商品進軍國外，不需向他國申請專利權。

(2) 20. 專利權又可區分為發明、新型與新式樣三種專利權，其中，發明專利權是否有保護期限？期限為何？ ①有，5 年 ②有，20 年 ③有，50 年 ④無期限，只要申請後就永久歸申請人所有。

(1) 21. 下列有關智慧財產權行為之敘述，何者有誤？ ①製造、販售仿冒品不屬於公訴罪之範疇，但已侵害商標權之行為 ②以 101 大樓、美麗華百貨公司做為拍攝電影的背景，屬於合理使用的範圍 ③原作者自行創作某音樂作品後，即可宣稱擁有該作品之著作權 ④商標權是為促進文化發展為目的，所保護的財產權之一。

(4) 22. 下列有關著作權行為之敘述，何者正確？ ①觀看演唱會時，以手機拍攝並上傳網路自行觀賞，未侵害到著作權 ②使用翻譯軟體將外文小說翻譯成中文，可保有該中文小說之著作權 ③網路上的免費軟體，原則上未受著作權法保護 ④僅複製他人著作中的幾頁，供自己閱讀，算是合理使用的範圍，不算侵權。

(3) 23. 出資聘請他人從事研究或開發之營業秘密，在未以契約約定的前提下，下列敘述何者正確？ ①歸受聘人所有，出資人不得於業務上使用 ②歸出資人所有，受聘人不得於業務上使用 ③歸受聘人所有，但出資人得於業務上使用 ④歸出資人所有，但受聘人得使用。

(4) 24. 受雇者因承辦業務而知悉營業秘密，在離職後對於該營業秘密的處理方式，下列敘述何者正確？ ①聘雇關係解除後便不再負有保障營業秘密之責 ②僅能自用而不得販售獲取利益 ③自離職日起 3 年後便不再負有保障營業秘密之責 ④離職後仍不得洩漏該營業秘密。

(3) 25. 按照現行法律規定，侵害他人營業秘密，其法律責任為： ①僅需負刑事責任 ②僅需負民事損害賠償責任 ③刑事責任與民事損害賠償責任皆須負擔 ④刑事責任與民事損害賠償責任皆不須負擔。

(4) 26. 下列對於外國人之營業秘密，在我國是否受保護的敘述，何者正確？ ①營業秘密的保護僅止於本國人而不包含外國人 ②我國保護營業秘密不區分本國人與外國人 ③外國人所有之營業秘密須先向主管或專責機關登記才可以在我國受到保護 ④外國人所屬之國家若與我國簽訂相互保護營業秘密之條約或協定才受到保護。

(2) 27. 企業內部之營業秘密，可以概分為「商業性營業秘密」及「技術性營業秘密」二大類型，請問下列何者屬於「商業性營業秘密」？ ①專利技術 ②成本分析 ③產品配方 ④先進製程。

(3) 28. 營業秘密可分為「技術機密」與「商業機密」，下列何者屬於「商業機密」？ ①生產製程 ②設計圖 ③客戶名單 ④產品配方。

(3) 29. 營業秘密受侵害時，依據營業秘密法、公平交易法與民法規定之民事救濟方式，不包括下列何者？ ①侵害排除請求權 ②侵害防止請求權 ③命令歇業 ④損害賠償請求權。

(4) 30. 甲公司將其新開發受營業秘密法保護之技術，授權乙公司使用，下列何者不得為之？ ①要求被授權人乙公司在一定期間負有保密義務 ②約定授權使用限於一定之地域、時間 ③約定授權使用限於特定之內容、一定之使用方法 ④乙公司因此可以未經甲公司同意，再授權丙公司。

(1) 31. 甲公司受雇人 A 於職務上研究或開發之營業秘密，契約未約定時，歸何人所有？ ①歸甲公司所有 ②歸受雇人 A 所有 ③歸受聘人所有 ④歸出資人所有。

(3) 32. 甲公司嚴格保密之最新配方產品大賣，下列何者侵害甲公司之營業秘密？ ①鑑定人 A 因司法審理而知悉配方 ②甲公司授權乙公司使用其配方 ③甲公司之 B 員工擅自將配方盜賣給乙公司 ④甲公司與乙公司協議共有配方。

(4) 33. 侵害他人之營業秘密而遭受民事求償，主觀上不須具備？ ①故意 ②過失 ③重大過失 ④意圖營利。

(4) 34. 公司員工執行業務時，下列敘述何者「錯誤」？ ①執行業務應客觀公正 ②不得以任何直接或間接等方式向客戶索取個人利益 ③應避免與客戶有業務外的金錢往來 ④在公司利益不受損情況下，可藉機收受利益或接受款待。

(2) 35. 公司經理因個人財務一時周轉困難而挪用公司資金，事後感到良心不安又自行補回所挪用之金錢，是否構成犯罪？ ①已返還即不構成任何犯罪 ②構成刑法之業務侵占罪 ③構成詐欺罪 ④構成竊盜罪。

(3) 36. 甲意圖得到回扣，私下將應保密之公司報價告知敵對公司之業務員乙，並進而使敵對公司順利簽下案件，導致公司利益受有損害，下列何者正確？ ①甲構成洩露業務上知悉工商秘密罪，不構成背信罪 ②甲不構成洩露業務上知悉工商秘密罪，但構成背信罪 ③甲構成洩露業務上知悉工商秘密罪及背信罪 ④甲不構成任何犯罪。

(3) 37. 關於侵占罪之概念，下列何者錯誤？ ①員工將公司財物由持有變成據為己有之時即已構成 ②員工私自將公司答謝客戶之禮盒留下供己使用，即會構成 ③事後返還侵占物可免除責任 ④員工不能將向客戶收取之貨款先行用於支付自己親屬之醫藥費。

(1) 38. 因業務上往來之廠商係自己親友時，應如何處理？ ①依公司制度秉公處理不徇私 ②可不經公司同意給予較優惠之價格 ③可安心收受該親友業務上之回扣 ④告知公司應保密之營運內情予該親友。

(1) 39. 下列何者非善良管理人之應有作為？ ①未依公司規定與廠商私下接洽 ②保守營業上應秘密事項 ③秉公處理職務 ④拒收廠商回扣。

(1) 40. 如果工作中擔任採購的任務，自己的親朋好友都會介紹自己產品，以提供你購買時，我應該 ①適時地婉拒，說明利益需要迴避的考量，請他們見諒 ②既然是親朋好友，應該互相幫忙 ③建議親朋好友將產品折扣，折扣部分歸於自己，就會採購 ④暗中地幫忙親朋好友，不要被發現即可。

(2) 41. 如果你是業務員，公司主管希望你要擴大業績，向某 A 公司推銷，你的親友剛好是某 A 公司的採購人員，你應該： ①給親友壓力，請他幫忙採購，最後共同平分紅利 ②向主管報備，應該不要參與自己公司與某 A 公司的採購過程 ③躲起來，不要接此案件 ④表面上表示不參與，但是暗中幫忙。

(2) 42. 如果和自己的工作的有業務相關的廠商，廠商的老闆招待你免費參加他們公司的員工旅遊，請問你應該怎麼做比較恰當？ ①前往參加，應該沒有關係 ②不前往參加，委婉告訴廠商要利益迴避 ③前往參加，並且帶親友一同前往 ④不前往參加，將機會讓給同部門的同事。

(3) 43. 小美是公司的業務經理，有一天巧遇國中同班的死黨小林，發現他是公司的下游廠商。小林有天提出，請小美給該公司招標的底標，並附幾十萬元的前謝金，請問小美該怎麼辦？ ①退回錢，並告訴小林都是老朋友，一定全力幫忙 ②全力幫忙，將錢拿出來給單位同事分紅 ③應該堅決拒絕，並避免每次見面都談相關業務 ④只給他一個接近底標的金額，又不一定得標，所以沒關係。

(3) 44. 公司發給每人一台平板電腦，從買來到現在，業務上都很少使用，為了讓它有效的利用，所以將它拿回家給親人使用，這樣的行為是 ①可以的，因為，不用白不用 ②可以的，因為，反正放在那裡不用它，是浪費資源 ③不可以的，因為，這是公司的財產，不能私用 ④不可以的，因為使用年限未到，如果年限到便可以拿回家。

(3) 45. 公司員工甲意圖為自己或他人之不法利益，或對公司不滿而無故洩漏公司的營業秘密給乙公司，造成公司的財產或利益受損，是犯了刑法上之何種罪刑？ ①竊盜罪 ②侵占罪 ③背信罪 ④詐欺罪。

(2) 46. 公司在申請案件本身合乎規定之情形下，僅為縮短辦理時程而對公家機關贈送高價禮品，是否合法？ ①屬人情世故不構成違法 ②構成不違背職務行賄罪 ③構成違背職務行賄罪 ④送禮均不構成違法送錢才違法。

(2) 47. 受政府機關委託代辦單位之負責人甲君，以新臺幣伍仟元代價，出具不實報告，下列敘述何者為非？ ①甲之行為已經觸犯貪污治罪條例 ②甲無公務員身分，出具不實報告之行為應論處偽變造文書罪責 ③甲受託行使公權力為刑法上之公務員 ④甲出具不實檢驗報告，是違背職務之行為。

(1) 48. 甲廠商，居間替 A 機關首長收取承包廠商乙交付之回扣賄款，下列敘述何者正確？ ①甲之行為為貪污治罪條例所稱之共犯 ②甲單純幫忙轉收，並沒有抽傭行為，無罪 ③甲之行為可能構成收受贓物罪 ④視本案中是否有公務員違背職務而論。

(1) 49. 與公務機關有業務往來構成職務利害關係者，下列敘述何者正確？ ①將餽贈之財物請公務員父母代轉，該公務員亦已違反規定 ②與公務機關承辦人飲宴應酬為增進基本關係的必要方法 ③高級茶葉低價售予有利害關係之承辦公務員，有價購行為就不算違反法規 ④機關公務員藉子女婚宴廣邀業務往來廠商之行為，並無不妥。

(3) 50. 下列何者不會構成政府採購法之刑責？ ①專案管理廠商洩漏關於採購應秘密之資訊 ②借用他人名義或證件投標者 ③過失使開標發生不正確結果者 ④合意使廠商不為投標或不為價格之競爭者。

(2) 51. 廠商某甲承攬政府機關採購案期間，經常招待承辦相關公務員喝花酒或送高級名錶，下列敘述何者為對？ ①只要採購程序沒有問題，某甲與相關公務員就沒有犯罪 ②某甲與相關公務員均觸犯貪污治罪條例 ③公務員若沒有收錢，就沒有罪 ④因為不是送錢，所以都沒有犯罪。

(1) 52. 某甲家中頂樓加蓋房屋，被政府機關查報為違章建築，為避免立即遭拆除，透過朋友乙交付金錢予承辦公務員丙，下列敘述何者為對？ ①某甲與朋友乙、公務員丙均觸犯貪污治罪條例 ②乙僅從中轉手金錢，沒有犯罪 ③公務員丙同意收受，若沒拿到錢，則沒有罪 ④只有某甲構成犯罪。

(4) 53. 行（受）賄罪成立要素之一為具有對價關係，而作為公務員職務之對價有「賄賂」或「不正利益」，下列何者不屬於「賄賂」或「不正利益」？ ①招待吃大餐 ②介紹工作 ③免除債務 ④開工邀請觀禮。

(1) 54. 廠商或其負責人與機關首長有下列何者之情形者，不影響參與該機關之採購？ ①同學 ②配偶 ③三親等以內血親或姻親 ④同財共居親屬。

(1) 55. 甲君為獲取乙級技術士技能檢定證照，行賄打點監評人員要求放水之行為，可能構成何罪？ ①違背職務行賄罪 ②不違背職務行賄罪 ③背信罪 ④詐欺罪。

(3) 56. 執行職務中，若懷疑有貪污瀆職或其他違反公共利益之不法情事，請問下列作法何者適當？ ①只要自己沒有責任就不管它 ②向朋友或同事訴苦 ③向權責機關檢舉 ④為避免對自己有不良影響最好睜一隻眼閉一隻眼。

(4) 57. 請問下列有關受理檢舉機關對於檢舉人保護之說明，何者並不正確？ ①政府訂有「獎勵保護檢舉貪污瀆職辦法」，明訂對檢舉人之保護 ②受理檢舉之機關對於檢舉人之姓名、年齡、住所或居所有保密義務 ③對於檢舉人之檢舉書，筆錄或其他資料，除有絕對必要者外，應另行保存，不附於偵查案卷內 ④如有洩密情事，雖不涉刑事責任，但檢舉人得以向受理檢舉機關提出民事損害賠償。

(3) 58. 某公司員工執行職務時，應具備下列哪一項觀念？ ①基於對職務倫理的尊重，雇主的指示即使不當，也要盡力做好 ②當雇主的利益與公共利益相衝突時，即使違反法令也要以雇主利益優先 ③若懷疑有違反公共利益之不法情事，應向權責機關檢舉 ④舉報不法可能導致工作不保，應三思而後行。

(4) 59. 某工廠員工向主管機關或司法機關揭露公司違反水污染防治法之行為，請問以下所述，哪一項是該公司可以採取的因應作為？ ①要求員工自願離職 ②透過減薪或降調迫使員工離職 ③按照勞基法資遣該位員工 ④不可做出不利員工之處分。

(2) 60. 執行職務中若發現雇主或客戶之利益與公共利益矛盾或衝突，並違反法令時，下列觀念何者適當？ ①只要不損及人命便無關緊要 ②應向權責機關檢舉 ③通知親朋好友避免權益受損 ④如果大家都這樣做就應該沒有關係。

(4) 61. 在執行業務的過程中，對於雇主或客戶之不當指示或要求，下列處理方式何者適當？ ①即使有損公共利益，但只要損害程度不高，仍可同意 ②勉予同意 ③基於升遷或業績考量只能照辦 ④予以拒絕或勸導。

（ 2 ） 62. 檢舉人向有偵查權機關或政風機構檢舉貪污瀆職，必須於何時為之始可能給與獎金？ ①犯罪未起訴前 ②犯罪未發覺前 ③犯罪未遂前 ④預備犯罪前。

（ 2 ） 63. 為建立良好之公司治理制度，公司內部宜納入何種檢舉人（深喉嚨）制度？ ①告訴乃論制度 ②吹哨者（whistleblower）管道及保護制度 ③不告不理制度 ④非告訴乃論制度。

（ 4 ） 64. 公司訂定誠信經營守則時，不包括下列何者？ ①禁止不誠信行為 ②禁止行賄及收賄 ③禁止提供不法政治獻金 ④禁止適當慈善捐助或贊助。

（ 3 ） 65. 檢舉人應以何種方式檢舉貪污瀆職始能核給獎金？ ①匿名 ②委託他人檢舉 ③以真實姓名檢舉 ④以他人名義檢舉。

（ 2 ） 66. 受理檢舉機關，洩漏貪污瀆職案件檢舉人之資料，可能觸犯何罪？ ①背信罪 ②洩漏國防以外秘密罪 ③圖利罪 ④湮滅刑事證據罪。

（ 4 ） 67. 下列何者符合專業人員的職業道德？ ①未經雇主同意，於上班時間從事私人事務 ②利用雇主的機具設備私自接單生產 ③未經顧客同意，任意散佈或利用顧客資料 ④盡力維護雇主及客戶的權益。

（ 4 ） 68. 身為公司員工必須維護公司利益，下列何者是正確的工作態度或行為？ ①將公司逾期的產品更改標籤 ②施工時不顧品質，以省時、省料為首要考量 ③服務時首先考慮公司的利益，然後再考量顧客權益 ④工作時謹守本分，以積極態度解決問題。

（ 1 ） 69. 身為專業人員，在服務客戶時穿著的服裝要 ①合乎公司要求及安全衛生規定 ②隨個人方便，高興就好 ③注重個性，追逐潮流 ④講求品味，引人注目。

（ 2 ） 70. 從事專業性工作，在與客戶約定時間應 ①保持彈性，任意調整 ②儘可能準時，依約定時間完成工作 ③能拖就拖，能改就改 ④自己方便就好，不必理會客戶的要求。

（ 1 ） 71. 從事專業性工作，在服務顧客時應有的態度是 ①選擇最安全、經濟及有效的方法完成工作 ②選擇工時較長、獲利較多的方法服務客戶 ③為了降低成本，可以降低安全標準 ④力求專業表現，不必顧及雇主和客戶的立場。

（ 1 ） 72. 當發現公司的產品可能會對顧客身體產生危害時，正確的作法或行動應是 ①立即向主管或有關單位報告 ②若無其事，置之不理 ③儘量隱瞞事實，協助掩飾問題 ④透過管道告知媒體或競爭對手。

（ 3 ） 73. 早餐應該在何時完成，下列何者正確？ ①上班打卡之後，盡量在 20 分鐘內完成 ②慢慢吃有益健康，應該要一面工作一面吃，節省時間 ③應該於上班前完成，上班後不應該用餐，以免影響工作 ④等工作告一段落，而非休息時間的時候，到休息室完成用餐。

（ 4 ） 74. 如果睡過頭，上班遲到，應該如何做比較好？ ①用通訊中的簡訊告知就可以了 ②遲到反正是扣獎金，遲到就算了，不用告知，休息一天 ③和比較要好的同事說，請他代為轉達 ④應該親自打電話給主管，說明請假理由，並指定工作代理人。

（ 2 ） 75. 如果發現有同事，利用公司的財產做私人的事，我們應該要 ①未經查證或勸阻立即向主管報告 ②應該立即勸阻，告知他這是不對的行為 ③不關我的事，我只要管好自己便可以 ④應該告訴其他同事，讓大家來共同糾正與斥責他。

（ 2 ） 76. 當工作累的時候，未到休息的時間，是否可以看一下網路新聞或個人信件？ ①可以，不影響工作即可 ②不可以，因為，是正常工作時間不是休息的時間 ③可以，隨時都可以，不需要被限制 ④不可以，因為是公務電腦，用私人的電腦或設備即可。

（ 3 ） 77. 公司上班的打卡時間為 8：00，雖然有 10 分鐘的緩衝時間，但是，敬業的員工應該 ①只要上班時間開始的 10 分鐘內到便可，無須 8：00 到 ②只要在 8：10 分就可以了，不要太早到 ③應該提早或準時 8：00 到公司 ④只要有來上班就好，遲到就算了，無所謂。

（ 2 ） 78. 小禎離開異鄉就業，來到小明的公司上班，小明是當地的人，他應該 ①不關他的事，自己管好就好 ②多關心小禎的生活適應情況，如有困難加以協助 ③小禎非當地人，應該不容易相處，不要有太多接觸 ④小禎是同單位的人，是個競爭對手，應該多加防範。

（ 4 ） 79. 為了防止足部受到傷害，工作時應依規定穿著安全鞋對足部加以防護，下列何者不屬於安全鞋功能？ ①防止滑倒 ②防止浸透及觸電 ③避免腳趾踢傷、壓傷及擊傷 ④防止香港腳。

(1) 80. 下列有關工廠通道的清潔與維護之敘述，何者錯誤？ ①為了存貨及提貨方便，可將成品放置於通道或樓梯間 ②地面應隨時保持乾燥清潔 ③通道應保持暢通及清潔 ④防止油類潑灑地面，遇汙染應立即清洗乾燥。

(4) 81. 凡工作的性質可能遭受到飛越物品襲擊或碰撞到頭部時，工作人員應該配戴 ①安全眼鏡 ②護目鏡 ③防護面罩 ④安全帽。

(3) 82. 當發現工作同仁之施工方法及作業環境有潛在危險時，正確作法是 ①睜一隻眼，閉一隻眼，當作與自己無關 ②因尚未造成傷害，故可以不必加以理會 ③立即主動加以提醒及勸阻 ④礙於同事情誼，不便加以糾正。

(1) 83. 對於維護工作環境的整潔與安全，較為正確的作法是 ①選擇適當的機具及正確方法減少公害的發生 ②選擇低成本快速方法完成工作 ③將工作環境的整潔及安全儘交付安全管理人員負責 ④以達成工作任務優先，公共安全可以暫不考量。

(2) 84. 每日工作結束之後，應該將所有的工具歸位，並將環境清潔乾淨，是為什麼？ ①避免被公司罰錢 ②讓下一位使用者，能夠更方便找的工具，也有舒適環境工作 ③可以提前早點休息，將時間用來打掃，消耗時間 ④公司有比賽，可以拿到獎金。

(1) 85. （本題刪題）如果工作環境中的閒置容器中有死水，很容易會孳生蚊子，如果被蚊子叮咬，會傳染什麼疾病？ ①登革熱 ②瘧疾 ③日本腦炎 ④黃熱病。

(3) 86. 完成工作之後所產生的有害之廢水或溶液，我們應該 ①應該直接倒到水溝中即可 ②應該先以專業技術處理一下，再倒入水溝中 ③應該先集中起來，再由有專業處理的業者回收處理 ④應該不用理它，大自然便會自行分解循環。

(3) 87. 公司與工廠需要定期舉辦工安講習與專業教育訓練，其目的是要做什麼？ ①應付政府機關的稽查 ②消耗經費 ③保護員工安全，讓員工能夠防範未然 ④讓大家有相聚時間，彼此相互認識。

(3) 88. 對於工作使用的機具，應該如何保養才最適當？ ①不需要每天保養，只要定時保養即可 ②不用保養，反正壞了，換掉就好 ③隨時注意清潔，每天最後結束時，都將機具做好保養 ④保養只要交給保養公司就好，他們很專業。

(3) 89. 小櫻在公司是負責總務的業務，她想要在公司推行環保活動，下列何者不正確？ ①垃圾分類 ②紙張回收再利用 ③廁所不放衛生紙 ④冷氣設定在 26 度以上。

(1) 90. 職場倫理契約是在約定雇主與員工、員工與員工之間的規範事項，此種契約基本原則為 ①公平對等 ②不溯既往 ③利益迴避 ④利潤共享。

(4) 91. 員工應善盡道德義務，但也享有相對的權利，以下有關員工的倫理權利，何者不包括？ ①工作保障權利 ②抱怨申訴權利 ③程序正義權利 ④進修教育補助權利。

(4) 92. 有關於社會新鮮人的工作態度，下列敘述何者不符合職場倫理？ ①多作多學，不要太計較 ②遇到問題要向主管或前輩請教 ③準時上班，不遲到早退，對同仁及顧客有禮貌 ④只要我喜歡，沒有什麼不可以。

(4) 93. 下列哪一種工作態度並不足取？ ①在公司規定上班時間之前，就完成上工的一切準備動作 ②工作時注重細節，以追求最高的工作品質為目標 ③在工作時喜歡團隊合作，與其他同仁充分人際互動 ④在公司內使用 E-mail 時，任意發送與工作無關的訊息給同仁。

(1) 94. 員工想要融入一個組織當中，下列哪一個作法較為可行？ ①經常參與公司的聚會與團體活動 ②經常加班工作到深夜 ③經常送禮物給同事 ④經常拜訪公司的客戶。

(1) 95. 下列有關技術士證照及證書的使用原則之敘述，何者錯誤？ ①為了賺取外快，可以將個人技術證照借予他人 ②專業證書取得不易，不應租予他人營業使用 ③取得技術士證照或專業證書後，仍需繼續積極吸收專業知識 ④個人專業技術士證照或證書，只能用於符合特定專業領域及執業用途。

(3) 96. 您個人的敬業精神通常在以下哪個場域發揮與實踐？ ①家庭 ②百貨公司 ③職場 ④電影院。

(2) 97. 引導時，引導人應走在被引導人的 ①正前方 ②左或右前方 ③正後方 ④左或右後方。

（ 2 ） 98. 乘坐轎車時，如果由主人親自駕駛，按照乘車禮儀，首位應為　①後排右側　②前座右側　③後排左側　④後排中間。

（ 4 ） 99. 在公司內部行使商務禮儀的過程，主要以參與者在公司中的　①年齡　②性別　③社會地位　④職位　　來訂定順序。

（ 3 ） 100. 工作愉快的交談很容易與顧客建立友誼，不宜交談的話題是　①流行資訊　②旅遊趣事　③他人隱私　④體育新聞。

90008 環境保護共同科目

(1)　1.　世界環境日是在每一年的：　①6月5日　②4月10日　③3月8日　④11月12日。

(3)　2.　2015年巴黎協議之目的為何？　①避免臭氧層破壞　②減少持久性污染物排放　③遏阻全球暖化趨勢　④生物多樣性保育。

(3)　3.　下列何者為環境保護的正確作為？　①多吃肉少蔬食　②自己開車不共乘　③鐵馬步行　④不隨手關燈。

(2)　4.　下列何種行為對生態環境會造成較大的衝擊？　①植種原生樹木　②引進外來物種　③設立國家公園　④設立保護區。

(2)　5.　下列哪一種飲食習慣能減碳抗暖化？　①多吃速食　②多吃天然蔬果　③多吃牛肉　④多選擇吃到飽的餐館。

(3)　6.　小明於隨地亂丟垃圾之現場遇依廢棄物清理法執行稽查人員要求提示身分證明，如小明無故拒絕提供，將受何處分？　①勸導改善　②移送警察局　③處新臺幣6百元以上3千元以下罰鍰　④接受環境講習。

(1)　7.　小狗在道路或其他公共場所便溺時，應由何人負責清除？　①主人　②清潔隊　③警察　④土地所有權人。

(3)　8.　四公尺以內之公共巷、弄路面及水溝之廢棄物，應由何人負責清除？　①里辦公處　②清潔隊　③相對戶或相鄰戶分別各半清除　④環保志工。

(1)　9.　外食自備餐具是落實綠色消費的哪一項表現？　①重複使用　②回收再生　③環保選購　④降低成本。

(2)　10.　再生能源一般是指可永續利用之能源，主要包括哪些：A.化石燃料 B.風力 C.太陽能 D.水力？　①ACD　②BCD　③ABD　④ABCD。

(3)　11.　何謂水足跡，下列何者是正確的？　①水利用的途徑　②每人用水量紀錄　③消費者所購買的商品，在生產過程中消耗的用水量　④水循環的過程。

(4)　12.　依環境基本法第3條規定，基於國家長期利益，經濟、科技及社會發展均應兼顧環境保護。但如果經濟、科技及社會發展對環境有嚴重不良影響或有危害時，應以何者優先？　①經濟　②科技　③社會　④環境。

(3)　13.　某工廠產生之廢棄物欲再利用，應依何種方式辦理？　①依當地環境保護局規定辦理　②依環境保護署規定辦理　③依經濟部規定辦理　④直接給其他有需要之工廠。

(2)　14.　逛夜市時常有攤位在販賣滅蟑藥，下列何者正確？　①滅蟑藥是藥，中央主管機關為衛生福利部　②滅蟑藥是環境衛生用藥，中央主管機關是環境保護署　③只要批貨，人人皆可販賣滅蟑藥，不須領得許可執照　④滅蟑藥之包裝上不用標示有效期限。

(1)　15.　森林面積的減少甚至消失可能導致哪些影響：A.水資源減少 B.減緩全球暖化 C.加劇全球暖化 D.降低生物多樣性？　①ACD　②BCD　③ABD　④ABCD。

(3)　16.　塑膠為海洋生態的殺手，所以環保署推動「無塑海洋」政策，下列何項不是減少塑膠危害海洋生態的重要措施？　①擴大禁止免費供應塑膠袋　②禁止製造、進口及販售含塑膠柔珠的清潔用品　③定期進行海水水質監測　④淨灘、淨海。

(2)　17.　違反環境保護法律或自治條例之行政法上義務，經處分機關處停工、停業處分或處新臺幣五千元以上罰鍰者，應接受下列何種講習？　①道路交通安全講習　②環境講習　③衛生講習　④消防講習。

(2)　18.　綠色設計的概念為：　①生產成本低廉的產品　②表示健康的、安全的商品　③售價低廉易購買的商品　④包裝紙一定要用綠色系統者。

(1)　19.　下列何者為環保標章？　①　②　③　④。

(2) 20. 「聖嬰現象」是指哪一區域的溫度異常升高？　①西太平洋表層海水　②東太平洋表層海水　③西印度洋表層海水　④東印度洋表層海水。

(1) 21. 「酸雨」定義為雨水酸鹼值達多少以下時稱之？　①5.0　②6.0　③7.0　④8.0。

(2) 22. 一般而言，水中溶氧量隨水溫之上升而呈下列哪一種趨勢？　①增加　②減少　③不變　④不一定。

(4) 23. 二手菸中包含多種危害人體的化學物質，甚至多種物質有致癌性，會危害到下列何者的健康？　①只對12歲以下孩童有影響　②只對孕婦比較有影響　③只有65歲以上之民眾有影響　④全民皆有影響。

(2) 24. 二氧化碳和其他溫室氣體含量增加是造成全球暖化的主因之一，下列何種飲食方式也能降低碳排放量，對環境保護做出貢獻：A.少吃肉，多吃蔬菜；B.玉米產量減少時，購買玉米罐頭食用；C.選擇當地食材；D.使用免洗餐具，減少清洗用水與清潔劑？　①AB　②AC　③AD　④ACD。

(1) 25. 上下班的交通方式有很多種，其中包括：A.騎腳踏車；B.搭乘大眾交通工具；C自行開車，請將前述幾種交通方式之單位排碳量由少至多之排列方式為何？　①ABC　②ACB　③BAC　④CBA。

(3) 26. 下列何者「不是」室內空氣污染源？　①建材　②辦公室事務機　③廢紙回收箱　④油漆及塗料。

(4) 27. 下列何者不是自來水消毒採用的方式？　①加入臭氧　②加入氯氣　③紫外線消毒　④加入二氧化碳。

(4) 28. 下列何者不是造成全球暖化的元凶？　①汽機車排放的廢氣　②工廠所排放的廢氣　③火力發電廠所排放的廢氣　④種植樹木。

(2) 29. 下列何者不是造成臺灣水資源減少的主要因素？　①超抽地下水　②雨水酸化　③水庫淤積　④濫用水資源。

(4) 30. 下列何者不是溫室效應所產生的現象？　①氣溫升高而使海平面上升　②海溫升高造成珊瑚白化　③造成全球氣候變遷，導致不正常暴雨、乾旱現象　④造成臭氧層產生破洞。

(4) 31. 下列何者是室內空氣污染物之來源：A.使用殺蟲劑；B.使用雷射印表機；C.在室內抽煙；D.戶外的污染物飄進室內？　①ABC　②BCD　③ACD　④ABCD。

(1) 32. 下列何者是海洋受污染的現象？　①形成紅潮　②形成黑潮　③溫室效應　④臭氧層破洞。

(2) 33. 下列何者是造成臺灣雨水酸鹼（pH）值下降的主要原因？　①國外火山噴發　②工業排放廢氣　③森林減少　④降雨量減少。

(2) 34. 下列何者是農田土壤受重金屬污染後最普遍使用之整治方法？　①全面挖除被污染土壤，搬到他處處理除污完畢再運回　②以機械將表層污染土壤與下層未受污染土壤上下充分混合　③藉由萃取劑淋溶、洗出等作用帶走或稀釋　④以植生萃取。

(1) 35. 下列何者是酸雨對環境的影響？　①湖泊水質酸化　②增加森林生長速度　③土壤肥沃　④增加水生動物種類。

(2) 36. 下列何者是懸浮微粒與落塵的差異？　①採樣地區　②粒徑大小　③分布濃度　④物體顏色。

(1) 37. 下列何者屬地下水超抽情形？　①地下水抽水量「超越」天然補注量　②天然補注量「超越」地下水抽水量　③地下水抽水量「低於」降雨量　④地下水抽水量「低於」天然補注量。

(3) 38. 下列何種行為無法減少「溫室氣體」排放？　①騎自行車取代開車　②多搭乘公共運輸系統　③多吃肉少蔬菜　④使用再生紙張。

(2) 39. 下列哪一項水質濃度降低會導致河川魚類大量死亡？　①氨氮　②溶氧　③二氧化碳　④生化需氧量。

(1) 40. 下列何種生活小習慣的改變可減少細懸浮微粒（PM2.5）排放，共同為改善空氣品質盡一份心力？　①少吃燒烤食物　②使用吸塵器　③養成運動習慣　④每天喝500cc的水。

(4) 41. 下列哪種措施不能用來降低空氣污染？　①汽機車強制定期排氣檢測　②汰換老舊柴油車　③禁止露天燃燒稻草　④汽機車加裝消音器。

(3) 42. 大氣層中臭氧層有何作用？　①保持溫度　②對流最旺盛的區域　③吸收紫外線　④造成光害。

(1) 43. 小李具有乙級廢水專責人員證照，某工廠希望以高價租用證照的方式合作，請問下列何者正確？　①這是違法行為　②互蒙其利　③價錢合理即可　④經環保局同意即可。

(2) 44. 可藉由下列何者改善河川水質且兼具提供動植物良好棲地環境？　①運動公園　②人工溼地　③滯洪池　④水庫。

(1) 45. 台北市周先生早晨在河濱公園散步時，發現有大面積的河面被染成紅色，岸邊還有許多死魚，此時周先生應該打電話給哪個單位通報處理？　①環保局　②警察局　③衛生局　④交通局。

(3) 46. 台灣地區地形陡峭雨旱季分明，水資源開發不易常有缺水現象，目前推動生活污水經處理再生利用，可填補部分水資源，主要可供哪些用途：A.工業用水、B.景觀澆灌、C.人體飲用、D.消防用水？　① ACD　② BCD　③ ABD　④ ABCD。

(2) 47. 台灣自來水之水源主要取自：　①海洋的水　②河川及水庫的水　③綠洲的水　④灌溉渠道的水。

(1) 48. 民眾焚香燒紙錢常會產生哪些空氣污染物增加罹癌的機率：A.苯、B.細懸浮微粒（PM2.5）、C.臭氧（O_3）、D.甲烷（CH_4）？　① AB　② AC　③ BC　④ CD。

(1) 49. 生活中經常使用的物品，下列何者含有破壞臭氧層的化學物質？　①噴霧劑　②免洗筷　③保麗龍　④寶特瓶。

(2) 50. 目前市面清潔劑均會強調「無磷」，是因為含磷的清潔劑使用後，若廢水排至河川或湖泊等水域會造成甚麼影響？　①綠牡蠣　②優養化　③秘雕魚　④烏腳病。

(1) 51. 冰箱在廢棄回收時應特別注意哪一項物質，以避免逸散至大氣中造成臭氧層的破壞？　①冷媒　②甲醛　③汞　④苯。

(1) 52. 在五金行買來的強力膠中，主要有下列哪一種會對人體產生危害的化學物質？　①甲苯　②乙苯　③甲醛　④乙醛。

(2) 53. 在同一操作條件下，煤、天然氣、油、核能的二氧化碳排放比例之大小，由大而小為：　①油＞煤＞天然氣＞核能　②煤＞油＞天然氣＞核能　③煤＞天然氣＞油＞核能　④油＞煤＞核能＞天然氣。

(1) 54. 如何降低飲用水中消毒副產物三鹵甲烷？　①先將水煮沸，打開壺蓋再煮三分鐘以上　②先將水過濾，加氯消毒　③先將水煮沸，加氯消毒　④先將水過濾，打開壺蓋使其自然蒸發。

(4) 55. 自行煮水、包裝飲用水及包裝飲料，依生命週期評估的排碳量大小順序為：　①包裝飲用水＞自行煮水＞包裝飲料　②包裝飲料＞自行煮水＞包裝飲用水　③自行煮水＞包裝飲料＞包裝飲用水　④包裝飲料＞包裝飲用水＞自行煮水。

(1) 56. 何項不是噪音的危害所造成的現象？　①精神很集中　②煩躁、失眠　③緊張、焦慮　④工作效率低落。

(2) 57. 我國移動污染源空氣污染防制費的徵收機制為何？　①依車輛里程數計費　②隨油品銷售徵收　③依牌照徵收　④依照排氣量徵收。

(2) 58. 室內裝潢時，若不謹慎選擇建材，將會逸散出氣狀污染物。其中會刺激皮膚、眼、鼻和呼吸道，也是致癌物質，可能為下列哪一種污染物？　①臭氧　②甲醛　③氟氯碳化合物　④二氧化碳。

(1) 59. 哪一種氣體造成臭氧層被嚴重的破壞？　①氟氯碳化物　②二氧化硫　③氮氧化合物　④二氧化碳。

(1) 60. 高速公路旁常見有農田違法焚燒稻草，除易產生濃煙影響行車安全外，也會產生下列何種空氣污染物對人體健康造成不良的作用　①懸浮微粒　②二氧化碳（CO_2）　③臭氧（O_3）　④沼氣。

(2) 61. 都市中常產生的「熱島效應」會造成何種影響？　①增加降雨　②空氣污染物不易擴散　③空氣污染物易擴散　④溫度降低。

(3) 62. 寶特瓶、廢塑膠等廢棄於環境除不易腐化外，若隨一般垃圾進入焚化廠處理，可能產生下列哪一種空氣污染物對人體有致癌疑慮？　①臭氧　②一氧化碳　③戴奧辛　④沼氣。

(2) 63. 「垃圾強制分類」的主要目的為：A.減少垃圾清運量 B.回收有用資源 C.回收廚餘予以再利用 D.變賣賺錢？　① ABCD　② ABC　③ ACD　④ BCD。

(4)　64. 一般人生活產生之廢棄物，何者屬有害廢棄物？　①廚餘　②鐵鋁罐　③廢玻璃　④廢日光燈管。

(2)　65. 一般辦公室影印機的碳粉匣，應如何回收？　①拿到便利商店回收　②交由販賣商回收　③交由清潔隊回收　④交給拾荒者回收。

(4)　66. 下列何者不是蚊蟲會傳染的疾病　①日本腦炎　②瘧疾　③登革熱　④痢疾。

(4)　67. 下列何者非屬資源回收分類項目中「廢紙類」的回收物？　①報紙　②雜誌　③紙袋　④用過的衛生紙。

(1)　68. 下列何者對飲用瓶裝水之形容是正確的：A. 飲用後之寶特瓶容器為地球增加了一個廢棄物；B. 運送瓶裝水時卡車會排放空氣污染物；C. 瓶裝水一定比經煮沸之自來水安全衛生？　① AB　② BC　③ AC　④ ABC。

(2)　69. 下列哪一項是我們在家中常見的環境衛生用藥？　①體香劑　②殺蟲劑　③洗滌劑　④乾燥劑。

(1)　70. 下列哪一種是公告應回收廢棄物中的容器類：A. 廢鋁箔包 B. 廢紙容器 C. 寶特瓶？　① ABC　② AC　③ BC　④ C。

(1)　71. 下列哪些廢紙類不可以進行資源回收？　①紙尿褲　②包裝紙　③雜誌　④報紙。

(4)　72. 小明拿到「垃圾強制分類」的宣導海報，標語寫著「分 3 類，好 OK」，標語中的分 3 類是指家戶日常生活中產生的垃圾可以區分哪三類？　①資源、廚餘、事業廢棄物　②資源、一般廢棄物、事業廢棄物　③一般廢棄物、事業廢棄物、放射性廢棄物　④資源、廚餘、一般垃圾。

(3)　73. 日光燈管、水銀溫度計等，因含有哪一種重金屬，可能對清潔隊員造成傷害，應與一般垃圾分開處理？　①鉛　②鎘　③汞　④鐵。

(2)　74. 家裡有過期的藥品，請問這些藥品要如何處理？　①倒入馬桶沖掉　②交由藥局回收　③繼續服用　④送給相同疾病的朋友。

(2)　75. 台灣西部海岸曾發生的綠牡蠣事件是下列何種物質污染水體有關？　①汞　②銅　③磷　④鎘。

(4)　76. 在生物鏈越上端的物種其體內累積持久性有機污染物（POPs）濃度將越高，危害性也將越大，這是說明 POPs 具有下列何種特性？　①持久性　②半揮發性　③高毒性　④生物累積性。

(3)　77. 有關小黑蚊敘述下列何者為非？　①活動時間又以中午十二點到下午三點為活動高峰期　②小黑蚊的幼蟲以腐植質、青苔和藻類為食　③無論雄蚊或雌蚊皆會吸食哺乳類動物血液　④多存在竹林、灌木叢、雜草叢、果園等邊緣地帶等處。

(1)　78. 利用垃圾焚化廠處理垃圾的最主要優點為何？　①減少處理後的垃圾體積　②去除垃圾中所有毒物　③減少空氣污染　④減少處理垃圾的程序。

(3)　79. 利用豬隻的排泄物當燃料發電，是屬於哪一種能源？　①地熱能　②太陽能　③生質能　④核能。

(2)　80. 每個人日常生活皆會產生垃圾，下列何種處理垃圾的觀念與方式是不正確的？　①垃圾分類，使資源回收再利用　②所有垃圾皆掩埋處理，垃圾將會自然分解　③廚餘回收堆肥後製成肥料　④可燃性垃圾經焚化燃燒可有效減少垃圾體積。

(2)　81. 防治蟲害最好的方法是　①使用殺蟲劑　②清除孳生源　③網子捕捉　④拍打。

(2)　82. 依廢棄物清理法之規定，隨地吐檳榔汁、檳榔渣者，應接受幾小時之戒檳班講習？　① 2 小時　② 4 小時　③ 8 小時　④ 1 小時。

(1)　83. 室內裝修業者承攬裝修工程，工程中所產生的廢棄物應該如何處理？　①委託合法清除機構清運　②倒在偏遠山坡地　③河岸邊掩埋　④交給清潔隊垃圾車。

(1)　84. 若使用後的廢電池未經回收，直接廢棄所含重金屬物質曝露於環境中可能產生那些影響：A. 地下水污染、B. 對人體產生中毒等不良作用、C. 對生物產生重金屬累積及濃縮作用、D. 造成優養化？　① ABC　② ABCD　③ ACD　④ BCD。

(3)　85. 哪一種家庭廢棄物可用來作為製造肥皂的主要原料？　①食醋　②果皮　③回鍋油　④熟廚餘。

(2)　86. 家戶大型垃圾應由誰負責處理　①行政院環境保護署　②當地政府清潔隊　③行政院　④內政部。

(3)　87. 根據環保署資料顯示，世紀之毒「戴奧辛」主要透過何者方式進入人體？　①透過觸摸　②透過呼吸　③透過飲食　④透過雨水。

(2)　88. 陳先生到機車行換機油時，發現機車行老闆將廢機油直接倒入路旁的排水溝，請問這樣的行為是違反了　①道路交通管理處罰條例　②廢棄物清理法　③職業安全衛生法　④水污染防治法。

(1)　89. 亂丟香菸蒂，此行為已違反什麼規定？　①廢棄物清理法　②民法　③刑法　④毒性化學物質管理法。

(4)　90. 實施「垃圾費隨袋徵收」政策的好處為何：A. 減少家戶垃圾費用支出 B. 全民主動參與資源回收 C. 有效垃圾減量？　① AB　② AC　③ BC　④ ABC。

(1)　91. 臺灣地狹人稠，垃圾處理一直是不易解決的問題，下列何種是較佳的因應對策？　①垃圾分類資源回收　②蓋焚化廠　③運至國外處理　④向海爭地掩埋。

(2)　92. 臺灣嘉南沿海一帶發生的烏腳病可能為哪一種重金屬引起？　①汞　②砷　③鉛　④鎘。

(2)　93. 遛狗不清理狗的排泄物係違反哪一法規？　①水污染防治法　②廢棄物清理法　③毒性化學物質管理法　④空氣污染防制法。

(3)　94. 酸雨對土壤可能造成的影響，下列何者正確？　①土壤更肥沃　②土壤液化　③土壤中的重金屬釋出　④土壤礦化。

(3)　95. 購買下列哪一種商品對環境比較友善？　①用過即丟的商品　②一次性的產品　③材質可以回收的商品　④過度包裝的商品。

(4)　96. 醫療院所用過的棉球、紗布、針筒、針頭等感染性事業廢棄物屬於　①一般事業廢棄物　②資源回收物　③一般廢棄物　④有害事業廢棄物。

(2)　97. 下列何項法規的立法目的為預防及減輕開發行為對環境造成不良影響，藉以達成環境保護之目的？　①公害糾紛處理法　②環境影響評估法　③環境基本法　④環境教育法。

(4)　98. 下列何種開發行為若對環境有不良影響之虞者，應實施環境影響評估：A. 開發科學園區；B. 新建捷運工程；C. 採礦。　① AB　② BC　③ AC　④ ABC。

(1)　99. 主管機關審查環境影響說明書或評估書，如認為已足以判斷未對環境有重大影響之虞，作成之審查結論可能為下列何者？　①通過環境影響評估審查　②應繼續進行第二階段環境影響評估　③認定不應開發　④補充修正資料再審。

(4)　100. 依環境影響評估法規定，對環境有重大影響之虞的開發行為應繼續進行第二階段環境影響評估，下列何者不是上述對環境有重大影響之虞或應進行第二階段環境影響評估的決定方式？　①明訂開發行為及規模　②環評委員會審查認定　③自願進行　④有民眾或團體抗爭。

90009 節能減碳共同科目

(3)　1.　依能源局「指定能源用戶應遵行之節約能源規定」，下列何場所未在其管制之範圍？　①旅館　②餐廳　③住家　④美容美髮店。

(1)　2.　依能源局「指定能源用戶應遵行之節約能源規定」，在正常使用條件下，公眾出入之場所其室內冷氣溫度平均值不得低於攝氏幾度？　① 26　② 25　③ 24　④ 22。

(2)　3.　下列何者為節能標章？　① 　② 　③ 　④ 。

(4)　4.　各產業中耗能佔比最大的產業為　①服務業　②公用事業　③農林漁牧業　④能源密集產業。

(1)　5.　下列何者非省能的做法？　①電冰箱溫度長時間調在強冷或急冷　②影印機當 15 分鐘無人使用時，自動進入省電模式　③電視機勿背著窗戶或面對窗戶，並避免太陽直射　④汽車不行駛短程，較短程旅運應儘量搭乘公車、騎單車或步行。

(3)　6.　經濟部能源局的能源效率標示分為幾個等級？　① 1　② 3　③ 5　④ 7。

(2)　7.　溫室氣體排放量：指自排放源排出之各種溫室氣體量乘以各該物質溫暖化潛勢所得之合計量，以　①氧化亞氮（N2O）　②二氧化碳（CO2）　③甲烷（CH4）　④六氟化硫（SF6）當量表示。

(4)　8.　國家溫室氣體長期減量目標為中華民國一百三十九年溫室氣體排放量降為中華民國九十四年溫室氣體排放量百分之　①二十　②三十　③四十　④五十　　　　以下。

(2)　9.　溫室氣體減量及管理法所稱主管機關，在中央為行政院　①經濟部能源局　②環境保護署　③國家發展委員會　④衛生福利部。

(3)　10.　溫室氣體減量及管理法中所稱：一單位之排放額度相當於允許排放　①一公斤　②一立方米　③一公噸　④一公擔　　　　之二氧化碳當量。

(3)　11.　下列何者不是全球暖化帶來的影響？　①洪水　②熱浪　③地震　④旱災。

(1)　12.　下列何種方法無法減少二氧化碳？　①想吃多少儘量點，剩下可當廚餘回收　②選購當地、當季食材，減少運輸碳足跡　③多吃蔬菜，少吃肉　④自備杯筷，減少免洗用具垃圾量。

(3)　13.　下列何者不會減少溫室氣體的排放？　①減少使用煤、石油等化石燃料　②大量植樹造林，禁止亂砍亂伐　③增高燃煤氣體排放的煙囪　④開發太陽能、水能等新能源。

(4)　14.　關於綠色採購的敘述，下列何者錯誤？　①採購回收材料製造之物品　②採購的產品對環境及人類健康有最小的傷害性　③選購產品對環境傷害較少、污染程度較低者　④以精美包裝為主要首選。

(1)　15.　一旦大氣中的二氧化碳含量增加，會引起哪一種後果？　①溫室效應惡化　②臭氧層破洞　③冰期來臨　④海平面下降。

(3)　16.　關於建築中常用的金屬玻璃帷幕牆，下列何者敘述正確？　①玻璃帷幕牆的使用能節省室內空調使用　②玻璃帷幕牆適用於臺灣，讓夏天的室內產生溫暖的感覺　③在溫度高的國家，建築使用金屬玻璃帷幕會造成日照輻射熱，產生室內「溫室效應」　④臺灣的氣候溼熱，特別適合在大樓以金屬玻璃帷幕作為建材。

(4)　17.　下列何者不是能源之類型？　①電力　②壓縮空氣　③蒸汽　④熱傳。

(1)　18.　我國已制定能源管理系統標準為　① CNS 50001　② CNS 12681　③ CNS 14001　④ CNS 22000。

(1)　19.　台灣電力公司所謂的離峰用電時段為何？　① 22：30 ～ 07：30　② 22：00 ～ 07：00　③ 23：00 ～ 08：00　④ 23：30 ～ 08：30。

(1)　20.　經濟部能源局規定，下列何種燈泡在額定消耗功率超過 25W 時不得使用？　①白熾燈泡　② LED 燈泡　③省電燈泡　④螢光燈管。

(1)　21.　下列哪一項的能源效率標示級數較省電？　① 1　② 2　③ 3　④ 4。

(4)　22.　下列何者不是目前台灣主要的發電方式？　①燃煤　②燃氣　③核能　④地熱。

(2) 23. 有關延長線及電線的使用，下列敘述何者錯誤？　①拔下延長線插頭時，應手握插頭取下　②使用中之延長線如有異味產生，屬正常現象不須理會　③應避開火源，以免外覆塑膠熔解，致使用時造成短路　④使用老舊之延長線，容易造成短路、漏電或觸電等危險情形，應立即更換。

(1) 24. 有關觸電的處理方式，下列敘述何者錯誤？　①應立刻將觸電者拉離現場　②把電源開關關閉　③通知救護人員　④使用絕緣的裝備來移除電源。

(2) 25. 目前電費單中，係以「度」為收費依據，請問下列何者為其單位？　① kW　② kWh　③ kJ　④ kJh。

(4) 26. 依據台灣電力公司三段式時間電價（尖峰、半尖峰及離峰時段）的規定，請問哪個時段電價最便宜？　①尖峰時段　②夏月半尖峰時段　③非夏月半尖峰時段　④離峰時段。

(2) 27. 當電力設備遭遇電源不足或輸配電設備受限制時，導致用戶暫停或減少用電的情形，常以下列何者名稱出現？　①停電　②限電　③斷電　④配電。

(2) 28. 照明控制可以達到節能與省電費的好處，下列何種方法最適合一般住宅社區兼顧節能、經濟性與實際照明需求？　①加裝 DALI 全自動控制系統　②走廊與地下停車場選用紅外線感應控制電燈　③全面調低照度需求　④晚上關閉所有公共區域的照明。

(2) 29. 上班性質的商辦大樓為了降低尖峰時段用電，下列何者是錯的？　①使用儲冰式空調系統減少白天空調電能需求　②白天有陽光照明，所以白天可以將照明設備全關掉　③汰換老舊電梯馬達並使用變頻控制　④電梯設定隔層停止控制，減少頻繁啟動。

(2) 30. 為了節能與降低電費的需求，家電產品的正確選用應該如何？　①選用高功率的產品效率較高　②優先選用取得節能標章的產品　③設備沒有壞，還是堪用，繼續用，不會增加支出　④選用能效分級數字較高的產品，效率較高，5 級的比 1 級的電器產品更省電。

(3) 31. 有效而正確的節能從選購產品開始，就一般而言，下列的因素中，何者是選購電氣設備的最優先考量項目？　①用電量消耗電功率是多少瓦攸關電費支出，用電量小的優先　②採購價格比較，便宜優先　③安全第一，一定要通過安規檢驗合格　④名人或演藝明星推薦，應該口碑較好。

(3) 32. 高效率燈具如果要降低眩光的不舒服，下列何者與降低刺眼眩光影響無關？　①光源下方加裝擴散板或擴散膜　②燈具的遮光板　③光源的色溫　④採用間接照明。

(1) 33. 一般而言，螢光燈的發光效率與長度有關嗎？　①有關，越長的螢光燈管，發光效率越高　②無關，發光效率只與燈管直徑有關　③有關，越長的螢光燈管，發光效率越低　④無關，發光效率只與色溫有關。

(4) 34. 用電熱爐煮火鍋，採用中溫 50% 加熱，比用高溫 100% 加熱，將同一鍋水煮開，下列何者是對的？　①中溫 50% 加熱比較省電　②高溫 100% 加熱比較省電　③中溫 50% 加熱，電流反而比較大　④兩種方式用電量是一樣的。

(2) 35. 電力公司為降低尖峰負載時段超載停電風險，將尖峰時段電價費率（每度電單價）提高，離峰時段的費率降低，引導用戶轉移部分負載至離峰時段，這種電能管理策略稱為　①需量競價　②時間電價　③可停電力　④表燈用戶彈性電價。

(2) 36. 集合式住宅的地下停車場需要維持通風良好的空氣品質，又要兼顧節能效益，下列的排風扇控制方式何者是不恰當的？　①淘汰老舊排風扇，改裝取得節能標章、適當容量高效率風扇　②兩天一次運轉通風扇就好了　③結合一氧化碳偵測器，自動啟動 / 停止控制　④設定每天早晚二次定期啟動排風扇。

(2) 37. 大樓電梯為了節能及生活便利需求，可設定部分控制功能，下列何者是錯誤或不正確的做法？　①加感應開關，無人時自動關燈與通風扇　②縮短每次開門 / 關門的時間　③電梯設定隔樓層停靠，減少頻繁啟動　④電梯馬達加裝變頻控制。

(4) 38. 為了節能及兼顧冰箱的保溫效果，下列何者是錯誤或不正確的做法？　①冰箱內上下層間不要塞滿，以利冷藏對流　②食物存放位置紀錄清楚，一次拿齊食物，減少開門次數　③冰箱門的密封壓條如果鬆弛，無法緊密關門，應盡速更新修復　④冰箱內食物擺滿塞滿，效益最高。

(2) 39. 就加熱及節能觀點來評比，電鍋剩飯持續保溫至隔天再食用，與先放冰箱冷藏，隔天用微波爐加熱，下列何者是對的？　①持續保溫較省電　②微波爐再加熱比較省電又方便　③兩者一樣　④優先選電鍋保溫方式，因為馬上就可以吃。

(2) 40. 不斷電系統 UPS 與緊急發電機的裝置都是應付臨時性供電意外狀況，停電時，下列的陳述何者是對的？　①緊急發電機會先啓動，不斷電系統 UPS 是後備的　②不斷電系統 UPS 先啓動，緊急發電機是後備的　③兩者同時啓動　④不斷電系統 UPS 可以撐比較久。

(2) 41. 下列何者爲非再生能源？　①地熱能　②核能　③太陽能　④水力能。

(1) 42. 使用暖氣機時，下列何種爲節能之作法？　①設定室內溫度在 20℃　②設定室內溫度在 24℃　③開一點窗維持通風　④開啓風扇增加對流。

(1) 43. 一般桶裝瓦斯（液化石油氣）主要成分爲　①丙烷　②甲烷　③辛烷　④乙炔　　　　及丁烷。

(1) 44. 在正常操作，且提供相同使用條件之情形下，下列何種暖氣設備之能源效率最高？　①冷暖氣機　②電熱風扇　③電熱輻射機　④電暖爐。

(4) 45. 下列何種熱水器所需能源費用最少？　①電熱水器　②天然瓦斯熱水器　③柴油鍋爐熱水器　④熱泵熱水器。

(4) 46. 某公司希望能進行節能減碳，爲地球盡點心力，以下何種作爲並不恰當？　①將採購規定列入以下文字：「汰換設備時首先考慮具有節能標章、或能源效率 1 級之產品」　②盤查所有能源使用設備　③實行能源管理　④爲考慮經營成本，汰換設備時採買最便宜的機種。

(2) 47. 冷氣外洩會造成能源之消耗，下列何者最耗能？　①全開式有氣簾　②全開式無氣簾　③自動門有氣簾　④自動門無氣簾。

(4) 48. 下列何者不是潔淨能源？　①風能　②地熱　③太陽能　④頁岩氣。

(2) 49. 有關再生能源的使用限制，下列何者敘述有誤？　①風力、太陽能屬間歇性能源，供應不穩定　②不易受天氣影響　③需較大的土地面積　④設置成本較高。

(4) 50. 全球暖化潛勢（Global Warming Potential, GWP）是衡量溫室氣體對全球暖化的影響，下列何者表現較差？　① 200　② 300　③ 400　④ 500。

(3) 51. 有關台灣能源發展所面臨的挑戰，下列何者爲非？　①進口能源依存度高，能源安全易受國際影響　②化石能源所占比例高，溫室氣體減量壓力大　③自產能源充足，不需仰賴進口　④能源密集度較先進國家仍有改善空間。

(3) 52. 若發生瓦斯外洩之情形，下列處理方法何者錯誤？　①應先關閉瓦斯爐或熱水器等開關　②緩慢地打開門窗，讓瓦斯自然飄散　③開啓電風扇，加強空氣流動　④在漏氣止住前，應保持警戒，嚴禁煙火。

(1) 53. 全球暖化潛勢（Global Warming Potential, GWP）是衡量溫室氣體對全球暖化的影響，其中是以何者爲比較基準？　① CO_2　② CH_4　③ SF_6　④ N_2O。

(4) 54. 有關建築之外殼節能設計，下列敘述何者錯誤？　①開窗區域設置遮陽設備　②大開窗面避免設置於東西日曬方位　③做好屋頂隔熱設施　④宜採用全面玻璃造型設計，以利自然採光。

(1) 55. 下列何者燈泡發光效率最高？　① LED 燈泡　②省電燈泡　③白熾燈泡　④鹵素燈泡。

(4) 56. 有關吹風機使用注意事項，下列敘述何者有誤？　①請勿在潮濕的地方使用，以免觸電危險　②應保持吹風機進、出風口之空氣流通，以免造成過熱　③應避免長時間使用，使用時應保持適當的距離　④可用來作爲烘乾棉被及床單等用途。

(2) 57. 下列何者是造成聖嬰現象發生的主要原因？　①臭氧層破洞　②溫室效應　③霧霾　④颱風。

(4) 58. 爲了避免漏電而危害生命安全，下列何者不是正確的做法？　①做好設備金屬外殼的接地　②有濕氣的用電場合，線路加裝漏電斷路器　③加強定期的漏電檢查及維護　④使用保險絲來防止漏電的危險性。

(1) 59. 用電設備的線路保護用電力熔絲（保險絲）經常燒斷，造成停電的不便，下列何者不是正確的作法？　①換大一級或大兩級規格的保險絲或斷路器就不會燒斷了　②減少線路連接的電氣設備，降低用電量　③重新設計線路，改較粗的導線或用兩迴路並聯　④提高用電設備的功率因數。

(2) 60. 政府爲推廣節能設備而補助民眾汰換老舊設備，下列何者的節電效益最佳？　①將桌上檯燈光源由螢光燈換爲 LED 燈　②優先淘汰 10 年以上的老舊冷氣機爲能源效率標示分級中之一級冷氣機　③汰換電風扇，改裝設能源效率標示分級爲一級的冷氣機　④因爲經費有限，選擇便宜的產品比較重要。

(4)　61.（本題刪題）下列何者與冷氣機的節能無關？　①定期清潔過濾網　②設定定時運轉　③調高設定溫度　④不運轉時，拔掉電源插頭。

(3)　62.電源插座堆積灰塵可能引起電氣意外火災，維護保養時的正確做法是　①可以先用刷子刷去積塵　②直接用吹風機吹開灰塵就可以了　③應先關閉電源總開關箱內控制該插座的分路開關　④可以用金屬接點清潔劑噴在插座中去除銹蝕。

(1)　63.漏電影響節電成效，並且影響用電安全，簡易的查修方法為　①電氣材料行買支驗電起子，碰觸電氣設備的外殼，就可查出漏電與否　②用手碰觸就可以知道有無漏電　③用三用電表檢查　④看電費單有無紀錄。

(2)　64.使用了 10 幾年的通風換氣扇老舊又骯髒，噪音又大，維修時採取下列哪一種對策最為正確及節能？　①定期拆下來清洗油垢　②不必再猶豫，10 年以上的電扇效率偏低，直接換為高效率通風扇　③直接噴沙拉脫清潔劑就可以了，省錢又方便　④高效率通風扇較貴，換同機型的廠內備用品就好了。

(3)　65.電氣設備維修時，在關掉電源後，最好停留 1 至 5 分鐘才開始檢修，其主要的理由是　①先平靜心情，做好準備才動手　②讓機器設備降溫下來再查修　③讓裡面的電容器有時間放電完畢，才安全　④法規沒有規定，這完全沒有必要。

(1)　66.電氣設備裝設於有潮濕水氣的環境時，最應該優先檢查及確認的措施是　①有無在線路上裝設漏電斷路器　②電氣設備上有無安全保險絲　③有無過載及過熱保護設備　④有無可能傾倒及生鏽。

(1)　67.為保持中央空調主機效率，每　①半　②1　③1.5　④2　年應請維護廠商或保養人員檢視中央空調主機。

(1)　68.家庭用電最大宗來自於　①空調及照明　②電腦　③電視　④吹風機。

(2)　69.為減少日照所增加空調負載，下列何種處理方式是錯誤的？　①窗戶裝設窗簾或貼隔熱紙　②將窗戶或門開啟，讓屋內外空氣自然對流　③屋頂加裝隔熱材、高反射率塗料或噴水　④於屋頂進行薄層綠化。

(2)　70.電冰箱放置處，四周應預留離牆多少公分之散熱空間，且過熱的食物，應等冷卻後才放入冰箱，以達省電效果？　①5　②10　③15　④20。

(2)　71.下列何項不是照明節能改善需優先考量之因素？　①照明方式是否適當　②燈具之外型是否美觀　③照明之品質是否適當　④照度是否適當。

(2)　72.醫院、飯店或宿舍之熱水系統耗能大，要設置熱水系統時，應優先選用何種熱水系統較節能？　①電能熱水系統　②熱泵熱水系統　③瓦斯熱水系統　④重油熱水系統。

(4)　73.如圖一，你知道這是什麼標章嗎？　①省水標章　②環保標章　③奈米標章　④能源效率標示。

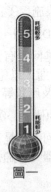

圖一

(3)　74.台灣電力公司電價表所指的夏月用電月份（電價比其他月份高）是為　①4/1～7/31　②5/1～8/31　③6/1～9/30　④7/1～10/31。

(1)　75.屋頂隔熱可有效降低空調用電，下列何項措施較不適當？　①屋頂儲水隔熱　②屋頂綠化　③於適當位置設置太陽能板發電同時加以隔熱　④鋪設隔熱磚。

(1)　76.電腦機房使用時間長、耗電量大，下列何項措施對電腦機房之用電管理較不適當？　①機房設定較低之溫度　②設置冷熱通道　③使用較高效率之空調設備　④使用新型高效能電腦設備。

(3) 77. 下列有關省水標章的敘述何者正確？ ①省水標章是環保署為推動使用節水器材，特別研定以作為消費者辨識省水產品的一種標誌 ②獲得省水標章的產品並無嚴格測試，所以對消費者並無一定的保障 ③省水標章能激勵廠商重視省水產品的研發與製造，進而達到推廣節水良性循環之目的 ④省水標章除有用水設備外，亦可使用於冷氣或冰箱上。

(2) 78. 透過淋浴習慣的改變就可以節約用水，以下的何種方式正確？ ①淋浴時抹肥皂，無需將蓮蓬頭暫時關上 ②等待熱水前流出的冷水可以用水桶接起來再利用 ③淋浴流下的水不可以刷洗浴室地板 ④淋浴沖澡流下的水，可以儲蓄洗菜使用。

(1) 79. 家人洗澡時，一個接一個連續洗，也是一種有效的省水方式嗎？ ①是，因為可以節省等熱水流出所流失的冷水 ②否，這跟省水沒什麼關係，不用這麼麻煩 ③否，因為等熱水時流出的水量不多 ④有可能省水也可能不省水，無法定論。

(2) 80. 下列何種方式有助於節省洗衣機的用水量？ ①洗衣機洗滌的衣物盡量裝滿，一次洗完 ②購買洗衣機時選購有省水標章的洗衣機，可有效節約用水 ③無需將衣物適當分類 ④洗濯衣物時盡量選擇高水位才洗的乾淨。

(3) 81. 如果水龍頭流量過大，下列何種處理方式是錯誤的？ ①加裝節水墊片或起波器 ②加裝可自動關閉水龍頭的自動感應器 ③直接換裝沒有省水標章的水龍頭 ④直接調整水龍頭到適當水量。

(4) 82. 洗菜水、洗碗水、洗衣水、洗澡水等等的清洗水，不可直接利用來做什麼用途？ ①洗地板 ②沖馬桶 ③澆花 ④飲用水。

(1) 83. 如果馬桶有不正常的漏水問題，下列何者處理方式是錯誤的？ ①因為馬桶還能正常使用，所以不用著急，等到不能用時再報修即可 ②立刻檢查馬桶水箱零件有無鬆脫，並確認有無漏水 ③滴幾滴食用色素到水箱裡，檢查有無有色水流進馬桶，代表可能有漏水 ④通知水電行或檢修人員來檢修，徹底根絕漏水問題。

(3) 84. 「度」是水費的計量單位，你知道一度水的容量大約有多少？ ① 2,000 公升 ② 3000 個 600cc 的寶特瓶 ③ 1 立方公尺的水量 ④ 3 立方公尺的水量。

(3) 85. 臺灣在一年中什麼時期會比較缺水（即枯水期）？ ① 6 月至 9 月 ② 9 月至 12 月 ③ 11 月至次年 4 月 ④臺灣全年不缺水。

(4) 86. 下列何種現象不是直接造成台灣缺水的原因？ ①降雨季節分佈不平均，有時候連續好幾個月不下雨，有時又會下起豪大雨 ②地形山高坡陡，所以雨一下很快就會流入大海 ③因為民生與工商業用水需求量都愈來愈大，所以缺水季節很容易無水可用 ④台灣地區夏天過熱，致蒸發量過大。

(3) 87. 冷凍食品該如何讓它退冰，才是既「節能」又「省水」？ ①直接用水沖食物強迫退冰 ②使用微波爐解凍快速又方便 ③烹煮前盡早拿出來放置退冰 ④用熱水浸泡，每 5 分鐘更換一次。

(2) 88. 洗碗、洗菜用何種方式可以達到清洗又省水的效果？ ①對著水龍頭直接沖洗，且要盡量將水龍頭開大才能確保洗的乾淨 ②將適量的水放在盆槽內洗濯，以減少用水 ③把碗盤、菜等浸在水盆裡，再開水龍頭拼命沖水 ④用熱水及冷水大量交叉沖洗達到最佳清洗效果。

(4) 89. 解決台灣水荒（缺水）問題的無效對策是 ①興建水庫、蓄洪（豐）濟枯 ②全面節約用水 ③水資源重複利用，海水淡化…等 ④積極推動全民運動。

(3) 90. 如圖二，你知道這是什麼標章嗎？ ①奈米標章 ②環保標章 ③省水標章 ④節能標章。

圖二

(3) 91. 澆花的時間何時較為適當，水分不易蒸發又對植物最好？ ①正中午 ②下午時段 ③清晨或傍晚 ④半夜十二點。

(3)　92.　下列何種方式沒有辦法降低洗衣機之使用水量，所以不建議採用？　①使用低水位清洗　②選擇快洗行程　③兩、三件衣服也丟洗衣機洗　④選擇有自動調節水量的洗衣機，洗衣清洗前先脫水1次。

(3)　93.　下列何種省水馬桶的使用觀念與方式是錯誤的？　①選用衛浴設備時最好能採用省水標章馬桶　②如果家裡的馬桶是傳統舊式，可以加裝二段式沖水配件　③省水馬桶因爲水量較小，會有沖不乾淨的問題，所以應該多沖幾次　④因爲馬桶是家裡用水的大宗，所以應該盡量採用省水馬桶來節約用水。

(3)　94.　下列何種洗車方式無法節約用水？　①使用有開關的水管可以隨時控制出水　②用水桶及海綿抹布擦洗　③用水管加上噴槍強力沖洗　④利用機械自動洗車，洗車水處理循環使用。

(1)　95.　下列何種現象無法看出家裡有漏水的問題？　①水龍頭打開使用時，水表的指針持續在轉動　②牆面、地面或天花板忽然出現潮濕的現象　③馬桶裡的水常在晃動，或是沒辦法止水　④水費有大幅度增加。

(2)　96.　蓮蓬頭出水量過大時，下列何者無法達到省水？　①換裝有省水標章的低流量（5 ～ 10 L/min）蓮蓬頭　②淋浴時水量開大，無需改變使用方法　③洗澡時間盡量縮短，塗抹肥皂時要把蓮蓬頭關起來　④調整熱水器水量到適中位置。

(4)　97.　自來水淨水步驟，何者爲非？　①混凝　②沉澱　③過濾　④煮沸。

(1)　98.　爲了取得良好的水資源，通常在河川的哪一段興建水庫？　①上游　②中游　③下游　④下游出口。

(1)　99.　台灣是屬缺水地區，每人每年實際分配到可利用水量是世界平均值的多少？　①六分之一　②二分之一　③四分之一　④五分之一。

(3)　100.　台灣年降雨量是世界平均值的 2.6 倍，卻仍屬缺水地區，原因何者爲非？　①台灣由於山坡陡峻，以及颱風豪雨雨勢急促，大部分的降雨量皆迅速流入海洋　②降雨量在地域、季節分佈極不平均　③水庫蓋得太少　④台灣自來水水價過於便宜。

第五章

參考文獻

1. 勞動部勞動力發展署，2017，<u>技術士技能檢定女子美髮職類乙級術科測試應檢參考資料</u>，試題編號：06700-1020201，審定日期：105 年 8 月 18 日

2. 黃思恒、朱維政，2011，"<u>剪髮結構圖數位化建構之研究 - 以髮型均等層次剪法爲例</u>"，2011 造形與文創設計國際學術研討會

3. 黃思恒，2011，<u>剪髮數位結構圖與實體髮型創意概念關聯性之研究</u>，樹德科技大學應用設計研究所，碩士論文

4. 黃思恒，2013，"<u>剪髮教學數位化建構之研究 - 以女子美髮乙級技能檢定檢髮術科考題中層次髮型爲例</u>"，提升教師教學研究全國學術研討會，8 月

5. 黃思恒，2016，"<u>髮型設計 - 實用剪髮數位教學</u>"，全華圖書，新北市，ISBN 978-986-463-325-8

6. Arlene Alpert，2008，<u>Milady's Standard Cosmetology</u>，Clifton Park, NY : Cengage Learning

7. Arlene Alpert，2011，<u>Spanish Translated Milady Standard Cosmetology 2012</u>，Cengage

8. Randy Rick，2007，<u>Hairdesigning</u>，Certified Learning in Cosmetology(CLiC), Incorporated

9. 行政院衛生署食品藥物管理局，2010，化粧品衛生管理條例暨相關法規彙編

10. 行政院公報，2006，<u>公告修正『化粧品之標籤仿單包裝之標示規定』</u>，第 12 卷，250 期，P35768-35770 頁

11. 衛生福利部食品藥物管理署 - 公告資訊網頁，檢索日期：2014/03/10，<u>修正「化粧品得宣稱詞句及不適當宣稱詞句」，名稱並修正爲「化粧品得宣稱詞句例示及不適當宣稱詞句列舉」</u>，http://www.fda.gov.tw/TC/newsContent.aspx?id=9697&chk=ae415ce8-02c4-4cd3-af80-d6a3e1e253d8#.U13S7lfvvzE

12. 衛生福利部食品藥物管理署網頁，檢索日期：2014/03/20，<u>認識我國化粧品管理規範</u>，http://blog.xuite.net/tfdacos/wretch/146239974

13. 衛生福利部食品藥物管理署網頁，檢索日期：2014/03/1，<u>化粧品聰明選—認識化粧品標示項目</u>，http://blog.xuite.net/tfdacos/wretch/213203292

女子美髮乙級技能檢定學術科教本

發 行 人　陳本源

作　　者　黃思恒、李品軒、黃美慧、王財仁、孫中平、吳碧瓊

執行編輯　楊美倫、林聖凱

封面設計　林彥彣

出 版 者　全華圖書股份有限公司

郵政帳號　0100836-1 號

印 刷 者　宏懋打字印刷股份有限公司

圖書編號　0818003-201809

定　　價　新臺幣 620 元

I S B N　978-986-463-926-7

全華圖書　www.chwa.com.tw

全華網路書店 Open Tech / www.opentech.com.tw

若您對書籍內容、排版印刷有任何問題，歡迎來信指導 book@chwa.com.tw

臺北總公司（北區營業處）
地址：23671 新北市土城區忠義路 21 號
電話：(02) 2262-5666
傳眞：(02) 6637-3695、6637-3696

中區營業處
地址：40256 臺中市南區樹義一巷 26-1 號
電話：(04) 2261-8485
傳眞：(04) 3600-9806

南區營業處
地址：80769 高雄市三民區應安街 12 號
電話：(07) 381-1377
傳眞：(07) 862-5562

讀者回函卡

填寫日期：

姓名：
生日：西元　　年　　月　　日　性別：□男 □女
電話：（　　）　　傳真：（　　）　　手機：
e-mail：（必填）
通訊處：□□□□□
職業：□工程師 □教師 □學生 □軍 □公 □其他
學歷：□博士 □碩士 □大學 □專科 □高中・職
學校／公司：　　　　　　　科系／部門：

註：數字零，請用 Φ 表示，數字1與英文L請另註明並書寫端正，謝謝。

・本次購買圖書為：　　　　　　　書號：

・您對本書的評價：
封面設計　□非常滿意 □滿意 □尚可 □需改善，請說明
內容表達　□非常滿意 □滿意 □尚可 □需改善，請說明
版面編排　□非常滿意 □滿意 □尚可 □需改善，請說明
印刷品質　□非常滿意 □滿意 □尚可 □需改善，請說明
書籍定價　□非常滿意 □滿意 □尚可 □需改善，請說明
整體評價　□請說明

・您在何處購買本書？
□書局 □網路書店 □書展 □團購 □其他

・您購買本書的原因？（可複選）
□個人需要 □購公司採購 □親友推薦
□老師指定之課本 □其他

・您希望全華以何種方式提供出版訊息及特惠活動？
□電子報 □DM □廣告　（媒體名稱　　　　　　）

・您是否上過全華網路書店？（www.opentech.com.tw）
□是 □否　您的建議

・您希望全華出版那方面書籍？

・您希望全華加強那些服務？

需求書類：
□A. 電子 □B. 電機 □C. 計算機工程 □D. 資訊 □E. 機械 □F. 汽車 □I. 工管 □J. 土木
□K. 化工 □L. 設計 □M. 商管 □N. 日文 □O. 美容 □P. 休閒 □Q. 餐飲 □B. 其他

～感謝您提供寶貴意見，全華將秉持服務的熱忱，出版更多好書，以饗讀者。

全華網路書店 http://www.opentech.com.tw　客服信箱 service@chwa.com.tw

2011.03 修訂

親愛的讀者：

感謝您對全華圖書的支持與愛護，雖然我們很慎重的處理每一本書，但恐仍有疏漏之處，若您發現本書有任何錯誤，請填寫於勘誤表內寄回，我們將於再版時修正，您的批評與指教是我們進步的原動力，謝謝！

全華圖書 敬上

勘 誤 表

書名			作者
書號	頁數	行數	錯誤或不當之詞句	建議修改之詞句

我有話要說：（其它之批評與建議，如封面、編排、內容、印刷品質等・・・）